测 量 学

赵 群 主编
陈改英 张文玲 副主编

北京航空航天大学出版社

内容简介

本书是根据高等教育本科专业测量学科教学的需要，以测量学基本知识和实验技能介绍为主，从理论到实践应用为主要思路，编写而成的测量学科基础教材。

本书阐述了距离测量、水准测量、角度测量、小地区控制测量的技术与作业方法，包括常规和新型仪器构造、仪器使用方法以及测量步骤等。对于作为测绘工作重要内容的大比例尺地形图测绘，不仅阐述了传统的模拟测图方法，而且阐述了如何利用全站仪和RTK采集数据，并利用CASS测图软件进行成图的数字化成图过程。另外，本书还阐述了全球定位系统GPS技术、地形图应用、工程应用等以及3S技术在地下管线测量工程、农业决策系统、乡村景观调查中的应用情况。最后为测量学实验教程和实习教程，作为测量学实验和实习课程指导，以方便相关专业学生学习实验和实习参考。

本书主要对象为测量专业相关院校师生，以及其他相关技术与管理人员。

图书在版编目(CIP)数据

测量学/赵群主编. --北京：北京航空航天大学出版社，2024.1

ISBN 978-7-5124-4311-2

Ⅰ.①测… Ⅱ.①赵… Ⅲ.①测量学 Ⅳ.①P2

中国国家版本馆CIP数据核字(2024)第025507号

测量学

赵 群 主编

陈改英 张文玲 副主编

策划编辑 杨晓方 责任编辑 杨晓方

*

北京航空航天大学出版社出版发行

北京市海淀区学院路37号(邮编100191) http://www.buaapress.com.cn

发行部电话：(010)82317024 传真：(010)82328026

读者信箱：copyrights@buaacm.com.cn 邮购电话：(010)82316936

北京富资园科技发展有限公司印装 各地书店经销

*

开本：787×1 092 1/16 印张：17.5 字数：415千字

2024年5月第1版 2024年5月第1次印刷

ISBN 978-7-5124-4311-2 定价：69.00元

前 言

随着社会政治、经济、文化和科技的发展，现代测量学科也在不断发展。由于社会和人们生活需求的不断提高和多元化，测量技术在不断更新。近年来国家强调人与自然和谐共生，重视生态环境；城乡人居环境的要求不断提高，要协调人与自然和谐发展的大环境，从城乡规划到大地景观规划都有测量专业人员参与，这对测量专业来说是比较大的机遇和挑战。

测量作为一门重要学科，它对土木工程、建筑工程、水力工程、园林规划设计、园林工程施工等都起着重要作用。本书在广泛参考测量及其应用的相关资料基础上，结合现代测量技术的发展趋势，对传统和现代的测量仪器和测量技术均做了介绍，讲解力求通俗易懂、简明扼要，注重实用性，适于各类相关技术人员和开设测量专业院校师生参考和阅读。

本书由北京农学院赵群老师担任主编，并负责全书的统稿工作，陈改英和张文玲老师作为副主编主要负责部分章节及测量学实验教程和测量学实习教程的编写工作。

限于时间及水平，书中难免有不足之处，恳请广大读者批评指正。

作者

2023 年 11 月于北京

目 录

第1章 绪论

1.1 测量学概述

1.1.1 测量学概念

测量学是研究地球的形状和大小以及确定地面、水下及空间点位的科学。它的主要内容包括两部分——测定和测设。测定是指用测量仪器对被测点进行测量、数据处理，从而得到被测点的位置坐标，或根据测得的数据绘制地形图；测设是指把图纸上设计好的工程建筑物、构筑物的位置通过测量在实地标定出来。

自20世纪90年代起，世界各国将测量学(Surveying 或 Geodesy)专业、测量学机构和测量学杂志都纷纷改名为Geomatics。Geomatics是一个新造的英文名词，之后首次出现在美国出版的*Webster*词典(第三版)中，被定义为地球的数学。它是现代地理科学的技术支撑。1996年国际标准化组织(ISO)将Geomatics定义为研究采集、量测、分析、存储、管理、显示和应用空间数据的现代空间信息科学技术。Geomatics由Geo和matics两部分构成。根据上述两种定义，Geo可以理解为Geo-spatial(地球空间)的缩写，matics可以理解为Information(信息学)或Mathematics(数学)的缩写。目前，测量学已发展成为地球空间信息学。

根据2002年全国科学技术名词审定委员会公布的《测绘学名词》，我国权威部门对Geomatics(测绘学)的定义是，研究与地球有关的基础空间信息的采集、处理、显示、管理、利用的科学和技术。

1.1.2 测量学的分支学科

测量学包括大地测量学、地形测量学、摄影测量学、工程测量学、海洋测量学、地图学等分支学科。

大地测量学是研究整个地球的形状、大小和重力场，在考虑地球曲率的情况下，大范围建立测量控制网的学科。根据测量方式不同，大地测量学又分为常规大地测量学和卫星大地测量学。

地形测量学是在不考虑地球曲率的情况下，研究地球表面较小区域内测绘工作的理论、技术和方法的学科，是测量学的基础。

摄影测量学是通过摄影、扫描等图像记录方式，获取目标的模拟和数字影像信息，并对这些影像信息进行处理、判释和研究，从而确定被摄目标形状、大小、位置、性质等理论、技术和方法的学科。根据搭载平台不同，摄影测量学又分为地面摄影测量、航空摄影测量和卫星摄影测量。

工程测量学是研究各种工程建设在勘测、设计、施工和运营管理阶段所进行的测量工作的学科。根据测量的工程对象不同，工程测量学又可分为土木工程测量、水利工程测量、矿山工程测量、线路工程测量、地下工程测量和精密工程测量等。

海洋测量学是研究测量地球表面各种水体（包括海洋、江河、湖泊等）的水下地貌的学科。

地图学是研究模拟和数字地图的基础理论、地图设计、地图编制与复制的技术方法及其应用的学科。地图学包括地图基础理论、地图制作方法和技术、地图应用。地图是经济、国防及相关科学研究中一种重要的基础图件，也是测绘工作的重要产品形式。

1.1.3 测量学的发展

1. 测量学发展简史

测量学是从人类生产实践中发展起来的一门历史悠久的科学，人类发展历史中在文化最发达的地区都有测量工作的史实记载。

中国是一个文明古国，测量技术在中国的应用可追溯到 4 000 年以前。史记记载，黄帝设立度、量、衡、里、数等五个量；大禹治水以“声为律、身为度、称以出、左准绳、右规矩”，充分利用了“规、矩、准、绳”这些与测量相关的器具；大约夏朝初期，我国已建立相对统一的测量时间、长度、容量和重量的器具和制度。

例如，在 2 000 多年以前的春秋战国时期，我国古人就已经认识到天然磁石的磁性，制成了用于确定方向的“司南”（磁罗盘）。

另外，我国古人就已经能够在锦帛上绘制有比例和方位的地图，长沙马王堆汉墓出土的地形图、驻军图、城邑图是迄今发现的世界上最古老、翔实的地图；魏晋的刘徽在《海岛算经》中阐述了测算海岛之间距离和高度的方法；西晋初年裴秀编绘的《禹贡地域图》被认为是世界上最早的地图集。

唐朝时，唐代高僧一行主持了世界上最早的子午线测量，在河南平原地区沿南北方向约 200 km 长的同一子午线上选择 4 个点，分别测量了春分、夏至、秋分、冬至 4 个时段正午的日影长度和北极星的高度角，且用步弓丈量了 4 个测点间的实地距离，从而推算出北极星每差 1°相应的地面距离。在公元 8 世纪，我国进行了子午圈实地弧度测量。

随着制造技术的发展，开始利用仪器直接绘制图件，再缩绘成不同比例尺的地图。我国清初康熙年间，数次用仪器测绘完成了《康熙皇舆全览图》。

近代测绘学是随着经纬仪和水准仪等测量仪器的出现而发展起来的。17 世纪荷兰人汉斯发明了望远镜，斯纳尔创造了三角测量的方法；18 世纪，法国人将望远镜装置安装在全圆分度器上，用于角度测量，创造了世界上最早的经纬仪，为大地测量制成了条件；同世纪，继望远镜和水准器后出现了水准仪；法国地理学家毕阿土在总结前人成果基础上，提出了用等高线表示地形起伏的高低绘制地形图；19 世纪，德国人高斯提出了最小二乘法原理和横圆柱正形投影；1859 年，法国人洛斯达制成第一台地形摄影仪，用于地面摄影成图；1889 年，第一张摄影像片在法国产生后，摄影测量学取得进展；20 世纪初，飞机的发明开创了航空摄影测量的先河。

2. 测量学发展现状及趋势

20 世纪 70 年代以来，随着电磁波测距技术、激光技术和航空测量技术的发展，以光电测距仪、电子经纬仪、陀螺定向仪、全站仪、立体摄影量测仪等为代表的现代测绘仪器的出现，代表着测绘技术取得了突破性进展，测绘工作的精度和作业效率得到极大的提高。20 世纪 80 年代全球定位系统(GPS)问世，采用卫星可以直接进行空间点的三维定位，这引起测绘工作的重大变革。卫星定位具有全球、全天候、快速、高精度和无须相邻控制点通视的优点，在大地测量、工程测量、地形测量及军事与民用的导航定位中有着广泛的应用。进入 90 年代以后，随着空间科学技术、计算机技术和信息科学技术的迅速发展，以全球定位系统(Global Positioning System，GPS)、遥感(Romote Sensing，RS)和地理信息系统(Geographic Information System，GIS)技术为代表的 3S 高新技术，推动现代测绘科学进入飞速发展阶段，现代测绘学从数据采集、处理、储存到图形显示等各个方面都发生了根本性的变革，测绘科技的服务领域已从专业部门和单位，拓展到面向公众。

全球定位系统(Global Positioning System，GPS)(见图 1－1)是 20 世纪 70 年代美国军方组织开发的军事导航和定位系统，80 年代初开始用于大地测量。其基本原理是利用电磁波数码测距定位，即利用分布在 6 个轨道上的 24 颗 GPS 卫星，将其在参照系中的位置及时

图 1－1 GPS 卫星系统示意图

间数据电文向地球播报，地面接收机如果能同时接收4颗卫星的数据，就可以解算出地面接收机的三维位置及接收机与卫星时差4个未知数。其作业不受气候影响，定位精度高且非常可靠，已被广泛地应用于测绘领域。

2000年，我国建成北斗卫星导航试验系统，中国成为继美、俄之后世界上第三个拥有自主卫星导航系统的国家。该系统已成功应用于测绘、电信、水利、渔业、交通运输、森林防火、减灾救灾和公共安全等诸多领域，产生了显著的经济效益和社会效益，特别是在2008年北京奥运会、汶川抗震救灾中发挥了重要作用。为了更好地服务于国家建设与发展，满足全球应用需求，中国启动北斗卫星导航系统建设。2017年，中国第三代导航卫星的首批组网卫星(2颗)以“一箭双星”的发射方式顺利升空，它标志着中国正式开始建造北斗全球卫星导航系统。2020年，中国在西昌卫星发射中心用长征三号乙运载火箭，成功发射北斗系统第54颗导航卫星。2020年，北斗三号最后一颗(第55颗)全球组网卫星在西昌卫星发射中心点火升空。卫星顺利进入预定轨道，后续将进行变轨、在轨测试、试验评估，适时入网提供服务。

遥感(Remote Sensing，RS)是利用电磁波对观察对象进行非接触的感知，获取其几何空间位置、形状、物理特征等信息。遥感设备大多安置在飞机和卫星等高速运转的运载工具上，因此可在大范围内采集地球上的相关信息，为全面和高效率地观察地球提供了新的技术手段。近年来，随着遥感图像分辨率的不断提高，民用遥感图像的集合分辨率已经达到分米级。美国卫星的分辨率由Landsat TM的30 m发展到了QuickBird等卫星的0.5 m，显示出遥感技术在测绘领域的巨大应用前景。2019年，随着高分七号卫星的发射成功，我国低轨遥感卫星的分辨率由2.1 m提高为0.65 m，所拍摄的地面影像清晰可见(见图1-2)，能够为测绘提供良好的数据源。

地理信息系统(Geographic Information System，GIS)是在计算机技术支持下，将各种地理空间信息进行输入、存储、检索、更新、显示、制图等的应用系统。加拿大测量学家Roger F. Tomlinson等人建立了全球第一个地理信息系统CGIS，用于自然资源管理与规划。此后，地理信息系统的发展经历了开拓、发展、推广及应用、社会化四个阶段。之后极端及处理能力飞速发展，环境、资源等问题日益突出，GIS开始进入实用阶段，在发达国家中开始进行大规模GIS建设。20世纪80年代是GIS大发展的时期，是在70年代基础上进行普及和推广应用的阶段，接着GIS技术逐渐走向成熟，开始出现专业制造商，商业化的实用系统开始进入市场。随着人们对地理信息系统认识的加深，以及社会对地理信息系统需求大幅度的增加，地理信息系统的应用范围不断扩大。目前世界上常用GIS软件已达400多种，如ARC/INFO、MAP/GIS、SUPERMAP、CITYSTAR等。20世纪70年代，我国开始推广电子计算机在测量、制图和遥感领域中的应用。长期以来，国家测绘局系统开展了一系列航空摄影测量和地形测图工作，为建立地理信息系统数据库打下了坚实的基础。

随着测绘科学理论的发展与技术进步，3S技术向5S技术(GIS、GPS、RS、DPS(Digital Photography Systtem，数字摄影系统)和ES(Expert System，专家系统)迅猛发展，这为测量学带来一场深刻的变革，也会在国民经济建设各个领域发挥更大的作用。

高分七号卫星真彩色融合正射影像

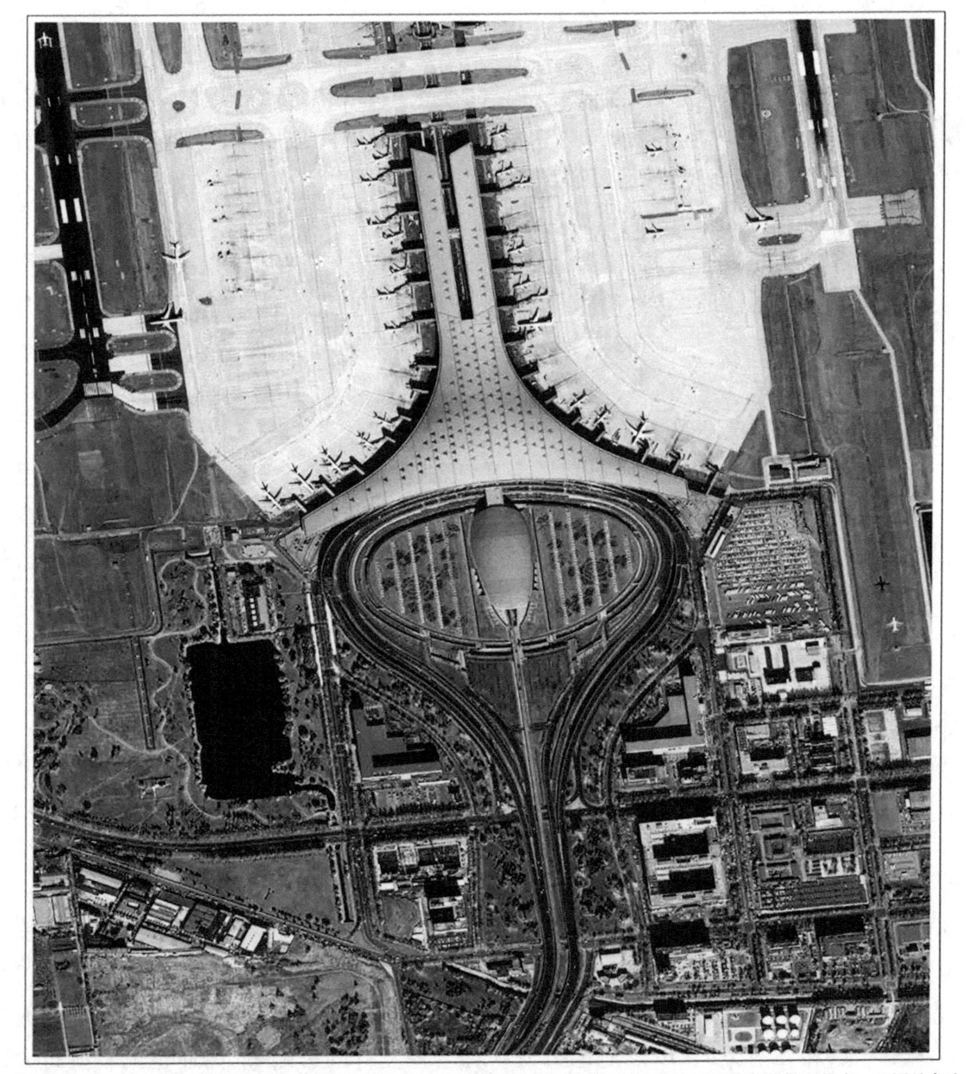

融合影像由全色影像和多光谱影像融合而成，既具有全色影像的空间分辨率，又具备多光谱影像的色彩信息。上图是高分七号卫星北京首都国际机场真彩色融合影像，机场跑道标志标线以及汽车等能清晰识别，航站楼和机场跑道等色彩自然。

产品等级：L3B4　获取时间：2019年11月13日　北京首都国际机场　分辨率：0.65 m

图 1－2　遥感卫星图像

1.1.4　测量学的作用

测量学应用范围广泛，在国民经济和社会发展规划中，测绘信息是重要的基础信息。在国家建设中，城乡规划和发展、资源勘察与开发、交通运输、水利建设、能源、通信等建设工程，大到正负电子对撞机、核电站的建设，小到新农村建设、环境保护等各个方面都需要测绘提供保障。各种工程建设的规划和土地资源管理需要测绘地形图和地籍图，工程建设的施工、竣工阶段都需要进行大量的测绘工作。测绘工作在国民经济建设中起着十分重要的作用。

1. 城乡规划和发展离不开测绘

近年来，我国城乡面貌正在发生日新月异的变化，城市和村镇的建设和发展迫切需要加强规划与指导，而要搞好城乡建设规划，首先要有现势性好的地图来提供城市和村镇面貌的动态信息，以促进城乡规划和建设以及协调发展。

2. 资源勘察与开发离不开测绘

地球蕴藏着丰富的自然资源，需要人们去开发。勘探人员在野外工作离不开地图，从确定勘探地域到最后绘制地质图、地貌图、矿藏分布图等，都需要用到测绘技术。如重力测量可以直接用于资源勘探，工程师和科学家根据测量取得的重力场数据分析地下是否存在重要矿藏，如石油、天然气、各种金属等。

3. 交通运输、水利建设离不开测绘

铁路和公路的建设从选线、勘测设计，到施工建设都离不开测绘。大、中水利工程是先在地形图上选定河流渠道和水库的位置，划定流域面积、流量，再测得更详细的地图(或平面图)作为河渠布设、水库及坝址选择、库容计算和工程设计的依据。如三峡工程从选址、移民到设计大坝等方面，测绘工作都发挥了重要作用。

4. 国土资源调查、土地利用和土壤改良离不开测绘

建设现代化的农业，首先要进行土地资源调查，摸清土地“家底”，还要充分认识各地区的具体条件，进而制定出切实可行的发展规划。测绘为这些工作提供了有效的工具。地貌图反映了地表的各种形态特征、发育过程、发育程度等，对土地资源的开发利用具有重要的参考价值；土壤图反映了各类土壤在地表的分布特征，为土地资源的评价和估算、土壤改良、农业区划提供科学依据。

5. 科学实验、高技术发展离不开测绘

测绘在科学实验、高技术发展中的运用非常广泛，隐形飞机实验、航天飞机发射等都离不开测绘。发展空间技术是一项庞大的系统工程，要成功地发射一颗人造地球卫星，首先要精心设计、制造、安装、调试、轨道计算，再进行发射。如果没有测绘保障，则很难确定人造卫星的发射坐标点和发射方向，以及地球引力场对卫星飞行的影响等，因而也就不能将人造卫星准确地送入预定轨道。高能物理电子对撞机是重大技术项目，世界上只有少数发达国家能完成。如果没有高精度的测量，要实现电子对撞则是不可能的。

6. 山体高程数据获取方面也同样离不开测绘

2020 年 5 月，在时隔 15 年后珠穆朗玛峰再次迎来中国测量队伍。我国首次将 5G 和北斗结合，利用通信专网和北斗数据信息化管理平台，实现高寒、高海拔环境下北斗二号、北斗三号卫星信号同时接收、实时解析和质量预评估。北斗卫星与 GPS 数据融合有效提升了峰顶大地水准面的测量精度和可靠性。北斗卫星同 GPS 大地高程一致性较好，精度均为±2.0 cm。同时，中国和尼泊尔首次联合构建珠峰地区全球高程基准，峰顶大地水准面仅相差 7.2 cm，成果符合性好。为提高测量精度，中国地质调查局派出“航空地质一号”飞机，开展我国首次在珠峰区域的航空重力和遥感综合调查，重力测量面积达

1.25 万平方公里，提供了历史最好的海拔高程起算基准。此次测量所用的峰顶重力测量仪、雪深雷达、航空重力仪等核心装备，都由国产设备担当主力，成为这次珠峰高程测量最亮丽的一道景色。

此外，在边界谈判、地震预报、抢险救灾等方面都需要测绘保障。我们日常生活及外出旅游都需要导航和地图。

随着信息技术的飞速发展，测绘科学也逐步迈向信息化、数字化。美国提出数字地球概念后，数字城市、数字地球发展方向应运而生。数字城市和数字地球的实现自然少不了测绘科学和技术的应用。在信息化、数字化建设不断推进的过程中，对测绘技术也提出了越来越高的要求，要求测绘应能提供精确、实时的数据资料，并与地理空间信息数据和专业数据相结合，以推动信息化、数字化进程。例如，急救、消防部门的调度管理，物流管理中地理空间信息数据的自动识别，数字城市、数字区域、数字国家的构建等方面都需要精准的数据。

1.2 地球的形状和大小

1.2.1 地球的形状和大小

地球表面是极其不规则的，分布着高山、丘陵、平原、海洋等复杂的地形地貌。地球上最高的珠穆朗玛峰高出平均海水面 8 848.86 m(2020 年 5 月中国测绘数据)，最低的马里亚纳海沟深度达 10 909 m(2020 年 11 月中国“奋斗着”号载人潜水器测量数据)。然而这种起伏程度与地球半径(平均 6 371 km)相比，几乎可以忽略不计。

地球上每个质点都受到地心引力作用而不能脱离地球。地球的自转又使每个质点受到离心力作用。由于地球的自转，地球上任一点都要受离心力和地球引力的双重作用，如图 1-3 所示，这两个力的合力称为重力，重力的方向线称为铅垂线，铅垂线是测量工作的基准线。

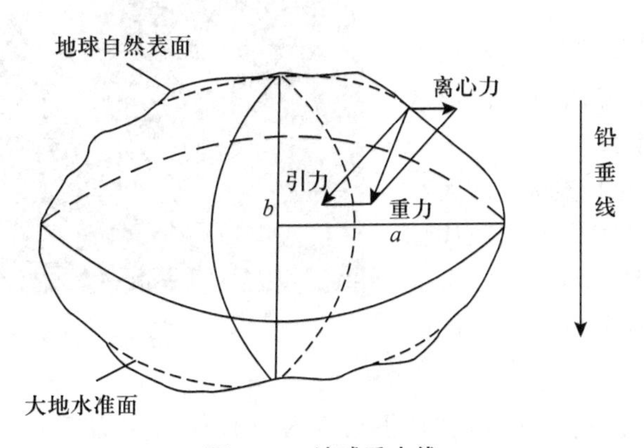

图 1-3 地球重力线

如图 1-4 所示，地球表面大部分为海洋所覆盖，海洋面积约占地球表面积的 71%，陆地面积仅占 29%。因此，地球可以视为被海水面所包围的球体。假设一个自由静止的海水面向陆地延伸，形成一个封闭的曲面，该封闭曲面称为水准面。与水准面相切的平面称为水平面。由物理学可知，同一水准面上各点的重力位能相等，故水准面又称为重力等位面。水准面具有处处与铅垂线方向垂直的特性。在地球表面重力的作用空间，任何高度的点都有一个水准面通过，因而水准面有无数多个，其中与平均海水面吻合并向大陆、岛屿内延伸而形成的闭合曲面，称为大地水准面。大地水准面是测量工作的基准面。由大地水准面所包围的地球形体称为大地体，它表示地球的形状和大小，如图 1-5 所示。

图 1-4　大地体

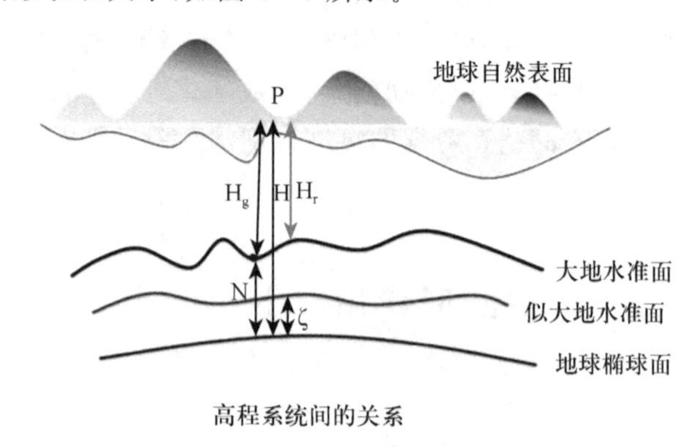

图 1-5　椭球体面和大地水准面

由于地球内部质量分布不均匀和地球运动的影响，地面上各点沿垂线方向产生不规则的变化，因此大地水准面成为一个微小起伏的不规则、复杂的曲面，即大地体是一个无法用数学公式精确描述的形体。为了测量计算和绘图的方便，可选择一个非常接近大地水准面并可用数学方法表示的规则几何曲面来描述大地体的形状，我们将这个曲面称为地球椭球体，或称为旋转椭球体或参考椭球体。如图 1-6 所示，地球椭球体的形状由长半轴 a 和短半轴 b、扁率 $\alpha(\alpha=(a-b)/a)$ 3 个参数来确定。

几个世纪以来，许多学者曾利用局部资料分别推算出了表达椭球体形状的参数。由于这些参数都具有一定的局限性，只能作为确定地球形状、大小的参考，故由这些参数确定的椭球体称为参考椭球体。在测量学中，将参考椭球体代替大地水准面作为测量和制图的基准面。

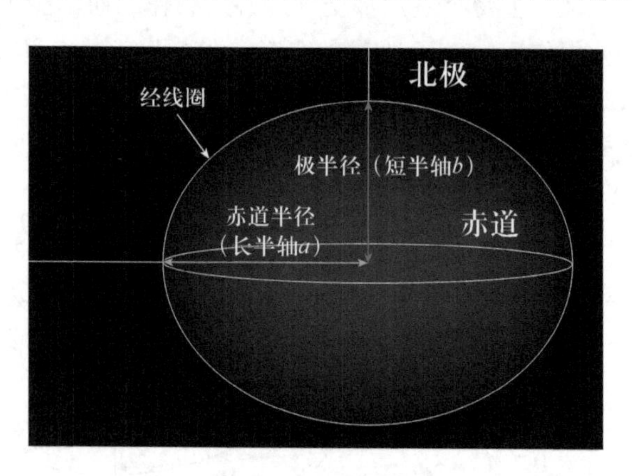

图 1-6　地球椭球体

各国为处理大地测量的成果，往往根据本国及其他国家的天文、大地、重力测量结果采用适合本国的椭球参数并将其定位。世界许多国家都有本国的地球椭球体参数。椭球体参数如表 1－1 所列。

表 1－1 参考椭球体参数

名 称	年 代	长半轴 a	短半轴 b	扁率 α	采用的国家
德兰勃	1800	6 375 653	6 356 564	1∶334	法国
瓦尔别克	1819	6 376 896	6 355 836	1∶302.8	俄国
贝塞尔	1841	6 377 397	6 356 079	1∶299.152	德国
克拉克	1880	6 378 249	6 356 515	1∶293.5	英国
海福特	1909	6 378 388	6 356 912	1∶297.8	美国
克拉索夫斯基	1940	6 378 245	6 356 755.3	1∶298.3	苏联
WGS	1960	6 378 156	6 356 774.3	1∶298.3	美国
IUGG1975	1975	6 378 140	6 356 755.3	1∶298.258	国际椭球参数
IUGG1980	1980	6 378 137	6 356 752	1∶298.252	国际椭球参数
中国	1978	6 378 143	6 356 758	1∶298.255	中国

我国在新中国成立之前，采用海福特椭球体参数；新中国成立之初，采用克拉索夫斯基椭球体参数，其大地原点位于苏联普尔科沃(现俄罗斯境内)，对我国密合不好，越往南误差越大。我国目前采用的是 1975 年国际大地测量学与地球物理学联合会(International Union of Geodesy and Geophysics，IUGG)推荐的椭球体参数，在我国称为“1980 西安坐标系”。坐标原点位于陕西省咸阳市泾阳县永乐镇，如图 1－7 所示。2008 年 7 月 1 日，我国启动了“2000 国家大地坐标系”，计划用 8～10 年完成从现行国家大地坐标系到“2000 国家大地坐标系”的过渡与转换工作。2011 年，在我国很多地方仍然采用“1954 北京坐标系”，坐标系转换工作的难度和工作量可想而知。

图 1－7 泾阳县永乐镇中国大地坐标原点

我国自然资源部于2018年12月发布公告：自2019年1月1日起，全面停止向社会提供“1954北京坐标系”和“1980西安坐标系”基础测绘成果。

1.2.2 参考椭球定位

为了使用方便，通常用一个非常接近于大地水准面并可用数学式表示的几何形体（即地球椭球）来代替地球的形状，并作为测量计算工作的基准面，称为参考椭球面。

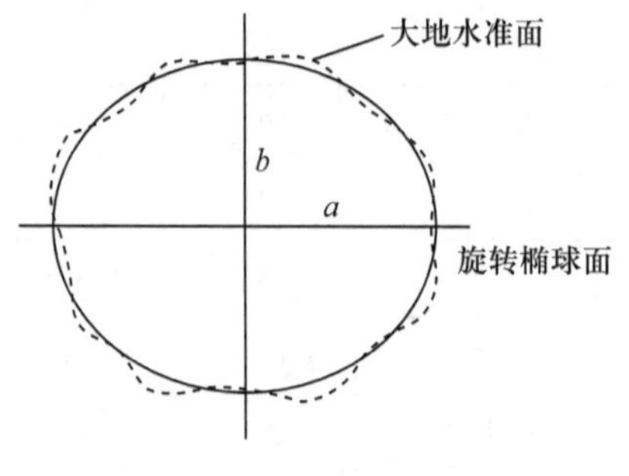

图1－8 参考椭球定位

在确定了椭球的形状和大小之后，还必须进一步确定椭球与大地体、椭球面与大地水准面的相关位置，使椭球与大地体间达到最好的密合，这样才能将地面上的观测成果归算到椭球面上。如图1－8所示，所谓参考椭球定位是指确定参考椭球面与大地水准面的相关位置，使其在地区范围内与大地水准面最佳拟合，并作为测量计算的基准面的过程。定位方法有单点定位法和多点定位法两种。

1. 参考椭球定位方法——单点定位法

单点定位法是在国家适当地点选定一点 P 作为大地原点，并在该点进行精密的天文测量和高程测量。单点定位的结果是：令大地原点上的大地经度和纬度分别等于该点上的天文经、纬度；由大地原点至某一点的大地方位角等于该点同一边的天文方位角；大地原点至椭球面的高度恰好等于其到大地水准面的高度。

2. 参考椭球定位方法——多点定位法

多点定位法是利用天文大地网中许多天文点的天文观测成果和已有的椭球参数进行椭球定位。多点定位的结果是：在大地原点处椭球的法线方向不再与铅垂线方向重合，椭球面与大地水准面不再相切，但在定位中所利用的天文大地网的范围内，椭球面与大地水准面有最佳的密合。旋转椭球体由长半径 a（或短半径 b）和扁率 α 决定，如图1－10所示。

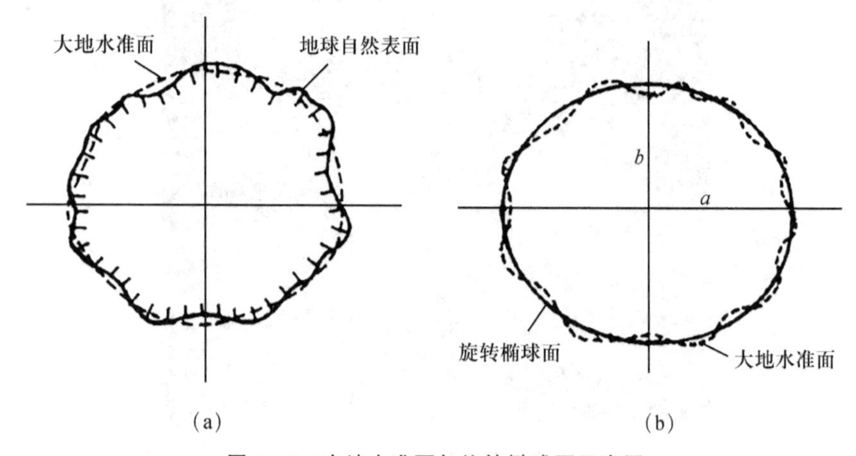

图1－9 大地水准面与旋转椭球面示意图

对于“1980 西安坐标系”，长半径 a＝6 378 140 m，并选择陕西省咸阳市泾阳县永乐镇某点为大地原点进行大地定位。

若近似地把地球椭球作为圆球，其半径为 6 371 km。

1.3 地面点位的表示

1.3.1 地面点位的确定

测量工作的实质是确定地面点的位置，而地面点的位置通常需要用该点的平面（或球面）坐标以及该点的高程。坐标是地面点沿铅垂线在投影基准面（大地水准面、椭球面或平面）上的位置，高程是地面点沿铅垂线到投影面的距离。

1.3.2 测量坐标系统

1. 天文坐标系

天文坐标系又称为天文地理坐标系，用天文经度 λ 和天文纬度 φ 表示地面点的位置。它是以铅垂线为基准线，以大地水准面为基准面。如图 1－10 所示，过地面点与地轴的平面称为子午面，该子午面与格林尼治子午面间的二面角为经度 λ。过 P 点的铅垂线与赤道平面的交角为纬度 φ。由于地球离心力的作用，过 P 点的铅垂线不一定经过地球中心。地面点的天文坐标是由天文测量得到的。由于天文测量定位精度不高，并且天文坐标之间因以大地水准面为基准面而推算困难，它在精确定位时较少使用，常用于导弹发射、天文大地网或独立工程控制网起始点定向。

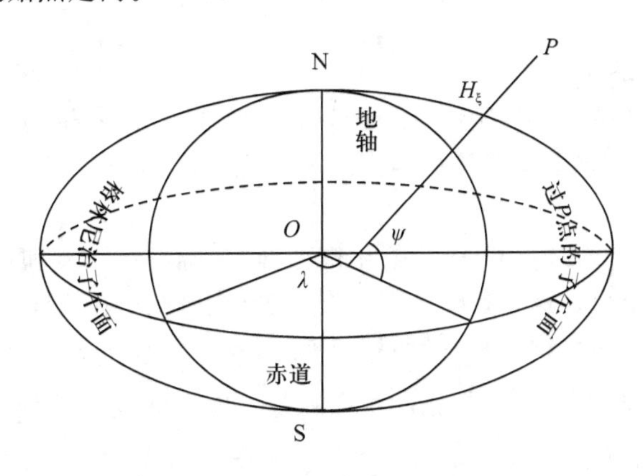

图 1－10 天文坐标系

2. 大地坐标系

半个多世纪以来，随着我国经济社会的发展与大地测量技术的进步，我国大地坐标系经历了几次重要变化。新中国成立初期，为满足国家经济建设和国防建设的急需，在天文大地网边布设边平差的基础上建立了 1954 北京坐标系。20 世纪 80 年代，在全国天文大地网整体平差的基础上建成了1980西安坐标系。20世纪末至21世纪初，在中国地壳运动观测网、全国UPS一/二级网和全国UPS A/B级网等整体平差的基础上，又建成了新一代国家大地坐标系——2000中国大地坐标系。新一代大地坐标系的建成标志着我国大地坐标系向现代化目标迈进了重要一步。

国内测绘工作主要涉及3类常用的大地坐标系统，即参心坐标系、地心坐标系和地方独立坐标系。参心坐标系是我国基本测图和常规大地测量的基础。天文大地网整体平差后，我国形成3种参心坐标系，即：1954北京坐标系、1980西安坐标系和新1954北京坐标系整体平差换算值。这3种参心坐标系都还在应用，预计今后还将并存一段时间。

地心坐标系是为满足远程武器和航空航天技术发展需要而建立的一种大地坐标系统，如图1-11所示。从20世纪70年代起，我国先后建立和引进了4种地心坐标系统，分别是1978地心坐标系(DX-1)、1988地心坐标系(DX-2)、1984世界大地坐标系(WGS 84)和环口国际地球参考系(IIRS)。前两种地心坐标系只有少数部门使用，后两种地心坐标系已广泛用于GPS测量。

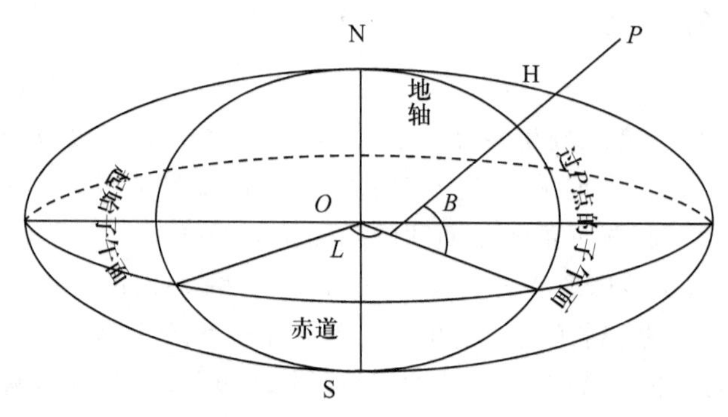

图1-11　地心坐标系

3. 空间直角坐标系

空间直角坐标系如图1-12所示，原点O位于椭球中心，Z轴与椭球体的旋转轴重合并指向地球北极，X轴指向起始子午面与赤道面交点E，Y轴垂直于XOZ平面构成右手坐标系。

空间任意选定一点O，过点O作3条互相垂直的数轴Ox、Oy和Oz，它们都以O为原点且具有相同的长度单位。这3条轴分别称作x轴(横轴)、y轴(纵轴)和z轴(竖轴)，统称为坐标轴。它们的正方向符合右手规则，即以右手握住z轴，当右手的4个手指从x轴的正向以$\frac{\pi}{2}$角度转向y轴正向时，大拇指的指向就是z轴的正向。这样就构成一个空间直角坐标系$O-xyz$。定点O称为该坐标系的原点。与之相对应的是左手空间直角坐标系。一般在数学中更常用右手空间直角坐标系，在其他学科中因应用方便而异。

任意两条坐标轴确定一个平面，这样可确定3个互相垂直的平面，统称为坐标面。其中x轴与y轴所确定的坐标面称为xOy面，类似的有yOz面和zOx面。3个坐标面把空间分成8个部分，每一部分称为一个卦限。如图1-13所示，8个卦限分别用字母Ⅰ、Ⅱ、…、Ⅷ表示，其中含x轴、y轴和z轴正半轴确定的是第Ⅰ卦限，在xOy面上的其他3个卦限按逆时针方向排定，依次为第Ⅱ、Ⅲ、Ⅳ卦限；在 xOy 面下方与第Ⅰ卦限相邻的为第Ⅴ卦限，然后也按逆时针方向排定，依次为第Ⅵ、Ⅶ、Ⅷ卦限。

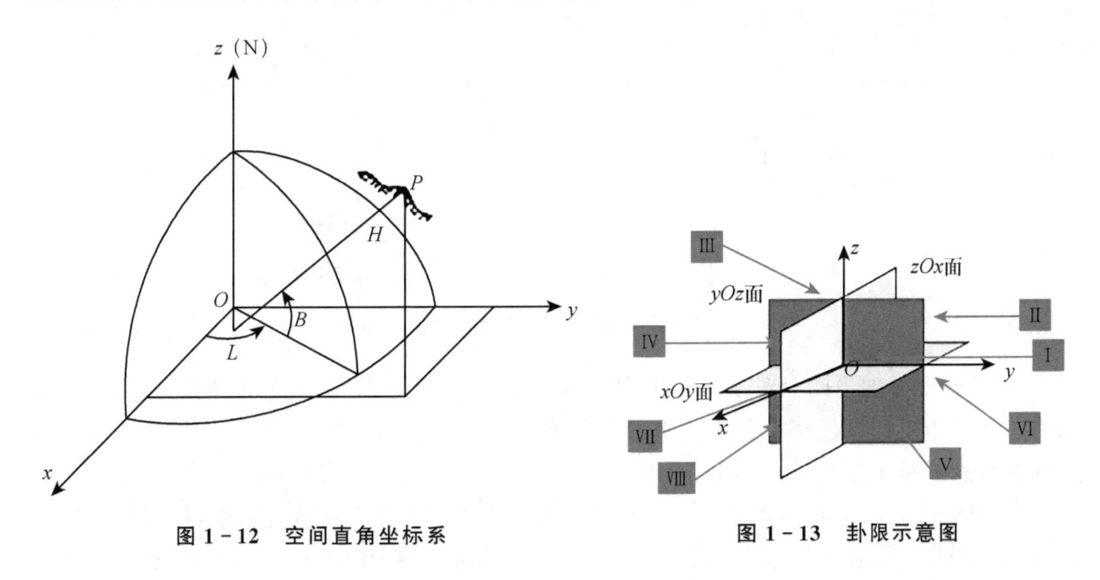

图 1-12 空间直角坐标系　　**图 1-13 卦限示意图**

4. 平面直角坐标系

地球椭球体和大地水准面虽然都是曲面，但当测量范围较小（半径小于 10 km 的范围）时，可将大地水准面近似地看成平面，在该平面上可建立任意平面直角坐标系。

(1) 定义

如图 1-14 所示，平面直角坐标系由平面内两条相互垂直的直线构成，南北方向的直线为平面坐标系的纵轴，即 x 轴，向北为正；东西方向的直线为坐标系的横轴，即 y 轴，向东为正；纵、横坐标轴的交点 O 为坐标原点。

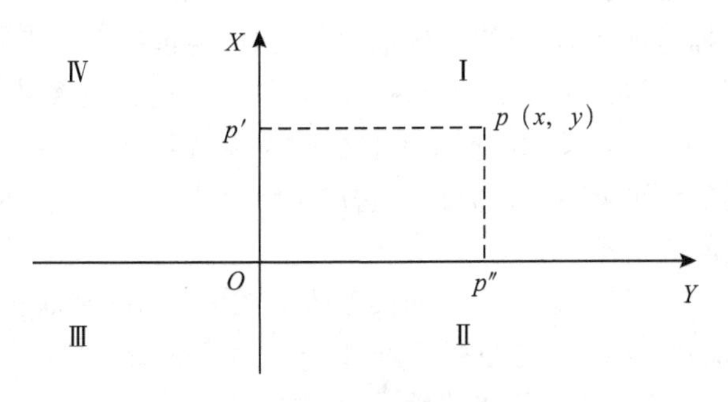

图 1-14 平面直角坐标系

(2) 平面直角坐标系与笛卡儿坐标系的异同（图 1-15）

笛卡儿坐标系即为数学中的直角坐标系。

测量中的直角坐标系与数学中的直角坐标系的区别：

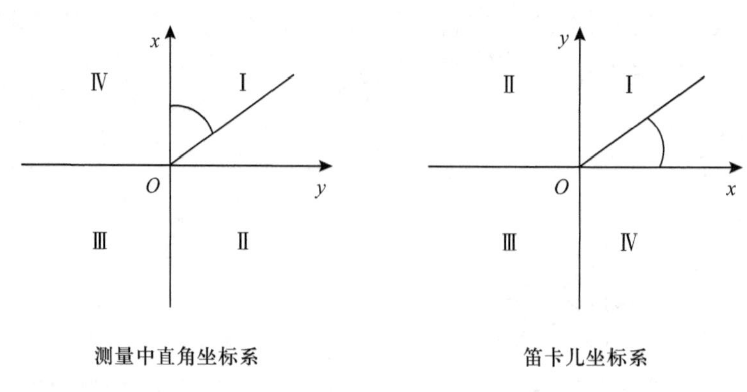

图 1-15 平面直角坐标系与笛卡儿坐标系

① 纵横坐标轴不同。对于测量中的直角坐标系，纵坐标轴为 x，正方向指向北，横坐标轴为 y，正方向指向东；而对于数学中的直角坐标系，纵坐标轴为 y，横坐标轴为 x，与测量中的直角坐标系正好相反。

② 坐标系象限不同。测量中的直角坐标系以北东区(NE)为第一象限，顺时针旋转划分为 4 个象限；数学中的直角坐标系也是以北东为第一象限，但逆时针旋转划分为 4 个象限。

③ 直线方向的方位角起算方向不同。测量中的直角坐标系的方位角由纵坐标轴 x 轴的北端起算，顺时针旋转计值；而数学中的直角坐标系的方位角由横坐标轴 x 轴逆时针旋转计值。

测量中的直角坐标系与数学中的直角坐标系的相同点：数学中直角坐标系中的数学法则在测量中直角坐标系中也适用。

5. 高斯投影与高斯平面直角坐标系

为了方便工程的规划、设计与施工，需要把测区投影到平面上来，使测量计算和绘图更加方便。对于地理坐标是球面坐标，当测区范围较大时，要建平面坐标系就不能忽略地球曲率的影响。把地球上的点位画算到平面上称为地图投影。地图投影的方法有很多，目前我国采用的是高斯-克吕格投影(又称高斯正形投影)，简称高斯投影。它是由德国数学家高斯提出并由克吕格改进的一种分带投影方法。它成功解决了将椭球面转换为平面的问题。

(1) 高斯平面直角坐标系

在高斯投影面上，中央子午线和赤道的投影都是直线。高斯平面直角坐标系的定义为：将中央子午线与赤道的交点 O 作为坐标原点，以中央子午线的投影作为纵坐标轴 x，并规定其北向为正；以赤道的投影作为横坐标轴 y，并规定其东向为正。

(2) 高斯投影方法

高斯投影的方法是将地球按经线划分为带，称为投影带。为了控制长度变形，投影是从首子午线开始的，将地球椭球面按一定的经度差分成若干投影带。带宽一般为经差 6°或 3°，分别称为 6°带或 3°带。每隔 6°划分一带的叫 6°带，每隔 3°划分一带的叫 3°带。我国领土位于东经 72°～136°之间，共包括 11 个 6°带，即 13～23 带；22 个 3°带，即 24～45 带。

设想将一个平面卷成横圆柱并套在地球外，如图1-16(a)所示，通过高斯投影，将中央子午线的投影作为纵坐标轴，用x表示，将赤道的投影作横坐标轴，用y表示。两轴的交点作为坐标原点O，由此构成的平面直角坐标系称为高斯平面直角坐标系，如图1-16(b)所示。每一个投影带都有一个独立的高斯平面直角坐标系，区分各带坐标系则利用相应投影带的带号。在每一个投影带内，y坐标值都有正有负，这对于计算和使用都不方便。为了使y坐标值都为正，将纵坐标轴向西平移500 km，并在y坐标前加上投影带的带号。6°带投影是从英国格林尼治子午线开始，自西向东，每隔经差6°分为一带，将地球分为60带，其编号分别为1，2，3，…，60。设任意带的中央子午线经度为L_0，它与投影带号N的关系如下：

$$L_0=(6N-3^\circ)$$

式中：N为6°带的带号。

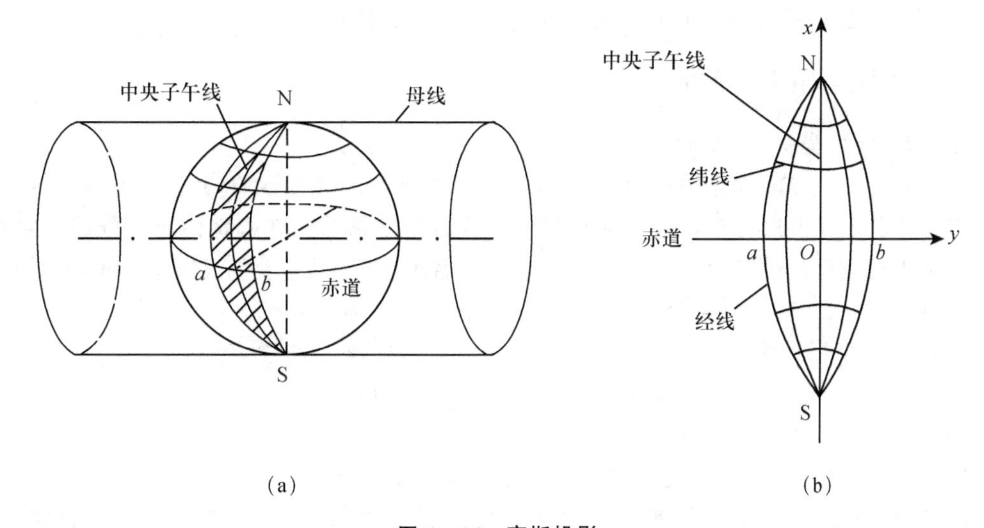

图1-16　高斯投影

离中央子午线越远，长度变形越大。当要求投影变形较小时，可采用3°带。3°带是在6°带的基础上划分的，如图1-17所示。每3°为一带，从东经1°30′开始，共120带，其中央子午线在奇数带时与6°带的中央子午线重合，每带的中央子午线可用下面的公式计算：

$$L_0=3N'$$

式中：N'为3°带的带号。

为了避免y坐标出现负值，3°带的坐标原点同6°带一样，向西移动500 km，并在y坐标前加3°带的带号。

(3) 高斯投影的特点

应当注意，高斯投影没有角度变形，但有长度变形和面积变形，离中央子午线越远，变形就越大。高斯投影的主要特点如下：

① 投影后中央子午线为直线，长度不变形，其余经线投影对称并且凹向于中央子午线，离中央子午线越远，投影变形越大。

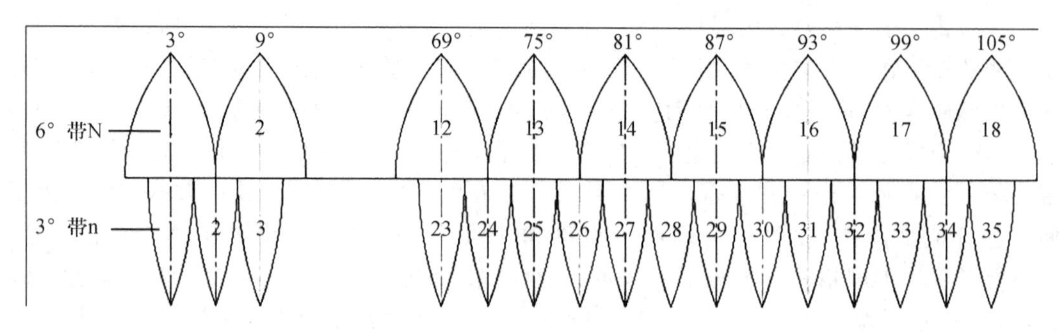

图 1-17 高斯平面直角坐标系

② 赤道的投影也为直线,并与中央子午线正交,其余的经纬投影为凸向赤道的对称曲线。

③ 经纬投影仍然保持相互垂直的关系,投影后有角度无变形。

1.3.3 我国常用的坐标系

1. 1954 北京坐标系(BJ54)

在中华人民共和国成立初期,我国采用克拉索夫斯基椭球参数,将我国东北端地区的呼玛、吉拉林、东宁 3 个点与苏联大地网联测后的坐标作为我国天文大地网起算数据,然后通过天文大地网坐标,推算出北京一点的坐标,故命名为 1954 北京坐标系。该坐标系源自于苏联采用过的 1942 普尔科夫坐标系,原点不在北京,而在普尔科沃。

1954 北京坐标系采用的参考椭球是克拉索夫斯基椭球,其参数为:

$$a=6\ 378\ 245,\quad f=1/298.3$$

1954 北京坐标系的缺点:

(1) 克拉索夫斯基椭球参数同现代精确的椭球参数的差异较大。

(2) 椭球定向不十分明确,椭球的短半轴既不指向国际通用的 CIO 极,也不指向目前我国使用的 JYD 极。参考椭球面与我国大地水准面呈西高东低的系统性倾斜。

(3) 该坐标系统的大地点坐标是经过局部分区平差得到的,因此,全国的天文大地控制点实际上不能形成一个整体。

1954 坐标系所采用的克拉索夫斯基椭球体在计算和定位过程中,没有采用中国的数据,该系统在中国范围内符合得不好,不能满足高精度定位以及地球科学、空间科学和战略武器发展的需要。

2. 1980 西安坐标系

为了克服 1954 北京坐标系的缺陷,20 世纪 70 年代,中国大地测量工作者经过 20 多年的艰巨努力,终于完成了全国一、二等天文大地网的布测。经过整体平差,采用 1975 年 IUGG 第十六届大会推荐的参考椭球参数,中国建立了 1980 西安坐标系,该坐标系在中国经济建设、国防建设和科学研究中发挥了巨大作用。

该坐标系采用 IUGG-75 地球椭球参数,大地原点选在我国中部地区陕西省咸阳市泾阳县永乐镇,椭球面与我国境内的大地水准面达到最佳密合。平差后,其大地水准面与椭球

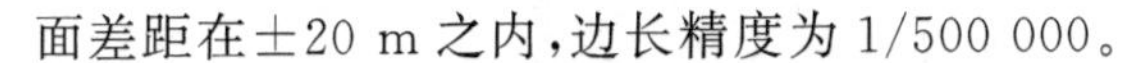
面差距在±20 m之内，边长精度为1/500 000。

3. 1984世界大地坐标系(WGS84)

20世纪80年代中期，美国国防制图局建立了WGS84坐标系，正式称为GPS的新坐标参考系。它是采用WGS84地球椭球参数的一个地心坐标系，坐标原点是地球的质心，z轴指向BIH1984.0(国际时间局1984)定义的协议地球极方向，x轴指向BIH1984.0(国际时间局1984)定义的零度子午面和赤道的交点，y轴与z、x轴构成右手坐标系。

WGS84椭球参用国际大地测量地球物理联合会所给出的推荐值：

$$长半轴\ a=6\ 378\ 137\ \text{m},\quad 短半轴\ b=6\ 356\ 752\ \text{m}$$

$$扁率\ \alpha=(a-b)/a=1:298.257$$

4. 2000国家大地坐标系(CGCS2000)

随着社会的进步，国民经济建设、国防建设和社会发展、科学研究等对国家大地坐标系提出了新的要求，迫切需要采用原点位于地球质量中心的坐标系统(以下简称地心坐标系)作为国家大地坐标系。采用地心坐标系，有利于采用现代空间技术对坐标系进行维护和快速更新，测定高精度大地控制点三维坐标，并提高测图工作效率。

2008年3月，自然资源部正式上报国务院《关于中国采用2000国家大地坐标系的请示》，并于2008年4月获得国务院批准。自2008年7月1日起，中国全面启用2000国家大地坐标系，并授权国家测绘局组织实施。

2000国家大地坐标系是全球地心坐标系在我国的具体体现，其原点为包括海洋和大气的整个地球的质量中心，z轴指向BIH1984.0定义的协议极地方向(BIH国际时间局)，x轴指向BIH1984.0定义的零度子午面与协议赤道的交点，y轴按右手坐标系确定。2000国家大地坐标系采用的地球椭球参数如下：

$$长半轴\ a=6\ 378\ 137\ \text{m},\quad 短半轴\ b=6\ 356\ 752\ \text{m}$$

$$扁率\ f=1/298.257\ 222\ 101$$

CGCS2000与WGS84坐标系除计算得到的坐标值相差0.1 mm以外，其他完全相同，均采用1980大地测量参考系统GRS80椭球。鉴于两种坐标系的原点与坐标轴的定义以及所采用的几何物理参数都具有很高的相容性，因此，可以认为在坐标系实现精度的范围内，CGCS2000坐标系与WGS84坐标系是一致的。

1.3.4 地面点的高程

1. 绝对高程和相对高程

地面任一点沿铅垂线方向到大地水准面的距离称为该点的绝对高程或海拔高。地面点沿铅垂线方向到任意水准面的距离称为该点的相对高程。如图1-18所示，地面点A到大地水准面的铅垂距离H_A为绝对高程，地面点到假定水准面的铅垂距离H_a为相对高程。

2. 正高高程与正常高高程

地面点沿铅垂线到大地水准面的距离又称为该点的正高高程(简称正高)，大地水准面是正高的基准面。由于确定大地水准面的地球重力位因地球内部质量分布不均而无法精确计算，地面点的正高高程也就不能精确求得，因此普遍采用待定点的正常重力值替换重力平

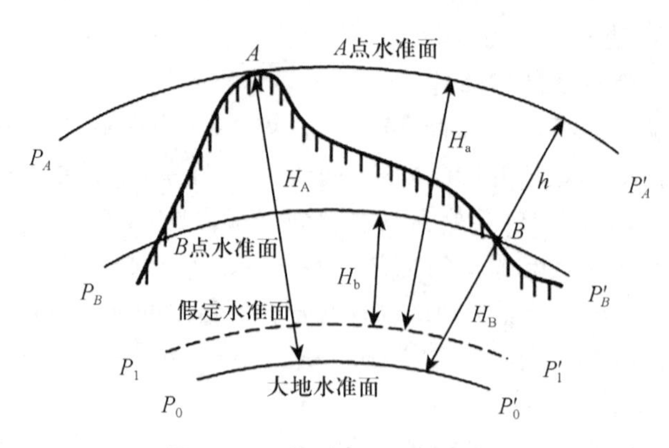

图 1-18　绝对高程和相对高程

均值，这样由于重力值改变，其效果相当于高程起算面发生变化，即不再是大地水准面，而成为似大地水准面。地面点沿铅垂线到似大地水准面的距离称为正常高，以似大地水准面定义的高程系统称为正常高系统。我国目前采用的法定高程系统就是正常高程系统。

3. 国家高程基准

建立高程基准起算面的传统方法是在沿海的一个（或多个）合适地点建立验潮站，长年累月地记录验潮站的海面高位置。利用长期的验溯观测资料并结合日月潮汐变化周期，通过低通滤波方法计算出该地区的平均海平面，将这一平均海平面作为某一国家或地区的局部高程起算面，从而形成局部高程基准，并认为在高程基准点处平均海平面与大地水准面重合。中国以青岛港验潮站的长期观测资料推算出的黄海平均海面作为中国的水准基面，即零高程面。中国水准原点建立在青岛验潮站附近，并构成原点网。用精密水准测量测定水准原点相对于黄海平均海面的高差，即水准原点的高程，定为全国高程控制网的起算高程。

新中国成立后，先后使用的高程基准有“1956 年黄海高程系统”和“1985 年国家高程基准”。

1956 年，我国根据基本验潮站应具备的条件，认为青岛验潮站位置适中，地处我国海岸线的中部，而且青岛验潮站所在港口是有代表性的规律性半日潮港，又避开了江河入海口，外海海面开阔，无密集岛屿和浅滩，海底平坦，水深在 10 m 以上等，因此 1957 年确定青岛验潮站为我国基本验潮站，以青岛验潮站在 1950—1956 年收集的验潮资料而推算的黄海平均海水面作为我国高程起算面，并在青岛市观象山建立了国家水准点，用精密高程测量方法测出国家水准原点到验潮站平均海水面距离为 72.289 m。这个高程系统称为“1956 年黄海高程系统”。全国各地的高程都是由它作为已知高程数据引测推算而来的。

“1956 年黄海高程系统”高程基准面的确立，对统一全国高程具有重要的历史意义，对国防和经济建设、科学研究等方面都起了重要的作用。

但从潮汐变化周期来看，确立“1956 年黄海高程系统”的平均海水面所采用的验潮资料时间较短，还不到潮汐变化的一个周期（一个周期一般为 18.61 年），同时又发现验潮资料中含有粗差，因此有必要重新确定新的国家高程基准。

新的国家高程基准面是根据青岛验潮站 1952—1979 年期间的验潮资料计算确定的。根据这个高程基准面作为全国高程的统一起算面，测得国家水准原点的高程为 72.260 4 m，称为

“1985 年国家高程基准”。所有水准测量测定的高程都以这个面为零起算，也就是以高程基准面作为零高程面。

青岛黄海边水准零点标识如图 1－19 所示。

图 1－19 青岛黄海边水准零点

1.4 地球曲率对测量工作的影响

1.4.1 地球曲率对距离测量的影响

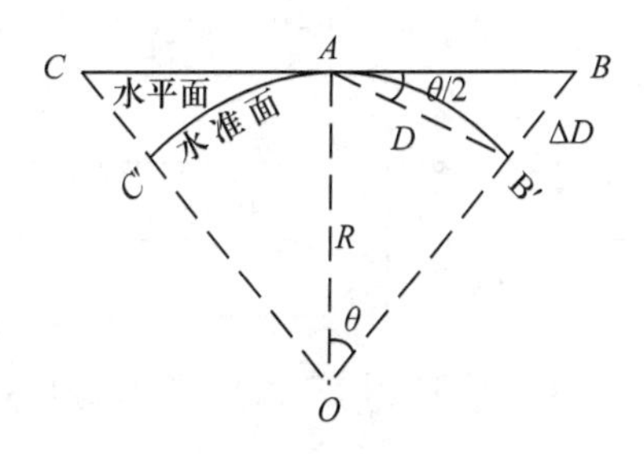

图 1－20 以水平面代替水准面

如图 1－20 所示，为讨论问题方便，将地球以正球体看待。设 $\overset{\frown}{AB'}=D$ 为球面上 A 点到 B' 点的长度，所对圆心角为 θ，地球半径为 R，另至 A 点作切线 AB，设长为 t。若以切于 A 点的水平面代替球面，则在距离上产生误差 ΔD，则有：

$$\Delta D=\overline{AB}-\overset{\frown}{AB'}=t-D=R(\mathrm{tg}\,\theta-\theta)$$

将 $\mathrm{tg}\,\theta=\theta+\frac{1}{3}\theta^3+\frac{2}{15}\theta^5+\cdots\cdots$代入上式，得

$$\Delta D=\frac{D^3}{3R^2} \tag{1-1}$$

$$\frac{\Delta D}{D}=\frac{1}{3}\left(\frac{D}{R}\right)^2 \tag{1-2}$$

若以 $R=6\ 371$ km 代入式(1－1)和式(1－2)，所得结果如表 1－2 所列。

表 1-2　地球曲率对水平距离的影响

距离 D/km	10	50	100
距离误差 ΔD/cm	0.8	102	821
相对误差 $\Delta D/D$	1/1 200 000	1/50 000	1/12 100

由表 1-2 可以看出，当地面距离为 10 km 时，用水平面代替球面所引起的距离误差只有 0.8 cm，相对误差约为 1/1 200 000；当地面距离为 100 km 时，相对误差约为 1/12 100。而现在最精密测距所容许的相对误差为 1/1 000 000，因此，在普通的距离测量中一般不考虑地球曲率的影响。只有在进行精密测量时，为了保证距离测量的精度，才限制测区范围大小。一般在半径为 10 km 的范围内测量时，可不考虑地球曲率对距离测量的影响。

1.4.2　地球曲率对高程测量的影响

海拔高程的起算点是大地水准面。由于水平面与水准面是不重合的，所以当用水平面代替水准面进行高程测量时，地球曲率必定对所测高程值有影响。这种用水平面代替水准面而产生的高程误差称为球差。

如图 1-20 所示，设 AB 为过 A 点的水准面，显然，A 与 B 点同高。如果用过 A 点的水平面 P 代替水准面，则 A 与 B 之间产生球差 Δh。由图 1-20 有：

$$(R+\Delta h)^2=R^2+t^2,\quad \Delta h=\frac{t^2}{2R+\Delta h}$$

用 D 代替 t，同时忽略分母中的小项（相对于 R 而言）Δh，则 $\Delta h=\dfrac{D^2}{2R}$

表 1-3 列出了不同距离 D 所产生的球差。当距离为 100 m 时，地球曲率对球差的影响达到 0.8 mm。所以，地球曲率对高程的影响是不可忽略的。

表 1-3　地球曲率对球差的影响

D/m	10	50	100	500	1 000
Δh/mm	0.0	0.2	0.8	19.6	78.5

1.4.3　地球曲率对水平角测量的影响

实际测量中的基准面是大地水准面，所以测得的角度是球面角。所谓角度误差是指用球面角代替平面角所产生的误差。为求简便，在局部范围内仍将地球视为球体，如图 1-21 所示，设 $A'B'C'$ 为所测球面三角形，各内角分别为 $\alpha'\beta'\gamma'$。ABC 为沿其各顶点处铅垂线方向投影在切于测区中点的水平面上的平面三角形，对应的各内角分别为 α、β、γ。以 α' 为例分析。α' 为在 A' 上架设仪器测得，因观测时视线 $A'n$、$A'm$ 垂直于铅垂线 $A'O$，故 α' 是二面角。两平面之间的夹角以二面角为最大，所以 $\alpha'>\alpha$；同理 $\beta'>\beta$、$\gamma'>\gamma$。

因为 $\alpha+\beta+\gamma=180°$，所以 $\alpha'+\beta'+\gamma'>180°$。

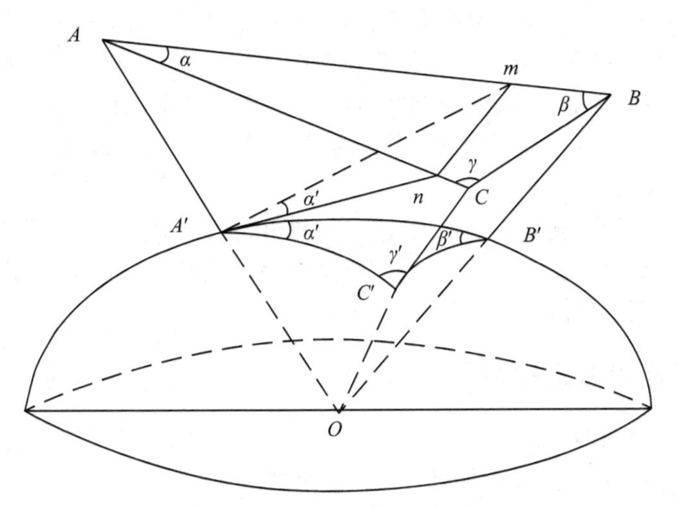

图 1-21 地球曲率对角度测量的影响

令$(\alpha'+\beta'+\gamma')-(\alpha+\beta+\gamma)=\varepsilon$，$\varepsilon$ 称为球面角，其大小为

$$\varepsilon=\frac{P}{R^2}\rho''$$

式中：P 为 $\Delta A'B'C'$的面积，R 为地球半径。

一般认为每一个角度产生的误差是相同的，即角度误差为

$$\Delta C=\frac{P}{3R}\rho''$$

表 1-4 中列出了不同面积所产生的角度误差。由表中可以看出，在 100 km² 范围内，用平面代替球面产生的角度误差为 0.17″，而精密大地测量仪器的测角精度仅为 0.7″，所以在地形测量中完全可以不考虑地球曲率对角度测量的影响。

表 1-4 地球曲率对角度测量的影响

面积 P/km²	10	100	2 500	10 000
角度误差 ΔC/(″)	0.02	0.17	4.26	16.91

1.5 测量工作的基本内容和程序

任何工作都要遵循一定的原则和程序。测量工作也不例外，有自己特有的工作内容、原则和程序。

1.5.1 测量工作的基本内容

测量工作的服务领域虽然十分广泛，内容也很繁杂，但其本质内容不外乎两大类，即测绘（测定）和施工放样（测设）。

地形图测绘是指将地面所有地物和地貌，通过测量仪器，按照一定程序和方法，根据地形图图式规定的符号，按照一定比例尺绘制在图纸上的工作。围绕地形图测绘还有控制测量以及地形图的编制、印刷等工作。控制测量是国家基础测量工作，目的是提供具有坐标的平面控制点和高程控制点。地形图测好并经过清绘后，可以复制、印刷，然后才能作为工作用图。

施工放样是根据图上规划设计好的建筑物、构筑物的位置、尺寸、高程等，算出各特征点与控制点之间的距离、角度、高差等数据，并将其在地面上标定出来的工作。在施工中和竣工后也要提供有关测绘保障，以确保安全生产。

1.5.2 测量工作应遵循的原则

测量工作必须遵循两项原则：

(1) 从整体到局部，从高级到低级，先控制后碎部；

(2) 若上一步测量工作未做检核，则不做下一步测量工作。

第一项原则是指对任何测量工作应先总体布置，而后分区实施，这就是“从整体到局部”；在实施步骤上，先布设首级平面和高程控制网，然后再逐级加密低级控制网，最后以此为基础进行测图或施工放样，即“先控制后碎部”；从高级到低级是指从测量精度来看，控制测量精度较高，测图精度相对于控制测量来说要低一些。只有遵循这一原则，才能减少误差积累，保证成果精度。

第二项原则是指测绘工作的每项成果都必须保证验核无误后才能进行下一步工作，中间环节只要有一步出错，其后的工作就徒劳无益。只有坚持这项原则才能保证测绘成果符合技术规范的要求。

1.5.3 测量工作的实施步骤

1. 控制测量

根据测量工作的基本原则，如果在一定区域内进行测图等测量工作，则需要在区域内选择一些有控制意义的点，将这些控制点构成几何图形，用精确的方法测量它们的平面位置和高程，然后根据这些控制点的测量结果再测量其他地面点，这种工作称为控制测量。

控制测量包括平面控制测量和高程控制测量。平面控制测量一般采用三边网、三角网、导线测量等布设形式；高程控制测量采用普通水准测量、三角高程测量方法。

2. 碎部测量

碎部点就是地物、地貌的特征点，如房角、道路交叉点、山顶、鞍部等。大比例尺地形图测绘过程是先测定碎部点的平面位置与高程，然后用相对应的地物和地貌符号根据碎部点实地位置进行描绘。测量碎部点时，可以根据实际的地形情况、使用的仪器和工具选择不同的测量方法。以前碎部点的测量方法常用的有极坐标法、方向交会法、距离交会法等。目前用全站仪可以直接测量地面点坐标，只需知道测站点坐标和后视点坐标，仪器对准测量点位，就可以直接得到其坐标值。

无论是控制测量还是碎部测量,测量工作中都需要做3项基本工作:距离测量、角度测量、高程测量。观测、计算、绘图是测量工作者应当具有的3项基本技能。测量工作一般分外业和内业:外业主要是在野外,利用仪器获得数据;内业是通过外业获得的数据进行计算。无论是外业还是内业,测量中误差是不可避免的,而错误是必须杜绝的。

思考练习题

1. 名词解释

(1) 水准面　(2) 大地水准面　(3) 绝对高程

(4) 相对高程　(5) 高差　(6) 高斯平面坐标系

(7) 地球椭球体　(8) 平面直角坐标系

2. 简答题

(1) 测量学的研究对象和任务是什么?

(2) 地球形状是什么样的? 大地体与参考椭球体有何区别?

(3) 测量中常用的坐标系有哪几种? 有何区别?

(4) 1954北京坐标系、1980西安坐标系、2000国家大地坐标系三者有何区别?

(5) 什么是1956年黄海高程系统? 什么是1985年国家高程基准?

(6) 测量工作的基准线和基准面都是什么?

(7) 测量工作的基本原则是什么?

(8) 试用公式说明水平面代替水准面的限度对距离、水平角度及高程产生的影响。

3. 计算题

(1) 设某地面点的大地经度为东经$106°25'36''$,试计算它所在6°带和3°带的带号及中央子午线的经度。

(2) 若我国某处地面点A的高斯平面直角坐标值为$x_A=3\ 234\ 567.68\ \text{m}$,$y_A=35\ 453\ 786.63\ \text{m}$,问该坐标值是按几度带投影计算而得? A点位于第几带? 该带中央子午线的经度是多少? A点在该带中央子午线的哪一侧? 距离中央子午线和赤道各多少米?

第2章

距离丈量与直线定向

在测量中一般距离是指两点间的水平距离。若测得的是倾斜距离，一般需要进行改斜计算，转换成水平距离。按所用的仪器和工具的不同，距离丈量一般分为钢尺量距、视距测量、光电测距等。

2.1 距离丈量的工具

距离丈量是指用钢尺、皮尺等丈量工具测得地面上相邻两点间的水平距离的工作。根据不同的精度要求，距离丈量常用的工具有钢尺、皮尺、测绳等量距工具以及标杆、测钎、垂球等辅助工具。另外，在精密量距中还采用弹簧秤、温度计等来控制拉力和测定温度。

2.1.1 钢 尺

钢尺多由薄钢制成，也称为钢卷尺，一般适用于精度要求较高的距离丈量。钢尺按长度不同，分为20 m、30 m、50 m等几种规格；按形式不同，分为钢带尺和带盒的钢尺，如图2-1所示；按零点位置不同，分为端点尺和刻线尺，如图2-2所示。端点尺的零点在尺的最外端，在丈量两个实体地物间的距离时较为方便。刻线尺的零点在尺面内，一般以尺前端的某一处刻线作为尺的零点。在使用钢尺进行量距时一定要认清其零点位置。

钢尺的基本分画单位多为cm，在每米和每分米处有数字注记，每米处一般采用红色数字注记。为了距离丈量精密，一般在钢尺前一段内设有毫米注记，有的钢尺在整个尺面上都设有毫米注记，这两类钢尺都适合于精密量距工作。在使用钢尺量距时，必须认清其尺面注记，避免读数错误。

钢尺优点：抗拉强度高，不易拉伸，所以量距精度较高，在工程测量中常用钢尺量距。钢尺缺点：性脆，易折断，易生锈，使用时要避免扭折，防止受潮。

2.1.2 皮 尺

皮尺是用麻线和金属丝制成的带状尺，因其伸缩性较大，一般适合于精度较低的距离丈量。其基本分画单位为cm，在每米和每分米处有数字注记，每米处的数字注记一般为红色。

(a) 带盒的钢尺

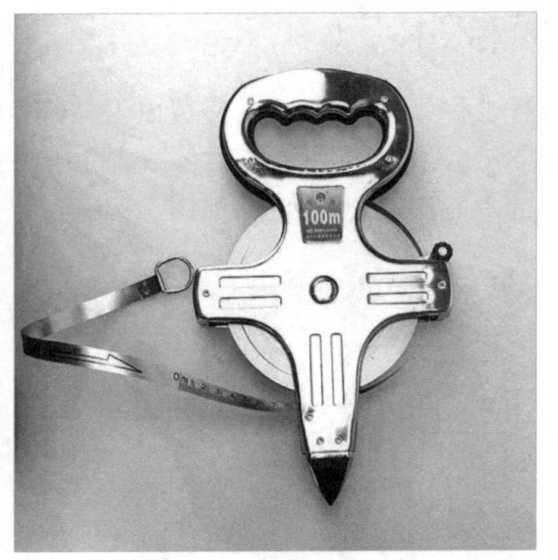

(b) 钢带尺

图 2-1　钢尺形式

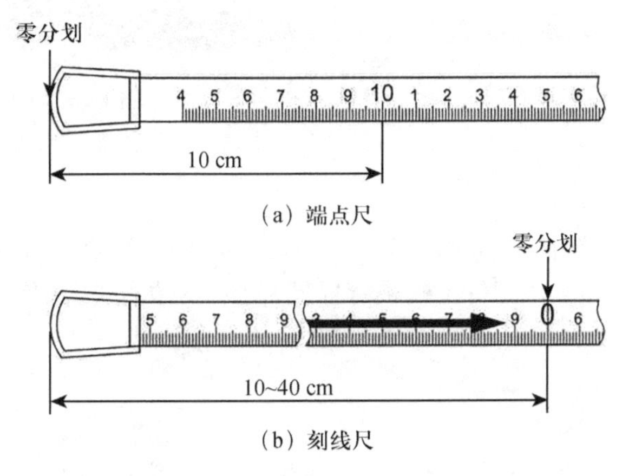

(a) 端点尺

(b) 刻线尺

图 2-2　钢尺的零点分类形式

其长度有 20 m、30 m、50 m 3 种规格。皮尺一般为端点尺，其零点由始端拉环的外侧算起。

2.1.3　铟瓦尺

铟瓦尺是用铁镍以及少量的锰、硅、碳等合金制成的线状尺，如图 2-3 所示。其热膨胀系数较普通钢尺小，因而温度对尺长的伸缩变化影响小，故铟瓦尺的量距精度高，可达到 1/1 000 000，适用于精密量距；但其量距过程十分烦琐，常用于精度要求很高的基线丈量或用于鉴定普通钢尺或水准测量。铟瓦尺全套由 4 根主尺、1 根 8 m 或 4 m 长的辅尺组成。主尺直径为 1.5 mm，长度为 24 m，尺面上无分画和数字注记，在尺两端各连一个三棱形的分画尺，长为 8 cm，其上最小分画单位为 mm。

2.1.4 标　杆

标杆也称为花杆或测杆，一般由木材、玻璃钢或铝合金制成，其直径为 3～4 cm，长度为 2 m 或 3 m，其上用红白油漆交替漆成 20 cm 的小段，杆底部装有铁尖，以便插入地中，或对准测点的中心用于观测觇标，如图 2－4 所示。

图 2－3　铟瓦尺

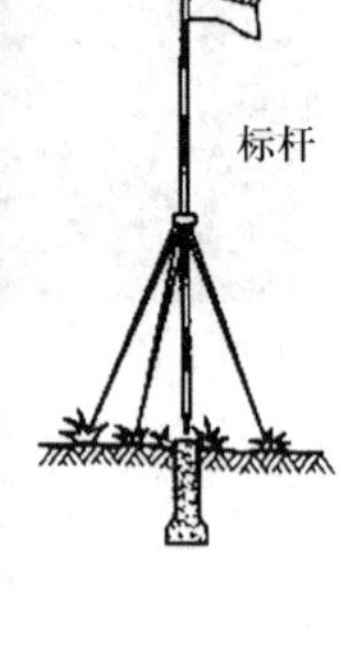

图 2－4　标杆

2.1.5 测　钎

测钎由钢丝或粗铁丝制成，其长度为 30～40 cm，如图 2－5(a)所示。测钎一般以 11 根或 6 根为一组，套在铁环上。测钎上端被弯成圆环形，下端磨尖，主要用于标定尺的端点位置和统计整尺段数。

2.1.6 垂　球

垂球多由金属制成，其外形像圆锥形，一般用来对点、标点和投点，如图 2－5(b)所示。

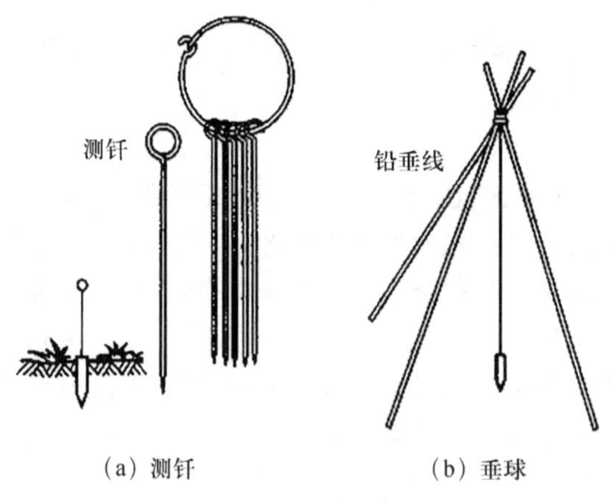

(a) 测钎　　(b) 垂球

图 2－5　测钎、垂球

2.2　距离丈量的一般方法

距离丈量按精度要求不同以及地形条件不同，可采用一般量距方法或精密量距方法。下面介绍距离丈量的一般方法。

2.2.1　地面点位的标定

测量要解决的根本问题就是确定地面点的位置。在测量工作中，被测定的点通常称为测点，如三角点、导线点、水准点等控制点，一般需要保留一段时间；必须在地面上确定其位置，设立标志，用于细部测量或其他测量。

根据测点（或控制点）等级的不同或保留时间长短的不同，其标志的形式也不尽相同，一般可分为临时性标志和永久性标志。临时性标志可用长 30～50 cm、粗 3～5 cm 的木桩，削尖其下端，打入地中，桩头露出地面 3～5 cm，桩顶钉一小铁钉或刻一“十”字，以其交点精确表示点位，如图 2－6 所示。永久性标志（或半永久性标志）可采用水泥桩或石桩，在其上设立标志，如图 2－7 所示。

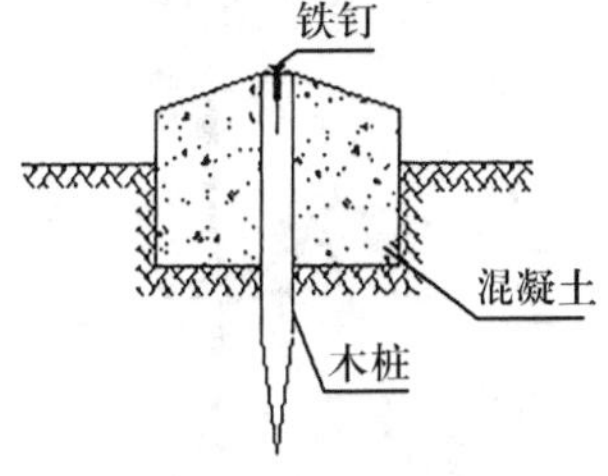

图 2－6　临时性标志

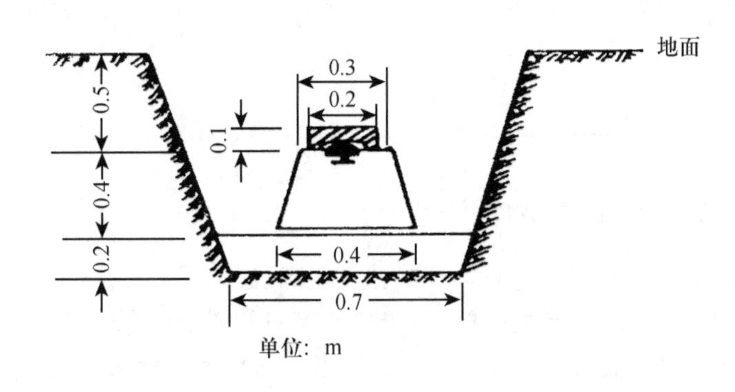

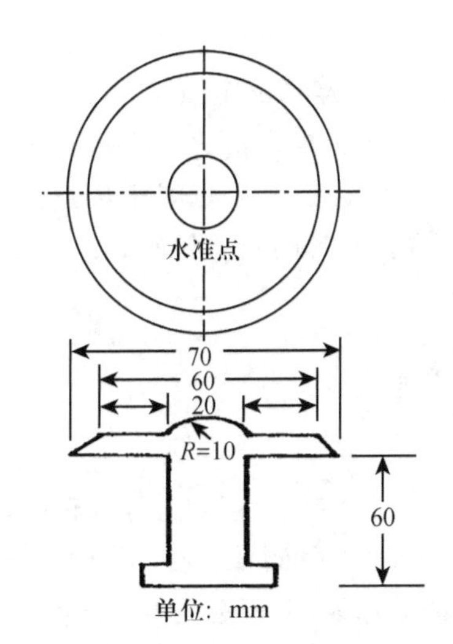

图 2－7　永久性标志

点之记是记载点位情况的资料。测量工作中把重要的点标定在地面上，测定其与附近地物的联系，绘出它们之间的关系草图，并注明编号、等级、所在地及委托保管等情况。

2.2.2　直线定线

当地面两点之间的地面起伏较大或距离较长时，一个尺段不能完成距离丈量，沿已知直线的方向需要分成多段进行分段量测，最后汇总得其长度。这时须在直线方向上竖立若干标杆，来标定直线的位置和走向，这项工作称为直线定线。根据精度要求的不同，可采用目估定线或经纬仪定线。

1. 目估定线

若距离丈量精度要求不是很高，可采用目估定线法。如图 2-8 所示，假设通视的 A、B 两点间的距离较长，要测定 A、B 两点间距离，则需要在 A、B 两点之间标定 1、2 等点，使其在 A、B 两点的直线上。要使 A、1、2、B 等点在同一直线上，采用目估定线的操作步骤则为：

(1) 在 A、B 两点上竖立标杆，一测量员站于 A 标杆后 1～2 m 处，由 A 点瞄向 B 点。

(2) 另一测量员手持标杆，处于 A、B 两点之间，按 A 点测量员的手势在该直线方向上左右移动，直到 A、2、B 这 3 点处于同一直线上为止，将标杆竖直插入 2 点处。

(3) 以同样方法继续确定出 1 点及其他各点的位置。

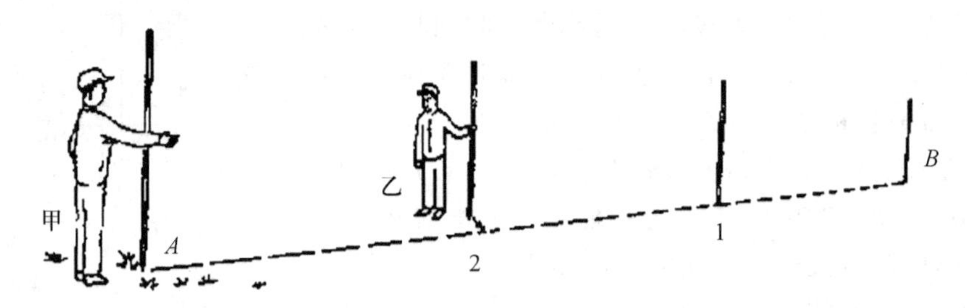

图 2-8　目估定线

2. 经纬仪定线

当距离丈量的精度要求较高时，可采用经纬仪定线法或其他的仪器定线法。如图 2-9 所示，设 A、B 两点间相互通视，需要在 A、B 两点间定出 1、2 等点来标定直线 AB 的位置和方向，则其操作步骤如下：

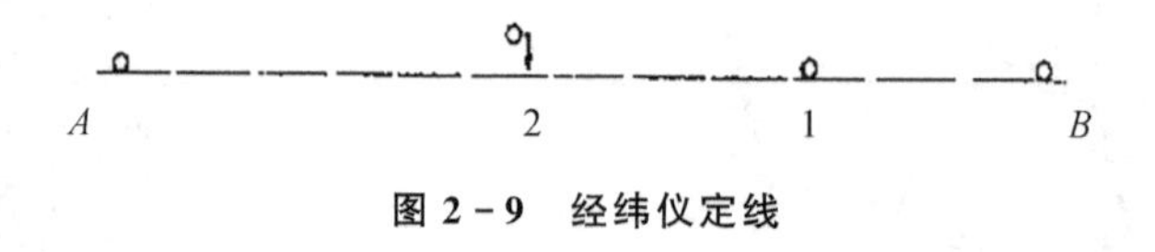

图 2-9　经纬仪定线

(1) 在 A 点安置经纬仪(对中、整平)，在 B 点竖立标杆或挂上垂球线。

(2) 一测量员在 A 点用望远镜精确瞄准 B 点的标杆，尽量瞄准标杆底部，或瞄准 B 点的垂球线，以望远镜的视线指挥另一测量员将标杆左右移动(也是尽量瞄准标杆底部)定出 2 点，则直线 A、2、B 在同一直线上。

(3) 以同样方法定出 1 点或其余各点。

如果在 AB 直线延长线上进行定线，则原理与 AB 两点间直线定线相同。

2.2.3　距离丈量的一般方法

距离丈量的一般方法是指当丈量精度要求不高时所采用的量距方法。这种方法量距的精度能达到 1/1 000～1/3 000。根据地面的起伏状态，可分为平坦地面的距离丈量和倾斜

地面的距离丈量两种形式。

1. 平坦地面的距离丈量

平坦地面的距离丈量采用整尺法和串尺法。

(1) 整尺法丈量

对于平坦地面，当量距精度要求不高时，可采用整尺法量距，也就是直接用钢尺沿地面丈量水平距离。可先进行直线定线工作，也可边定线边丈量。如图2-10所示，在量距之前，先在待测距离的两个点A、B用木桩标志(桩上钉一小钉)，或直接在柏油或水泥路面上钉铁钉标志。如图2-11所示，丈量时，由两个人一起操作，前者称为前尺手，后者称为后尺手。量距时，后尺手持钢尺用零点分画线对准地面测点(起点)，前尺手拿一组测钎和标杆，手持钢尺末端。丈量时，前、后尺手按直线定线方向沿地面拉紧、拉平钢尺，由后尺手确定方向，前尺手在整尺末端分画处垂直插下一根测钎，这样就完成了第一个尺段的丈量工作。然后，两个人同时将钢尺抬起(悬空勿在地面拖拉)前进。后尺手走到第一根测钎处，用尺零点对准测点(第一尺段的终点处)，两个人拉紧、拉平钢尺。前尺手在整尺末端处插下第二根测钎，完成第二个尺段的距离丈量，然后后尺手拔起测钎套入环内。依此法继续丈量。每丈量完一个尺段，后尺手都要收回测钎，再继续前进，依此法丈量至终点。若最后一个尺段不足一整尺，则前尺手在测点处读取尺上刻画值，得到余长q。计算统计后尺手中的测钎数，此为整尺段数n。则其水平距离D可如下计算：

$$D=n\cdot l+q \tag{2-1}$$

再调转尺头用以上方法从B点至A点进行返测，直至A点为止。然后依据式(2-1)计算出返测的距离。一般往返各丈量一次称为一测回。在符合精度要求时，取往返距离的平均值作为丈量结果。

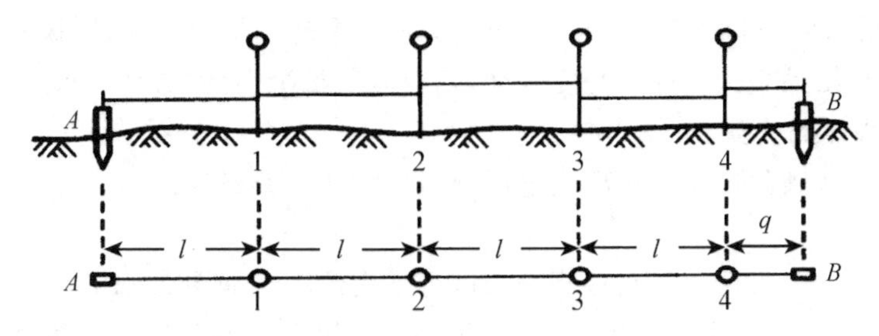

图2-10　整尺法量距

(2) 串尺法

当量距精度要求较高时，采用串尺法进行丈量，如图2-12所示。

丈量前按照直线定线方法，在AB直线上，定出若干个小于尺长的尺段，如$A1$、12、…、$7B$，从一端开始依次丈量各尺段的长度。丈量时，在尺段的两端点上将钢尺拉紧、拉平、拉稳后，前、后尺手在这一瞬间各自读取尺上数据，记录员将两个读数分别记在手簿中。例如，前尺手读数为29.256 m，后尺手读数为0.045 m，则这一尺段的长度为

$$29.256\ \text{m}-0.045\ \text{m}=29.211\ \text{m}$$

为了提高丈量精度，对同一尺段需要丈量3次，3次串尺(改变后尺手的读数位置)丈量

图 2-11　平坦地面距离丈量方法

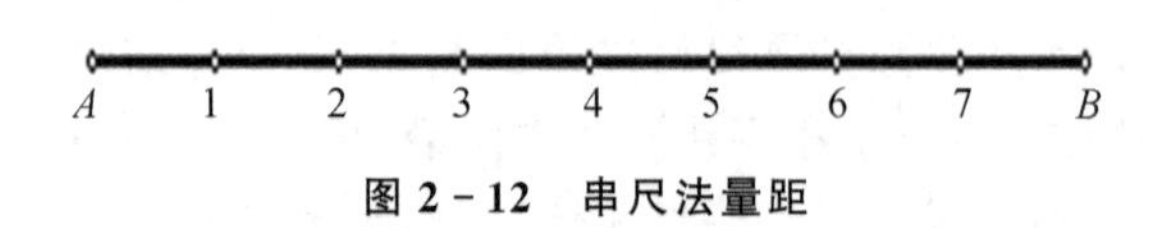

图 2-12　串尺法量距

的差数,一般不能超过 5 mm;然后取平均值作为该尺段长度的丈量结果。

以上介绍的步骤是将直线定线和量距分开进行的。实际工作中,在平坦地面上定线和量距可同时进行。

(3) 丈量精度的评定

为了检验丈量结果是否可靠并提高丈量精度,通常需要往返丈量或多次丈量,其精度一般采用相对误差来衡量。相对误差是指往测值 $D_{往}$ 与返测值 $D_{返}$ 之差与平均值 $D_{平}$ 的比,其表达式采用分子为 1 的分数形式。相对误差 K 计算如下:

$$K=|D_{往}-D_{返}|/D_{平}=\Delta D/D_{平}=1/(D_{平}/\Delta D)=1/N \quad (2-2)$$

$$D_{平}=1/2(D_{往}+D_{返})$$

一般要求钢尺量距的相对误差在平坦地面要小于 1/3 000,在地形起伏较大地面应小于 1/2 000,在困难地面不得低于 1/1 000。如果丈量结果达到精度要求,则取其平均值作为最后结果;如果丈量结果超过允许的精度限度,则应返工重测,直到符合要求为止。

2. 倾斜地面距离丈量

根据地形条件,倾斜地面的距离丈量可分为平量法和斜量法。

(1) 平量法

当地形起伏不大(尺两端的高差不大)时,可采用此法。如图 2-13 所示,将钢尺的一端对准测点,另一端抬起(尺子的高度一般不超过前、后尺手的胸高),并用垂球将尺子的端点投影到地面上,在垂球尖处插上测钎。一般后尺手将零点对准地面点,前尺手目估尺面水平。测出各段的水平距离后,各段相加即得全线段的水平距离。若采用此法量距,丈量时自上坡量到下坡为好。

(2) 斜量法

当倾斜地面的坡度比较均匀时,可采用此法。如图 2-14 所示,丈量时将钢尺贴在地面上量斜距 S。若线段距离较长,则应分段量取,最后汇总得全线段的斜距 S。用经纬仪测得地面的倾斜角 α,则由量得的斜距 S 换算成平距 D 为

$$D=S\cdot\cos\alpha \quad (2-3)$$

为了提高测量精度,防止丈量错误,同样也采用往返丈量,并取平均值为丈量结果。

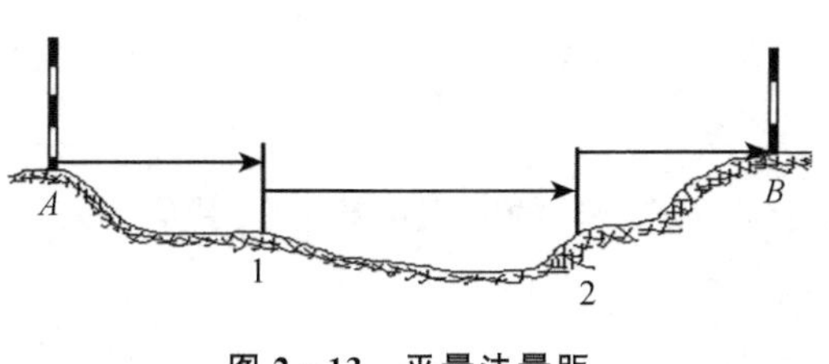

图 2-13　平量法量距

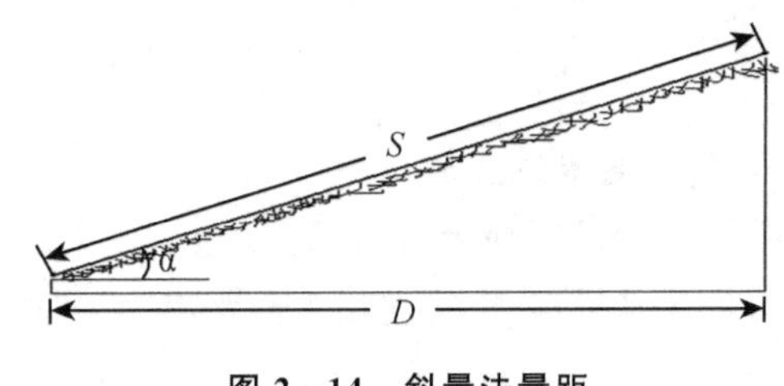

图 2-14　斜量法量距

2.3　钢尺量距的精密方法

2.3.1　钢尺精密量距的要求

精密量距是指精度要求较高、读数为毫米的量距。其作业一般采用串尺法进行，但各步的具体要求与上述有所不同：

(1) 所用钢尺须有毫米分画，至少尺的零点端要有毫米分画。

(2) 在丈量前须对钢尺进行检定，用弹簧秤将检定钢尺按规定的拉力拉直，得出尺长改正数；用温度计测出检定时和丈量时钢尺的温度，计算出温度改正数；用水准测量法测出各尺段两端的高差，得出倾斜改正数。

(3) 在丈量前先用经纬仪进行直线定线，尺端位置一般不用测钎标记。在定线时应打下木桩，两根木桩之间的距离约等于钢尺的全长。在木桩桩顶钉上小钉或刻画十字线来标定地面点的位置。

(4) 为提高丈量精度，对同一尺段要改动钢尺丈量 3 次。改动钢尺时以不同的位置对准测点，改动范围一般不超过 10 cm。若 3 次丈量的结果满足限差要求(一般要求 3 次丈量所得长度之差不超过 2～5 mm)，则取其平均值作为丈量结果；若超过限差要求，则应进行第 4 次丈量，最后取其平均值作为丈量结果。

2.3.2　钢尺精密量距的成果计算

对于钢尺精密量距，由于钢尺长度有误差并受量距时的环境影响，故对量距结果应进行尺长改正、温度改正及倾斜改正，得出每尺段的水平距离，再将每尺段的距离汇总得所求直线的全长，以保证距离测量精度。

1. 尺长改正数

设钢尺名义长度(尺面上刻画的长度)为 l_0，其值一般和实际长度(钢尺在标准温度、标准拉力下的长度)l'不相等，因而在进行距离丈量时每丈量一段都需要进行尺长改正。

整尺段的尺长改正数为

$$\Delta L = l' - l_0 \tag{2-4}$$

长度为 l 的尺长改正数为

$$\Delta L_l = \frac{\Delta L}{l_0} \cdot l \tag{2-5}$$

2. 温度改正数

设钢尺在检定时的温度为 t_0，在丈量时的温度为 t，若钢尺的膨胀系数为 α（其值一般为 $1.25\times10^{-5}/1\ ℃$），则当丈量距离为 l 时，其温度改正数为

$$\Delta L_t = \alpha \cdot (t - t_0) \cdot l \tag{2-6}$$

3. 倾斜改正数

如图 2-15 所示，丈量的斜距为 l，测得 A、B 两端点的高差为 h，要得到平距 l_0，则倾斜改正数为

$$\Delta L_h = \sqrt{l^2 - h^2} - l = l\left[\sqrt{\left(1 - \frac{h^2}{l^2}\right)} - 1\right] \tag{2-7}$$

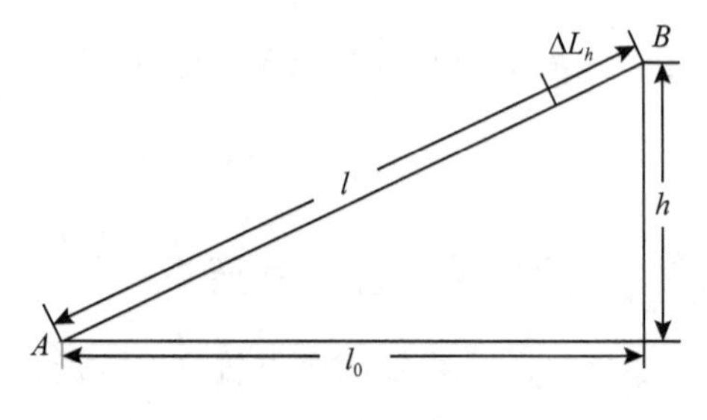

图 2-15　倾斜改正

将上式用级数展开，则变为

$$\Delta L_h = l\left[\left(1 - \frac{h^2}{2l^2} - \frac{h^4}{8l^2} - \cdots\right) - 1\right] \tag{2-8}$$

当坡度小于 10%时，h 与 l 的比值总是很小，故$\frac{h^4}{8l^2}$及其后的各项都可舍去，式(2-8)可变为

$$\Delta L_h = -\frac{h^2}{2l^2} \tag{2-9}$$

综合上述各项改正数，得每一尺段改正后的水平距离为

$$D = l + \Delta L_l + \Delta L_t + \Delta L_h \tag{2-10}$$

2.4　钢尺量距的误差分析及减弱措施

2.4.1　钢尺量距误差

钢尺量距误差主要有钢尺误差、人为误差及外界条件的影响。

1. 钢尺误差

如果钢尺的名义长度与实际长度不符，则会产生尺长误差。尺长误差属系统误差，是累积的，所量距离越长，误差越大。因此，新购置的钢尺必须进行检定，以求得尺长改正值。

2. 人为误差

人为误差主要有钢尺倾斜和垂曲误差、定线误差、拉力误差及丈量误差。

（1）钢尺倾斜误差和垂曲误差

当地面高低不平且按水平钢尺法量距时，若钢尺没有处于水平位置或因自重导致中间下垂而成曲线，都会使所量距离增大，因此丈量时要注意钢尺必须处于水平位置。

（2）定线误差

丈量时若钢尺没有准确地放在所量距离的直线方向上，使所量距离不是直线而是一组折线，则丈量结果会偏大，这种误差称为定线误差。一般丈量时，要求定线偏差不大于0.1 m。可以用标杆目估定线。当直线较长或精度要求较高时，应用经纬仪定线。

（3）拉力误差

钢尺在丈量时所受拉力应与检定时拉力相同，一般量距中只要保持拉力均匀即可，而对较精密的丈量工作则需使用弹簧秤。

（4）丈量误差

丈量时用测钎在地面上标志尺端点位置时插测钎不准，前、后尺手配合不佳，余长读数不准，都会引起丈量误差。这种误差对丈量结果的影响可正可负，大小不定。因此，在丈量中应尽力做到对点准确，配合协调，认真读数。

3. 外界条件的影响

外界条件的影响主要是温度的影响。钢尺的长度随温度的变化而变化，丈量时的温度与标准温度不一致会导致钢尺长度变化。按照钢的膨胀系数计算，温度每变化1 ℃，对钢尺长度就会有约1/80 000的影响。对于一般量距，当温度变化小于10 ℃时可以不加改正，但处于精密量距必须考虑温度改正。

2.4.2　钢尺的维护

不论是一般量距还是精密量距，都要精心地维护和保养钢尺，主要有以下三点：

（1）钢尺易生锈，收工时应立即用软布擦去钢尺上的泥土和水珠，涂上机油以防生锈。

（2）钢尺易折断，若在行人和车辆较多的地区量距，要严防钢尺被车辆压过而折断；若则钢尺出现卷曲，切不可用力硬拉，应按顺时针方向收卷钢尺。

（3）不准将钢尺沿地面拖拉，以免磨损尺面刻画。

2.5　视距测量

视距测量是利用望远镜内的视距装置及视距尺（或水准尺），根据几何光学和三角测量的原理，同时测定水平距离和高差的一种测量方法。在一般测量仪器（如经纬仪、水准仪的望远镜）内均有视距装置。如图2－16所示，在十字丝分画板上刻制上、下对称的两条短线，称为视距丝。视距测量时，根据视距丝和中横丝在视距尺或水准尺的读数来进行距离和高差的计算。这种方法具有操作方便、速度快、不受地面起伏状况限制等优点，但也具有精度较低的缺点，精度一般只能达到1/200～1/300，因而适用于碎部点的测定。若采用精密视距测量，这种方法也可用于图根控制点的加密。

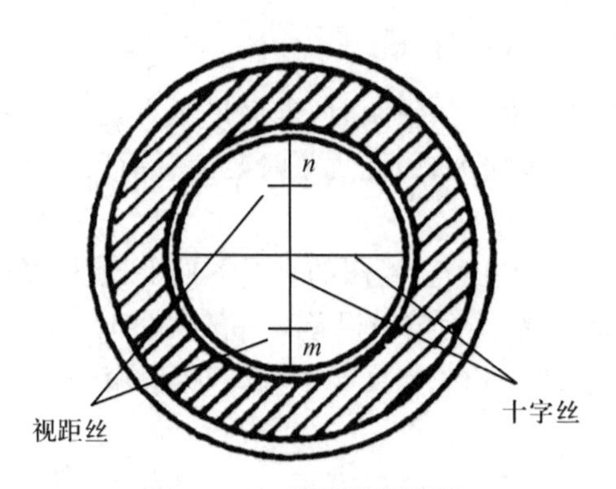

图 2-16　望远镜视距丝

2.5.1　视距测量的原理

1. 视线水平时的视距测量原理及计算公式

如图 2-17 所示，D 为要测定的 A、B 两点间的水平距离，h 为两点间的高差，A 点安置经纬仪，B 点竖立视距尺(或水准尺)；δ 为望远镜物镜中心至仪器中心(竖轴中心)的距离，f 为物镜焦距，F 为物镜的焦点；i 为视线高(仪器高)，m 和 n 为十字丝分画板上的上、下丝，其间距为 p；d 为物镜焦点至视距尺的距离，M 和 N 分别为十字丝上、下丝在视距尺的上读数，其差值称为尺间隔 l，即

$$l=M-N \tag{2-11}$$

从图中可知，待测距离 D 为

$$D=d+f+\delta \tag{2-12}$$

式中：f 和 δ 是望远镜物镜的参数，为定值。因而只需计算出 d 即可得到 D。

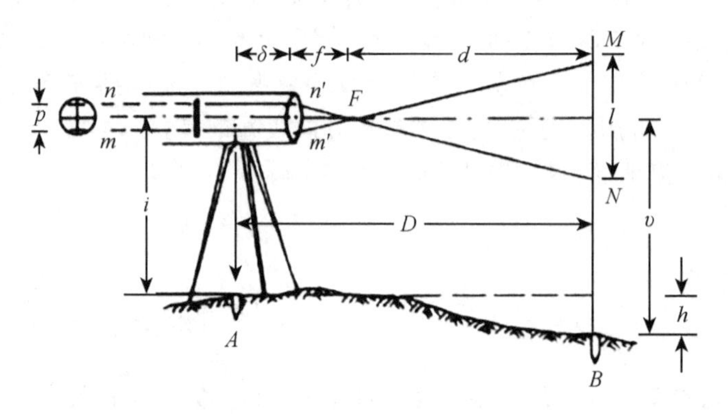

图 2-17　视线水平时的视距测量

从凸透镜几何成像原理和相似三角形原理可得：

$$\Delta NFM \sim \Delta m'Fn'$$

$$\frac{d}{l}=\frac{f}{p}$$

$$d=\frac{f}{p}\cdot l \qquad (2-13)$$

将式(2-13)代入式(2-12)可得：

$$D=\frac{f}{p}\cdot l+f+\delta \qquad (2-14)$$

上式中令$\frac{f}{p}=K$，$f+\delta=C$，则式(2-14)可化为

$$D=Kl+C \qquad (2-15)$$

式中：K 为视距乘常数；l 为尺间隔；C 为视距加常数。

为了计算方便，在仪器生产过程中选择合适的 f 和 p，使得 $K=100$。在对外调焦望远镜中，C 一般为 0.3 m 左右；而在对内调焦望远镜中，通过调整 f 和十字丝分画板上的上、下丝等参数，使 C 值一般接近于零。因此，内调焦望远镜的水平距离计算公式为

$$D=Kl \qquad (2-16)$$

由图 2-17 可知，A、B 两点间高差 h 的计算公式为

$$h=i-\nu \qquad (2-17)$$

式中：i 为仪器高(视线高)，是地面桩点至经纬仪横轴的距离；ν 为中横丝在视距尺上的读数。

由此可知，当视线水平时，要测定两点间的距离和高差，只需得到上、下丝在视距尺上的读数并量得仪器高，即可计算出两点间的水平距离和高差。这种情况下，也可采用水准仪进行测定。

2. 视线倾斜时的视距测量原理及计算公式

当地面起伏较大时，要进行视距测量则需要将望远镜视线倾斜才能瞄到视距尺，如图 2-18 所示。这时要测定水平距离，需要将视距尺上的尺间隔 l，也就是 N、M 的读数差，换算为与视线垂直的尺间隔 l'，据此计算出倾斜距离 D'，再根据视线竖直角 α 可得到水平距离 D 和高差 h。

由于十字丝上、下丝的间距很小，视线夹角 φ 约为 34′，因而可以将$\angle EM'M$ 和$\angle EN'N$ 近似看成直角。即得$\angle M'EM=\angle N'EN=\alpha$，则在直角三角形 $\Delta MM'E$ 和 $\Delta NN'E$ 中得出：

$$l'=N'E+EM'=NE\cdot\cos\alpha+ME\cdot\cos\alpha=l\cdot\cos\alpha \qquad (2-18)$$

由式(2-16)和式(2-18)可得：

$$D'=Kl'=Kl\cdot\cos\alpha \qquad (2-19)$$

则由图 2-18 可知，水平距离 D 的计算公式为

$$D=D'\cos\alpha=Kl\cos^2\alpha \qquad (2-20)$$

A、B 两点间的高差 h 为

$$h=h'+i-\nu \qquad (2-21)$$

式中：i 为仪器高，可直接量得；ν 中横丝在视距尺上的读数；h'为初算高差，其计算式为

$$h'=D\tan\alpha \qquad (2-22)$$

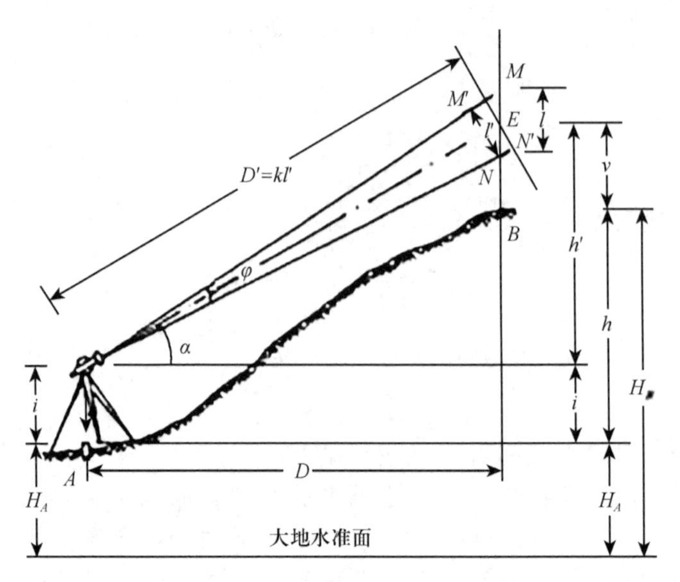

图 2-18　视线倾斜时的视距测量

由式(2-21)和式(2-22)可得 A、B 两点间的高差 h 的计算公式为

$$h=D\tan\alpha+i-\nu \tag{2-23}$$

在公式应用中,需注意竖直角 α 的正负号,其值决定两点间高差的正负。

2.5.2　视距测量的观测与计算

若要测定 A、B 两点间的水平距离 D 和高差 h,如图 2-18 所示,其观测步骤和计算方法如下:

(1) 在测站 A 点上安置仪器,进行对中、整平。

(2) 量取仪器高 i,可用钢卷尺或直接用视距尺量取,量至厘米,记入手簿。

(3) 在 B 点竖立视距尺,注意视距尺须立竖直。

(4) 分别以盘左盘右位置照准某一高度,读取竖盘读数,测定竖盘的指标差。

(5) 在盘左位置用望远镜瞄准视距尺,在尺面上读取视距间隔 l、中丝读数 ν 及竖盘读数 L,根据公式 $\alpha=90°-(L-X)$ 计算出竖直角。

(6) 由式(2-20)和式(2-23),计算出水平距离 D 和高差 h。

2.5.3　视距测量的误差分析及注意事项

影响视距测量精度的因素可分为以下几个方面:

1. 视距乘常数 K 值的误差

视距乘常数 K 值由 f 和 p 确定,其值一般为 100;但是视距丝间隔 p 有误差存在,仪器制造有系统性误差并且受温度变化影响,这都会使 K 值不为 100。若扔按 $K=100$ 来计算,就会造成所测距离有误差。因而,在使用仪器时应检查仪器的视距乘常数 K 值,要求 K 值应在 100 ± 0.1 范围内。若满足要求则使用时可按 $K=100$ 计算,否则应该改正。

2. 视距丝读数误差

视距丝读数误差是影响视距测量精度的重要因素。它与尺子最小分画的宽度、视距尺的远近、望远镜的放大倍率及成像的清晰程度等有关。如视距尺距离越远则误差越大；又如视距间隔有1 mm的差异，距离会产生0.1 m的误差。因而读数时必须仔细，必须消除视差的影响，而且视距测量中要根据测图要求限制最远视距。另外，可用上丝或下丝对准尺上的整分画数，用另一根视距丝估读出视距数，以减小读数误差的影响。

3. 视距尺倾斜所引起的误差

视距尺倾斜所引起的误差与竖直角的大小、视距尺倾斜的程度等因素有关。竖直角越大，视距尺倾斜所引起的误差越大。若竖直角不变，视距尺倾斜越大，测量误差就越大。若竖直角为5°，则当视距尺倾斜角为2°时测量精度可达1/327，当视距尺倾斜角为3°时测量精度只能达1/218。因此，要减小此项误差，须在视距尺上安置圆水准器，以检验视距尺是否立竖直。

4. 垂直折光对视距测量的影响

视距尺不同部分的光线是通过不同密度的空气层达到望远镜的，越接近地面的光线受折光影响越显著，会从直线变为曲线。经验证明，当视线接近地面在视距尺上读数时，垂直折光所引起的误差较大，并且这种误差与距离的平方成比增加。因此，规定视线应高出地面1 m左右，以减小垂直折光的影响。

5. 视距尺分画误差

分画值都增大或都减小，则视距测量结果会产生系统误差，这种误差在仪器检测时会反映在视距乘常数 K 值上，可通过重新测定视距乘常数 K 值加以改正。若分画间隔有大有小，则视距测量结果会产生偶然误差，这种误差不能通过改正 K 值的办法来补偿，但这种误差影响较小，可以忽略不计。

6. 外界条件的影响

外界条件的影响因素较多，而且也较复杂，如空气对流、风力等，它们主要使成像不稳定。减小外界条件影响的办法是，根据测量精度的要求选择合适的天气和时间进行测量。

2.6 直线定向

确定地面上两点之间的相对位置，仅知道两点之间的水平距离是不够的，还必须确定两点所连直线的方向。确定直线方向的工作称为直线定向。要选定一个标准方向作为直线定向的依据，如果测出一条直线与标准方向间的水平角，则该直线的方向就确定了。

2.6.1 标准方向的种类

测量工作中通常采用的标准方向线有真子午线、磁子午线和坐标纵轴线3种。

1. 真子午线方向

通过地球表面某点的真子午线的切线方向，称为该点的真子午线方向。它是用天文测量的方法测定的，或是用陀螺经纬仪测定的。在国家大面积测图中都是采用真子午线方向作为定向的基准。

2. 磁子午线方向

在地球磁场的作用下，某点磁针自由静止时其轴线所指的方向，称为该点的磁子午线方向。磁子午线方向可用罗盘仪测定，在小面积测图中常采用磁子午线方向作为定向的基准。

3. 坐标纵轴线方向

坐标纵轴线方向就是直角坐标系中纵坐标轴的方向。

由于地面上各点的子午线方向都是指向地球南北极，故除赤道上各点的子午线是互相平行外，其他地面上各点的子午线都不平行，这给计算工作带来不便。在一个坐标系中，坐标纵轴线方向都是平行的。在一个高斯投影带中，中央子午线为纵坐标轴，在其各处的坐标纵轴线方向都与该投影带中央子午线相平行。因此，在一般测量工作中，采用坐标纵轴方向作为标准方向就可以使测区内地面各点的标准方向都相互平行。

2.6.2 直线方向表示的方法

表示直线方向有方位角及象限角两种方法。

1. 方位角

由标准方向的北端顺时针方向量至某一直线的水平角，称为该直线的方位角。方位角的大小应在0°～360°范围内。若以真子午线方向作为标准方向所确定的方位角称为真方位角，用$\alpha_{真}$表示；若以磁子午线方向作为标准方向所确定的方位角称为磁方位角，用$\alpha_{磁}$表示；若以坐标纵轴线方向作为标准方向所确定的方位角称为坐标方位角，用α表示。

应用坐标方位角来确定直线的方向在计算上是比较方便的，因为各点的坐标纵轴线方向都是互相平行的。若直线AB（由A到B为直线的前进方向）的方位角α_{AB}称为正坐标方位角，则直线BA（由B到A为直线的前进方向）的方位角α_{BA}称为反坐标方位角。同一直线的正、反坐标方位角相差180°，如图2-19所示，α_{12}是直线12的正坐标方位角，α_{21}是直线12的反坐标方位角。则

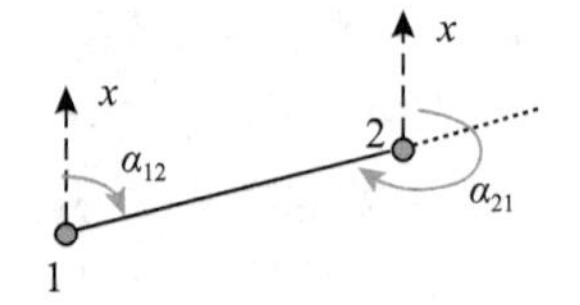

图2-19 直线正反坐标方位角

$$\alpha_{12}=\alpha_{21}\pm180° \tag{2-24}$$

2. 象限角

为了更直观地表示直线所处的东南西北方位，测量工作中也常采用象限角表示直线的方向。由标准方向线的北端或南端顺时针或逆时针方向量至直线的锐角，并注出象限名称，这个锐角称为象限角。象限角在0°～90°范围内，常用R表示。图2-20中直线OA、OB、OC和OD的象限角依次为(NE)R_{OA}，(SE)R_{OB}，(SW)R_{OC}和(NW)R_{OD}。

坐标方位角与象限角之间的换算关系如表2-1所列。

表2-1 坐标方位角与象限角的换算关系

直线方向	由象限角R求方位角α	由方位角α求象限角R
第Ⅰ象限 北偏东	$\alpha=R$	$R=\alpha$

续表

直线方向	由象限角 R 求方位角 α	由方位角 α 求象限角 R
第Ⅱ象限　南偏东	$\alpha=180°-R$	$R=180°-\alpha$
第Ⅲ象限　南偏西	$\alpha=180°+R$	$R=\alpha-180°$
第Ⅳ象限　北偏西	$\alpha=360°-R$	$R=360°-\alpha$

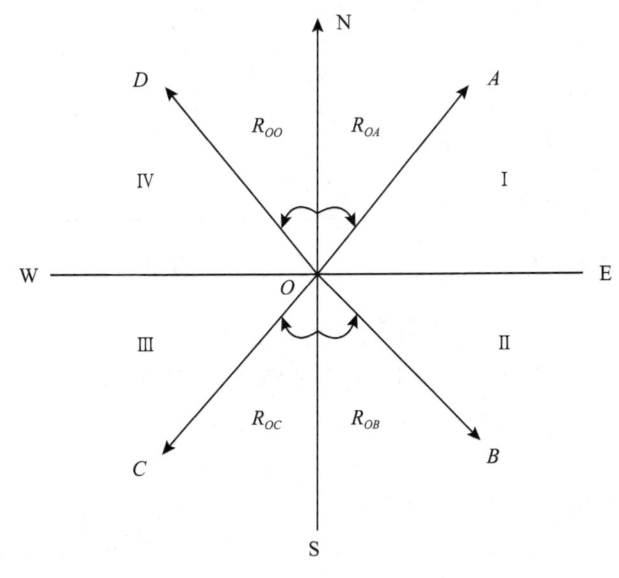

图 2-20　象限角

2.6.3　几种方位角之间的关系

1. 真方位角与磁方位角之间的关系

由于地磁南北极与地球南北极并不重合，因此，过地面上某点的真子午线方向与磁子午线方向通常是不重合的，两者之间的夹角称为磁偏角 δ，如图 2-21 所示。

磁针北端偏于真子午线以东称东偏，偏于真子午线以西称西偏。直线的真方位角与磁方位角之间可用下式进行换算：

$$\alpha_{真}=\alpha_{磁}+\delta \tag{2-25}$$

式中的 δ 值，东偏时取正值，西偏时取负值。

地球上不同的地点其磁偏角是不同的，我国磁偏角的变化在 $+6°\sim-10°$ 之间。

2. 真方位角与坐标方位角之间的关系

中央子午线在高斯投影面上是一条直线，并作为这个带的纵坐标轴，而其他子午线投影后均为曲线，如图 2-22 所示。

地面上 M、N 等点的真子午线方向与中央子午线方向之间的夹角，称为子午线收敛角，用 γ 表示。γ 角有正有负，在中央子午线以东地区，各点的坐标纵轴线偏在真子午线东边，γ 为正值；在中央子午线以西地区，γ 则为负值。地面上某点的子午线收敛角 γ 可用下式计算：

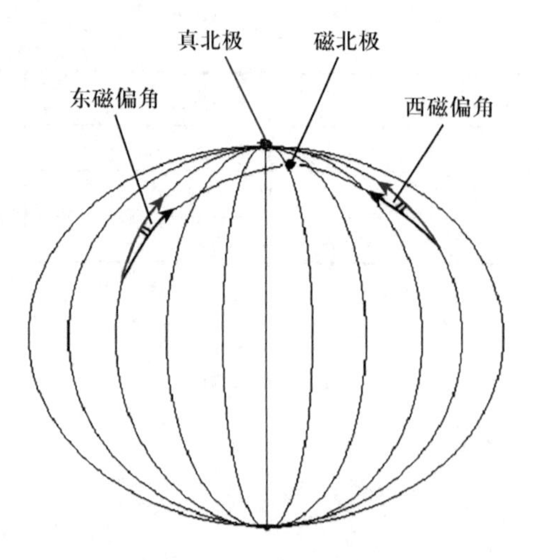

图 2-21　磁偏角示意图

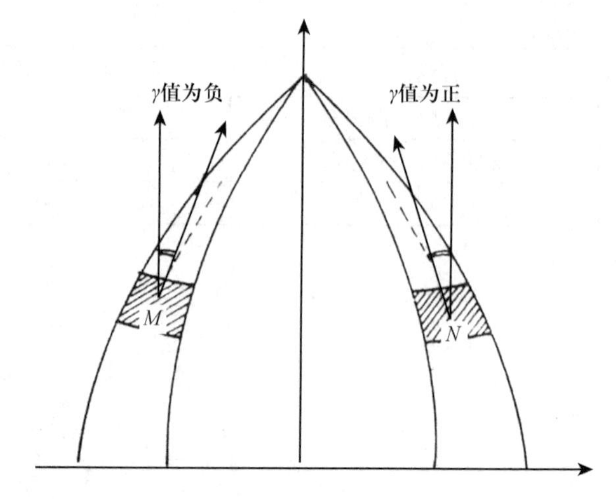

图 2-22　子午线收敛角

$$\gamma=(L-L_0)\sin B \qquad (2-26)$$

式中:L_0 为中央子午线经度;L、B 分别为某点的经度、纬度。

真方位角与坐标方位角之间的关系可用下式换算:

$$\alpha_{真}=\alpha+\gamma \qquad (2-27)$$

3. 坐标方位角与磁方位角之间的关系

若已知某点的磁偏角 δ 与子午线收敛角 γ,由式(2-26)及式(2-27)可得坐标方位角与磁方位角之间的换算关系为

$$\alpha=\alpha_{磁}+\delta-\gamma \qquad (2-28)$$

2.6.4　坐标方位角的推算

1. 正、反坐标方位角

每条直线段都有两个端点。若直线段从起点 1 到终点 2 为直线的前进方向,则在起点 1 处的坐标方位角 α_{12} 称为直线 12 的正坐标方位角,在终点 2 处的坐标方位角 α_{21} 称为直线 12 的反坐标方位角,且有

$$\alpha_{反}=\alpha_{正}\pm180° \qquad (2-29)$$

当 $\alpha_{正}<180°$时,上式用$+180°$;当 $\alpha_{正}>180°$时,上式用$-180°$。

2. 坐标方位角推算

在实际工作中并不需要测定每条直线的坐标方位角,而是通过与已知坐标方位角的直线连测后,推算出各直线的坐标方位角。如图 2-23 所示,已知直线 12 的坐标方位角 α_{12},已观测水平角 β_2和 β_3,要求推算直线 23 和直线 34 的坐标方位角 α_{23} 和 α_{34}。

可归纳出推算坐标方位角的一般公式为

$$\alpha_{前}=\alpha_{后}+180°+\beta_{左}$$
$$\alpha_{前}=\alpha_{后}+180°-\beta_{右}$$

如果计算的结果大于 360°,应减去 360°;如果计算的结果为负值,则加上 360°。

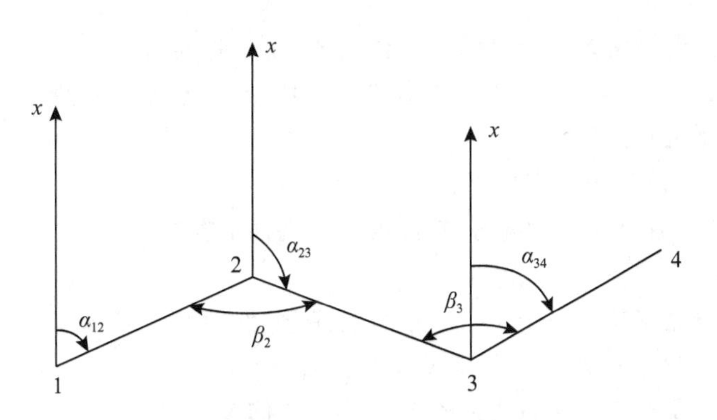

图 2-23　坐标方位角的推算

2.6.5　用罗盘仪测定磁方位角

罗盘仪是用来测定直线磁方位角的仪器，其构造简单，使用方便，广泛应用于各种勘测和精度要求不高的测量工作。

1. 罗盘仪的构造

罗盘仪主要由磁针、水平刻度盘和望远镜 3 部分组成，如图 2-24 所示。

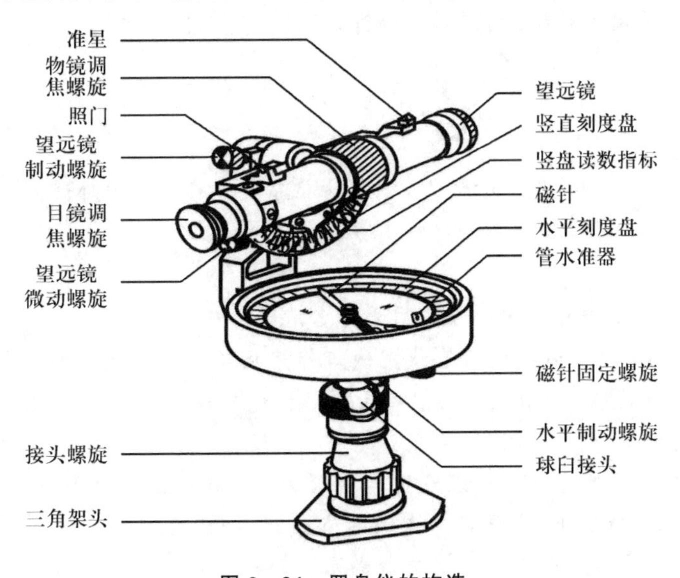

图 2-24　罗盘仪的构造

(1) 磁针：磁针是一根粗细均匀的磁铁，顶针固定于磁针的中部，地磁北极的引力会使磁针南极向下倾斜，此时磁针与水平线有一夹角，此夹角称为磁倾角。为了克服磁倾角，在磁针北极加一铜圈以使磁针保持平衡。铜丝还有一个作用是区分磁针的南北极，不带铜丝一端为磁针南极，它是指向地磁北极的，读方位角就是读该端所指读数。

(2) 水平刻度盘：刻度盘从 0°按逆时针方向注记到 360°，一般刻有 1°～30′的分画，每隔 10°有一个注记。

(3) 望远镜:望远镜由物镜、目镜、十字丝组成,用于瞄准目标。

除上述3部分外,罗盘仪还附有支撑仪器的三脚架、对点用的垂球等。

2. 用罗盘仪测定磁方位角

用罗盘仪测定方位角的步骤如下:

(1) 将罗盘仪搬到测线的一端,并在测线另一端插上花杆。

(2) 安置罗盘仪

① 对中。将罗盘仪装于三脚架上,并挂上锤球,然后移动三脚架,使锤球尖对准测站点,此时仪器中心与地面点处于一条铅垂线上。

② 整平。松开仪器球形支柱上的螺旋,上、下俯仰度盘位置,使度盘上的两个水准气泡同时居中,旋紧螺旋,固定度盘,此时罗盘仪的度盘处于水平位置。

(3) 瞄准读数

① 移动目镜调焦螺旋,使十字丝清晰。

② 转动罗盘仪,使望远镜对准测线另一端目标,调节对光螺旋,使目标成像清晰稳定,再转动望远镜,使十字丝对准立于测点位置上花杆的最底部。

③ 松开磁针制动螺旋,等磁针静止后,从正上方向读取磁针北极(磁针南极)所指的读数,即为测线的磁方位角。

④ 读数完毕,旋紧磁针制动螺旋,将磁针顶起以防止磁针磨损。

思考练习题

1. 名词解释

(1) 直线定线　(2) 直线定向　(3) 方位角　(4) 相对误差

(5) 象限角　(6) 真子午线　(7) 磁子午线

2. 简答题

(1) 距离丈量的方法有几种?各适用于什么情况?

(2) 距离丈量时,为什么要进行直线定线工作?直线定线工作有哪些方法?

(3) 什么是直线定向?在直线定向中常采用的标准方向有哪些?它们之间存在什么关系?

3. 计算题

(1) 某钢尺名义长度为30 m,经检定其实长为29.997 m,检定时的温度为$t=20$ ℃。用该钢尺在相同拉力情况下,丈量某两点间的直线距离为120 m,丈量时温度为$t=26$ ℃,两点间的高差为0.45 m。求两点间的直线的水平距离。

(2) 用钢尺分别丈量了MN、AB两段直线的水平距离:MN间的往测距离为133.782 m,返测距离为133.778 m;AB间的往测距离为330.237 m,返测距离为330.230 m。这两段距离哪一段的丈量结果更为精确?为什么?

(3) 用钢尺往返丈量了一段直线的水平距离,其平均值为75.235 m,要求量距的相对误差为1/2 000。其往返丈量距离之差不能超过多少?

(4) 已知A点的磁偏角为$-2°16'$,子午线收敛角为$-1°37'$,A点至B点的坐标方位角为$352°46'$。求A点至B点的磁方位角,并绘图说明。

(5) 如题图2-25所示，已知 $\alpha_{12}=65°$，β_2 和 β_3 的值均注于图上，试求2-3边的正坐标方位角及3-4边反坐标方位角。

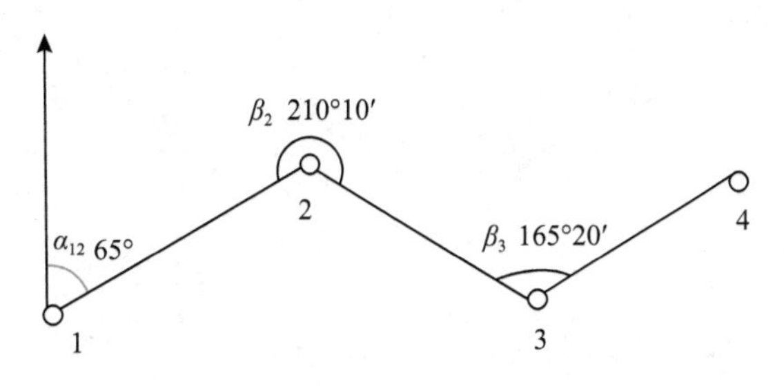

题图2-25

(6) 如题图2-26所示，五边形各内角分别为 $\beta_1=95°$，$\beta_2=130°$，$\beta_3=65°$，$\beta_4=128°$，$\beta_5=122°$，1-2边坐标方位角为30°，试求其他各边坐标方位角。

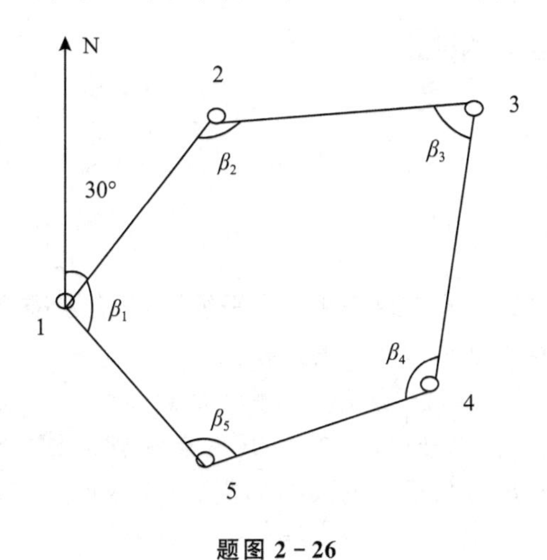

题图2-26

第 3 章

水准测量

高程是确定地面点位置的一个要素，水准测量是测定地面点高程的主要方法。

3.1　水准测量的基本原理

3.1.1　水准测量原理

1. 水准测量原理

水准测量的原理是，借助于水准仪提供的水平视线，配合水准尺测定地面上两点间的高差，然后根据已知点的高程来推求未知点的高程。

如图 3-1 所示，已知 A 点高程为 H_A，要测出 B 点高程 H_B。在 A、B 两点间安置一架能够提供水平视线的仪器——水准仪，并在 A、B 两点各竖立水准尺，利用水平视线分别读出 A 点尺子上的读数 a 及 B 点尺子上的读数 b，则 A、B 两点间高差为

$$h_{AB}=a-b \tag{3-1}$$

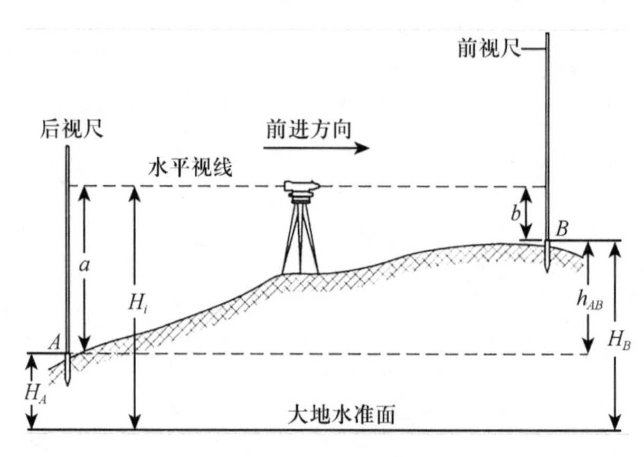

图 3-1　水准测量原理

如果测量是由 $A \rightarrow B$ 的方向前进，则 A 点称为后视点，B 点称为前视点，a、b 分别为后

视读数和前视读数，两点间的高差就等于后视读数减去前视读数。如果 B 点高于 A 点，则高差为正，反之高差为负。

3.1.2 计算高程的方法

1. 由高差计算高程

B 点(未知点)高程等于 A 点(已知点)高程加上两点间的高差，即

$$H_B = H_A + h_{AB} = H_A + a - b \tag{3-2}$$

2. 由视线高计算高程

由图 3-1 可知，A 点高程加后视读数等于仪器视线的高程。设视线高程为 H_i，即

$$H_i = H_A + a$$

则 B 点高程等于视线高程减去前视读数，即

$$H_B = H_i - b = (H_A + a) - b \tag{3-3}$$

3.2 水准测量的仪器和工具

水准测量的仪器是水准仪(DS)，工具为水准尺和尺垫。

3.2.1 水准仪分类

按照构造分类：水准仪可分为微倾水准仪、自动安平水准仪、电子水准仪。

按精度分类：高精度仪器 $DS_{0.5}$、DS_1，主要用于精度要求较高的精密水准测量；中等精度仪器 DS_3，主要用于三、四等水准测量；一般精度仪器 DS_{10}、DS_{20}，主要用于图根水准测量。

D 和 S 分别为大地测量仪器和水准仪的汉语拼音第一个字母，0.5、1、3 等下标表示每千米水准路线长度往返测高差平均值中误差分别为 0.5 mm、1 mm、3 mm 等。本节主要介绍 DS_3 级微倾式水准仪。

3.2.2 微倾式水准仪的构造

根据水准测量原理，水准仪的作用是提供一条水平视线，并能瞄准水准尺进行读数。因此，水准仪主要由望远镜、水准器、托板及基座 4 部分组成。图 3-2 所示为我国生产的 DS_3 级微倾式水准仪构造。

1. 望远镜

望远镜用于瞄准目标和读数，主要由物镜、调焦透镜、十字丝和目镜等几个部分组成，如图 3-3 所示。此外，还有制动螺旋、微动螺旋和微倾螺旋。

(1) 物镜。物镜的主要作用是收集众多的光线，成一小而光强的物像，便于目镜放大后有足够的光亮度，以利于观测。DS_3 级水准仪望远镜的放大率为 30～35 倍。

(2) 调焦透镜。如果物镜与十字丝的距离不变动，则远近不同的物体将成像在十字丝的前后，移动调焦透镜可使物像精确地落在十字丝平面上，这种望远镜称为内调焦望远镜。

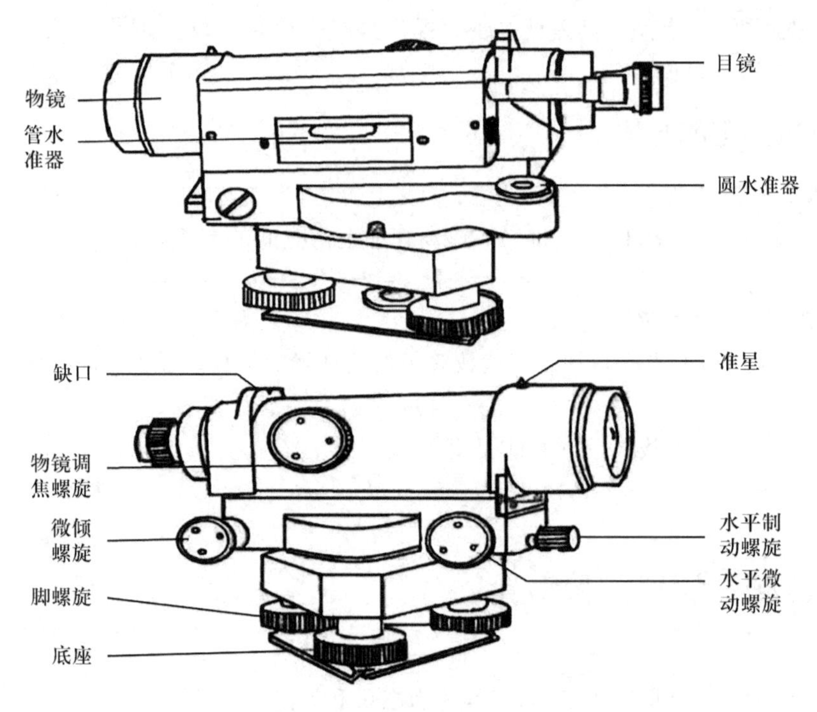

图 3－2　DS_3 级微倾式水准仪构造

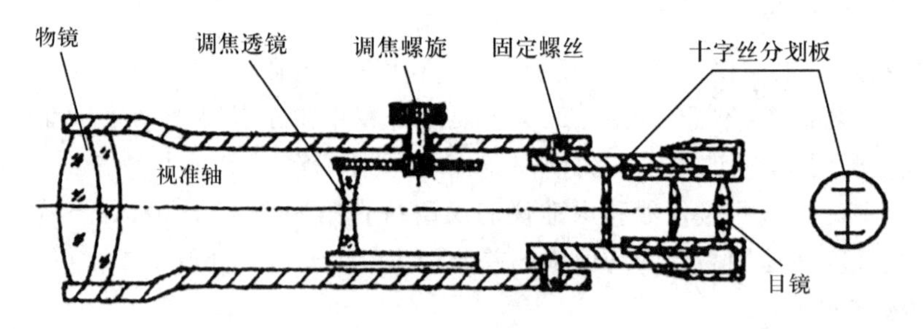

图 3－3　望远镜的构造

转动物镜对光螺旋，可以调整目标的清晰度并消除视差。

（3）十字丝。十字丝刻画在玻璃板上，竖直的一条称为竖丝，中间横的一条为中丝，用于瞄准目标和读数。如图 3－3 右侧所示，中丝上下还有对称的两条短横丝，用于测定距离，称为视距丝。一般十字丝分画板用 4 个止头螺丝安装在镜筒上。

（4）目镜。目镜主要起放大作用，将十字丝和物体在十字丝平面上的物像同时放大，以便观测。为了使十字丝的虚像位于明视距离上，目镜对十字丝可作相对运动。旋转目镜对光螺旋可以调整人视线与目镜之间的焦距，即调整目镜十字丝，使十字丝清晰、不晃动，以减小观测误差。

2．水准器

水准仪上的水准器是用来指示视线是否水平或竖轴是否竖直的装置。水准器分为圆水准器和管水准器(又称长水准管)两种。圆水准器一般装在基座部分上,用于概略整平;管水准器与望远镜连在一起,用于精确调平视线。

管水准器是一个封闭的玻璃管,如图 3-4(a)所示,管的内壁沿纵向磨成圆弧形。管内贮满乙醚和乙醇的混合液体,加热封闭,冷却后便形成一个气泡。水准管上刻有间隔 2 mm 的分画线,分画的中点为水准管的零点。通过零点做平行于水准管的切线为水准管轴。当气泡居中时,水准管轴就处于水平位置。通常情况下,水准管轴与视准轴平行,此时仪器的视线即为水平视线。管水准器的精度较高,分画值为秒级,用于精确调平。我国生产的 DS_3 级管水准器的分画值为 20″/2 mm。

圆水准器是一个内表面磨成球状的玻璃管,如图 3-4(b)所示,通过球面中心点的法线称为圆水准器轴。当气泡剧中时,圆水准器轴处于铅垂位置。如果圆水准器轴与仪器竖轴平行,则气泡居中时,竖轴也处于铅垂位置。圆水准器的分画值为 5′/2～10′/2 mm,由于精度低,故只用于仪器的概略整平。

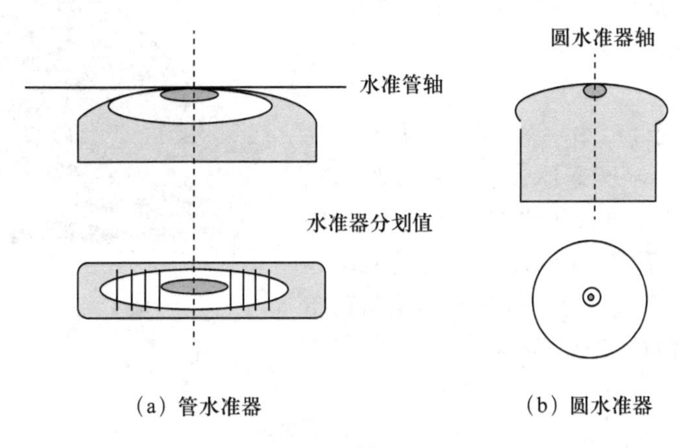

(a) 管水准器　　(b) 圆水准器

图 3-4　圆水准器和管水准器

3. 基座

基座主要由底座、脚螺旋和连接板组成,起到支撑仪器上部及与三脚架连接的作用。

3.2.3　水准尺和尺垫

1. 水准尺

水准尺是进行水准测量时用以读数的重要工具。尺长一般为 3～5 m,尺底从零开始,每隔 1 cm 涂有黑白或红白相间的分格,每分米标注一数字。

水准尺按尺面分为单面尺和双面尺两种,按尺的形式分为直尺、折尺、塔尺 3 种,如图 3-5 所示。

(1) 直尺也叫对尺,分为黑面尺和红面尺:

① 黑面尺的底部起始读数为 0。

② 红面尺的底部起始读数为 4 687 mm 或 4 787 mm。

直尺必须成对使用,用以检核读数。

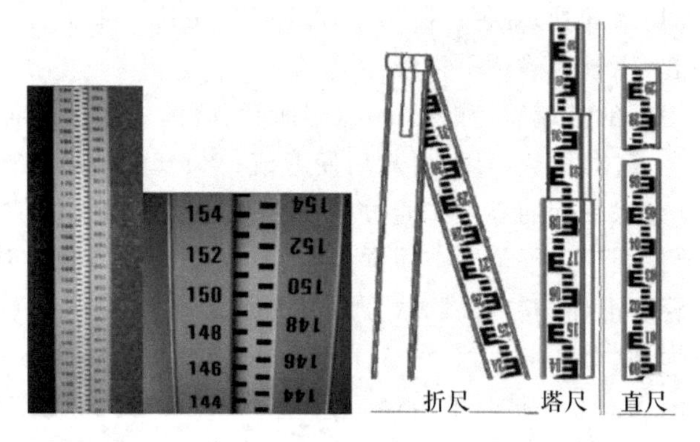

图 3-5　水准尺

(2) 折尺和单面尺，一般长为 4 m。

(3) 塔尺和双面尺，一般长为 3 m 或 5 m，底部起始读数均为 0。

2. 尺垫

如图 3-6 所示，尺垫一般制成三脚形铸铁块，中央有一突起的半圆球体。立尺前先将尺垫用脚踩实，然后竖立水准尺于半圆球体顶上，它的作用是防止水准尺下沉，并确保尺子转动时不改变其高程。在水准测量时为了保证水准测量的精度，应在传递高程的转点上放置尺垫。

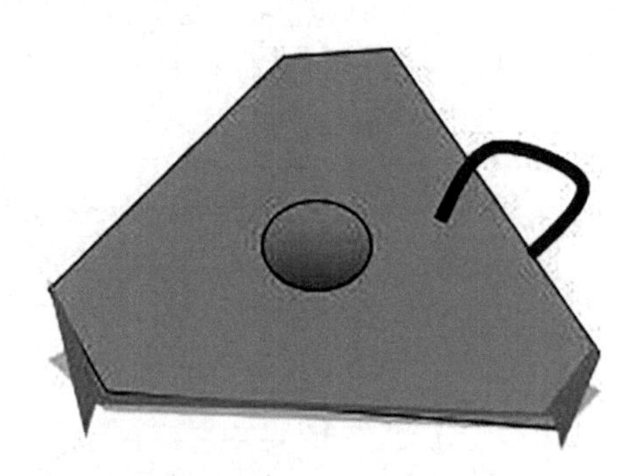

图 3-6　水准尺垫

3.3　水准仪的使用

本节介绍微倾式水准仪和自动安平水准仪的使用方法。

3.3.1　微倾式水准仪的使用

微倾式水准仪的使用包括安置仪器、粗平、瞄准水准尺、精平与读数 4 个步骤。

1. 安置仪器

首先在 A、B 两点上各竖立一根水准尺，然后尽可能在距两根水准尺等远处设置测站。张开三脚架，使其高度适当，架头大致水平，并牢固地架设在地面上。从箱中取出仪器并牢固地连接在三角架上。

2. 粗平

粗平即粗略整平，其工作是通过旋转脚螺旋使圆水准器的气泡居中。

操作方法如图 3-7 所示，图(a)中气泡偏离在 a 位置，先用双手按箭头所指方向相对地转动脚螺旋 1 和 2，使气泡移到图(b)中 b 所示位置，然后再单独转动脚螺旋 3，使气泡居中。

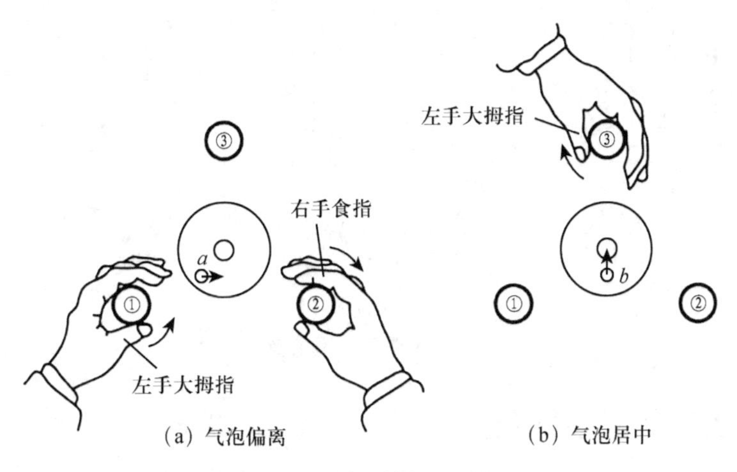

(a) 气泡偏离　　(b) 气泡居中

图3-7　圆水准器调平(粗平)

在粗平过程中,气泡移动的方向与左手大拇指转动脚螺旋方向一致。

3. 瞄准水准尺

(1) 调节目镜,根据观测者的视力,转动目镜调节螺旋,使十字丝看得十分清晰为止。

(2) 初步瞄准,松开制动螺旋,转动望远镜,利用望远镜上的缺口和准星,瞄准水准尺,瞄准后拧紧制动螺旋。

(3) 对光和瞄准,转动物镜对光螺旋,使尺面的像看得十分清楚。转动望远镜微动螺旋,使十字丝对准尺面中央。

(4) 清除视差,瞄准目标时,应使尺子的像落在十字丝平面上;否则当眼睛靠近目镜上下微微晃动时,可发现十字丝横丝在水准尺上的读数也随之变动,这种现象称为十字丝视差,如图3-8所示。由于视差影响读数的正确性,因此必须加以消除。消除的方法是仔细地反复交替调节目镜和物镜对光螺旋,直至像面与十字丝面重合,使得读数不变为止。

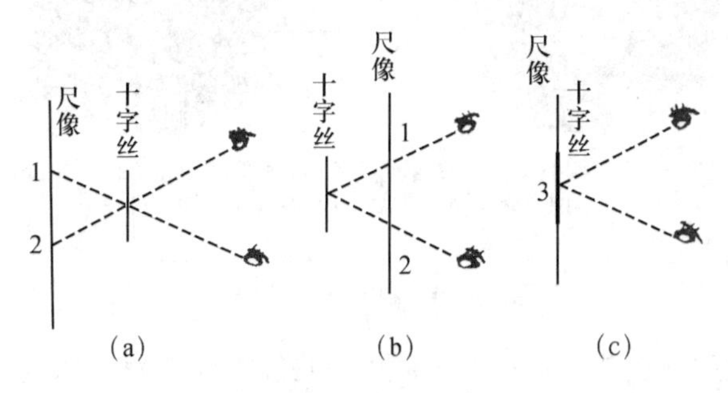

(a)　(b)　(c)

图3-8　视差现象

4. 精平与读数

用望远镜瞄准水准尺后,读数前必须转动微倾螺旋,使水准管气泡居中,达到视线水平后才能读数。读数后再检查气泡是否居中,否则应重新调整,再次读数。应注意,读数完毕,将仪器转到前视方向,仍要利用微倾螺旋调整水准管气泡居中,再读数,如图3-9所示。

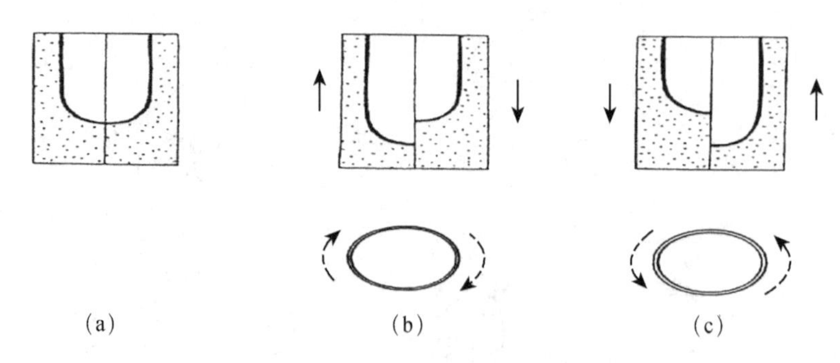

图 3-9　水准管气泡两端像的符合

3.3.2　自动安平水准仪的使用

自动安平水准仪的使用包括整平、瞄准和读数 3 个步骤。

1. 自动安平水准仪的原理

自动安平水准仪的结构如图 3-10 所示。自动安平水准仪没有水准管和微倾螺旋，而是在其望远镜光学系统里面安装了自动补偿器。只需将圆水准器粗略整平以后，借助仪器的自动补偿装置作用，自动安平水准仪便可以提供一条水平视线用于读数。自动安平水准仪无须精平，操作简便，能迅速自动安平仪器，提高了水准测量的观测精度。

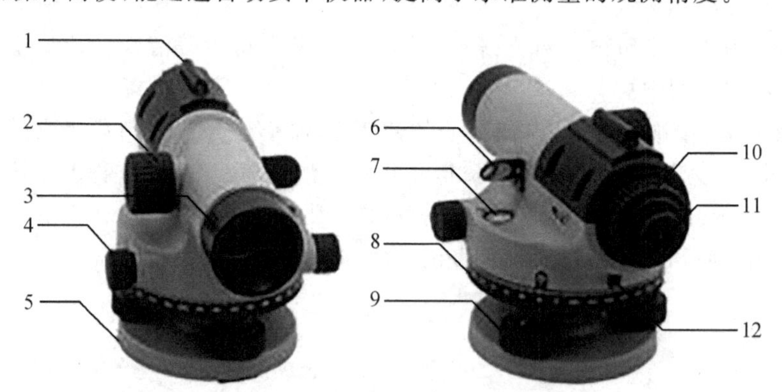

1—光学对准器；2—调焦手轮；3—物镜；4—水平循环微动手轮；5—球型基座；6—水泡反射镜；7—圆水准器；8—度盘；9—脚螺旋；10—目镜罩；11—目镜；12—度盘显示器

图 3-10　自动安平水准仪

自动安平水准仪的补偿范围一般为±8′～±12′，质量好的可达到±15′，圆水准器的分画值为 5′/2 mm～10′/2 mm，因此操作时只要使圆水准器中的气泡居中，2～4 s 后尺像稳定了即可读数。

2. 自动安平水准仪的使用

使用自动安平进行水准测量时，先用脚螺旋使圆水准器中的气泡居中，再用望远镜照准水准尺，即可读数。

有的仪器装有掀钮，具有检查补偿器功能是否正常的作用。按下掀钮，轻触补偿器，待补偿器稳定后，查看标出读数有无变化。若有变化，说明补偿器正常。若无掀钮装置，可稍微转动脚螺旋，若标尺读数无变化，同样说明补偿器作用正常。

此外，在使用仪器前，还应重视对圆水准器的检验校正，因为补偿器的补偿功能有一定限度。若圆水准器不正常，致使气泡居中时仪器竖轴仍然偏斜，那么当偏斜角超过补偿功能允许范围时，补偿器将会失去补偿作用。

3. 电子水准仪

电子水准仪外形如图 3-11 所示，利用近代电子工程学原理，由传感器识别条形码水准尺上的条形码分画，经信息转换处理后获得观测值，并以数字形式显示在显示窗口上或存储在处理器内。水准尺的条形编码如图 3-12 所示。

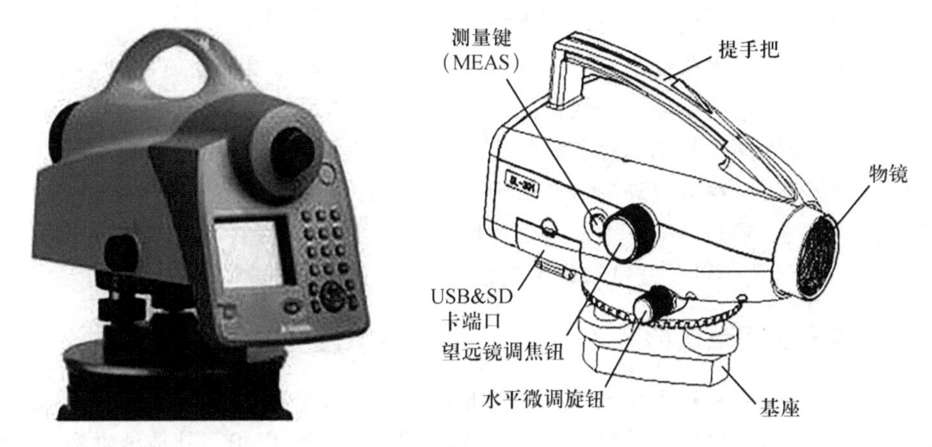

图 3-11 电子水准仪

电子水准仪改变了传统的野外高差测量靠人工读数和手工记录的现实。它采用 REC 模块存储数据和信息，将模块插入水准仪的插槽中，自动记录外业观测数据，用阅读器读取内容并与外设(计算机、打印机)进行数据交换。

电子水准仪具有自动安平、显示读数和视距功能。它能与计算机进行数据通信，避免了人为观测误差。其望远镜中安装了一个由光敏二极管构成的行阵探测器。与之配套的水准尺为铟钢三段插接式双面分画尺，每段长 1.35 m，总长 4.05 m，两面刻画分别为二进制条形码和厘米分画。条形码供电子水准仪电子扫描用，厘米分画仍用于光学水准仪的观测读数。用电子水准仪观测时，行阵探测器将水准尺上的条形码图像用电信号传送给微处理机，经处理后即可得到水准尺上的水平读数和仪器至标尺的水平距离，并以数字形式显示于窗口或存储在计算机中。同时，电子水准仪装有自动安平装置，具有自动安平功能。

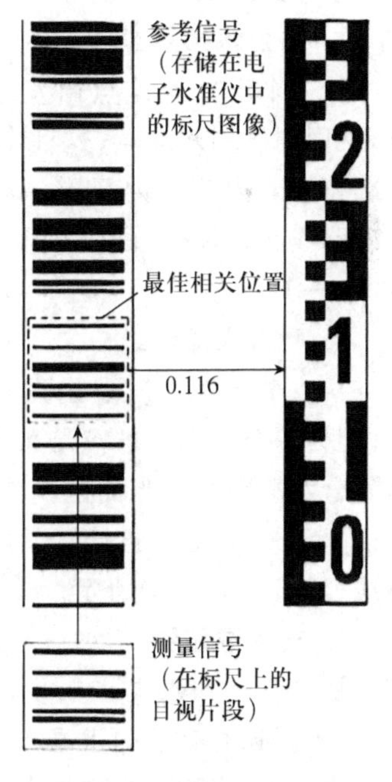

图 3-12 水准尺的条形编码

3.4 水准测量的实施方法

3.4.1 水准点

为了统一全国高程测量，满足地形测图、施工放样以及科学研究等方面的需要，有关部门在全国范围内埋设了许多固定的不同等级的高程标志点。标志点的高程是通过水准测量获得的，这些点称为水准点(Benchmark，BM)。国家水准点的高程由专业测量单位施测。

水准点一般分为永久性和临时性两大类。

国家水准点一般为永久性水准点。永久性水准点用石料或混凝土制成，称为水准标石。标石的顶部嵌有耐腐蚀的半球状金属标志。有的水准点也可设在稳定的墙角上。水准标石要求埋设在地基稳固便于长期保存和观测的地方。为了便于使用，普通水准标石一般露出地面；为了更好地保护，等级较高的水准点则埋在地下冻土层以下。

临时性水准点一般是为某一个或几个建设工程服务的，工程竣工后就不再使用，因此可用大木桩打入地下，顶部钉一铁钉来表示点位。

3.4.2 水准路线的布设形式

水准测量经过的路径称为水准路线。水准路线应尽量沿铁路、公路以及其他坡度较小的道路布设，要求通视良好，土质坚硬；要避免跨越湖泊、沼泽、山谷及其他障碍物。

水准路线的布设形式有以下几种：

1. 闭合水准路线

从一个已知水准点出发，经过很多个未知点，又回到已知水准点，这种水准路线称为闭合水准路线。当测区内只有一个已知水准点，而水准路线又较长时，可以布设为闭合水准路线，如图 3-13(a)所示。

2. 附合水准路线

从一个已知水准点出发，经过很多个未知点，到另一个已知水准点结束，这种水准路线称为附合水准路线。当测区内或附近有两个或两个以上已知高级水准点时，可布设成附合水准路线，如图 3-13(b)所示。

3. 支水准路线

从一个已知水准点出发，经过很多个未知点，既不回到原有已知水准点，也不到另外一个已知水准点，这种路线称为支水准路线。对于测区内狭长或短距离的图根水准测量，在测区

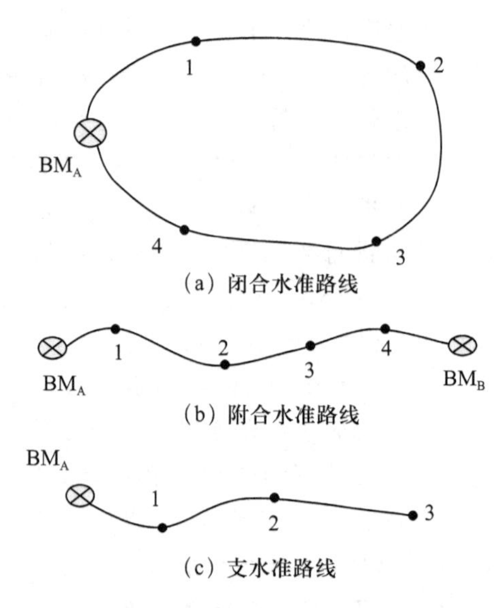

图 3-13 水准路线布设形式

内只有一个已知水准点，且无条件闭合或附合时，用往返观测的方法测定未知点的高程，如图3-13(c)所示。

3.4.3 水准测量的方法

1. 单站水准测量

若测定A、B两点间的高差h_{AB}或求B点的高程，可将水准仪安置在距A、B两点相通视的等距处。仪器安置好以后，先瞄准后视目标A，读出A点尺上的读数a_1；再瞄准前视目标B，读出B点尺上的读数b_1。则两点间高差h_1为

$$h_1=a_1-b_1 \tag{3-4}$$

为了检核测量成果，若使用塔尺，则改变仪器高度，将水准仪升高或降低10 cm左右，用上述方法重新测量一次，得到a_2和b_2，则第二次测量的高差h_2为

$$h_2=a_2-b_2 \tag{3-5}$$

若h_1和h_2之差不超过各等级水准相应的限差(三等:3.0 mm;四等:5.0 mm;等外:6.0 mm)，则取二者平均值作为本站的观测高差；若不合格应重新测量。

$$h_{AB}=\frac{1}{2}(h_1+h_2) \tag{3-6}$$

若采用红、黑双面读数观测法，则在A、B两点上竖立双面水准尺，在与A、B两点相通视的等距处安置水准仪，瞄准后视尺A，获取黑面读数$a_黑$及红面读数$a_红$；然后瞄准前视尺B，获取黑面读数$b_黑$及红面读数$b_红$。则红、黑面读数之差减去水准尺红、黑面基辅分画(4.687或4.787)应不超过各等级水准相应的限差(三等:2.0 mm;四等:3.0 mm;等外:4.0 mm)。A、B两点间的黑、红面高差为

$$\begin{cases} h_黑=a_黑-b_黑 \\ h_红=a_红-b_红 \end{cases} \tag{3-7}$$

因对尺的红面起始位置不同，相差0.1 mm，故A、B两点间的黑、红面高差的差值与其理论值(0.1 mm)之较差($h_黑-h_红\pm0.1$)，同样应满足各等级水准两次观测高差较差的限差要求。若不合格应重新测量。

采用红、黑双面读数观测法测得的高差为

$$h_{AB}=\frac{1}{2}[h_黑+(h_红\pm0.1)] \tag{3-8}$$

采用单站水准测量测得B点的高程为

$$H_B=H_A+h_{AB} \tag{3-9}$$

在单站水准测量过程中，水准管轴与视准轴不平行的误差、大气折光差及地球曲率差都与水准仪距水准尺的距离D成正比，因此前后视距离相等，对前后视都产生相等的三项误差。因此，采用前、后视距相等能消除水准管轴与视准轴不平行的误差、大气折光差及地球曲率差。

2. 复合水准测量

若地面两点相距不远，则安置一次仪器就可以直接测定两点的高差。若地面上两点相

距较远或高差较大，则安置一次仪器难以测得两点的高差，应依图 3－14 所示，在 A、B 两点之间增设若干临时立尺点。在 A、B 之间分成若干测段，逐段测出高差，最后由各段高差求和，得出 A、B 两点间的高差。

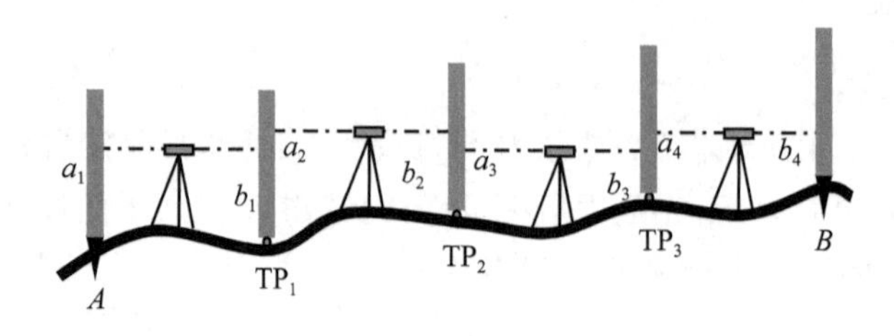

图 3－14　复合水准测量

水准测量中的 TP_1、TP_2、TP_3 等为临时立尺点，是用来传递高程的，称为转点。在转点上不仅有前视读数，还有后视读数。一个测站工作结束后，仪器搬到下一测站，转点的位置丝毫不能动，否则就不能传递高程。因此，转点上应使用尺垫，以防止尺子下沉及转动时改变高度。

测量时，首先安置仪器于 A 和 TP_1 中间，竖立尺子分别于 A 和 TP_1 点上，瞄准 A 点上的尺子，视线水平获取后视读数 a_1，记入表 3－1 中 A 点的后视读数栏内；再瞄准转点 TP_1 上的尺子，获取读数 b_1，记入转点 1 的前视读数栏内。后视读数减去前视读数得到两点间高差，记入表 3－1 中高差栏内。至此，一个测站的工作结束。转点 1 的尺子不动，搬仪器到第 2 测站，在 A 点立尺的人持尺前进至转点 2，继续观测、记录和计算，直至 B 点。这样每安置一次仪器，就测得一个高差，即

$$\begin{cases} h_1 = a_1 - b_1 \\ h_2 = a_2 - b_2 \\ \vdots \\ h_n = a_n - b_n \end{cases}$$

将各式相加，得 A、B 两点的高差 h_{AB} 为

$$h_{AB} = \sum_1^n h_i = \sum_1^n a_i - \sum_1^n b_i \tag{3-10}$$

B 点高程 H_B 为

$$H_B = H_A + h_{AB} \tag{3-11}$$

由式(3－7)可以看出，A、B 两点的高差等于中间各段高差的代数和，也等于所有后视读数之和减去所有前视读数之和，可作为每一页记录手簿的计算检核。若这两个数相等，则说明计算没有错误；若不等，则说明计算有错误，需要重算。

表3-1 水准测量记录表

测站	点号	水准尺读数		高差/m	高程/m	备注
		后视(a)	前视(b)			
Ⅰ	*A*	2.142		+0.884	123.446	已知
	TP_1		1.258			
Ⅱ	TP_1	0.928		−0.307	124.330	
	TP_2		1.235			
Ⅲ	TP_2	1.664		+0.233	124.023	
	TP_3		1.431			
Ⅳ	TP_3	1.672		−0.402	124.256	
	B		2.074		123.854	
计算检核	$\sum$	6.406	5.998	0.408	0.408	
		$\sum_a - \sum_b = 0.408$				

3.5 水准测量的检核方法及内业计算

3.5.1 水准测量的测站检核

对每一测站的高差进行检核,称为测站校核,其方法如下。

1. 双仪高法

在每一测站上测出高差后,在原地改变仪器高度,重新安置仪器,再测一次高差。如果两次测得的高差之差在限差之内,则取其平均值作为该测站的高差结果;否则需要重测。

2. 双仪器法

在两测点之间同时安置两台仪器,分别测得两测点的高差进行比较,结果处理方法同上。

3. 双面尺法

用双面尺的红、黑两面两次测量高差,以黑面高差为准,将红面高差与黑面高差比较。如果红面高差比黑面高差大,则先将红面高差减去100 mm,再与黑面高差比较,若误差不超限,则取平均值作为最后的差值;如果红面高差比黑面高差小,则将红面高差加上100 mm,再与黑面高差比较,若误差不超限,则取平均值作为最后高差值。

3.5.2 水准测量的成果验核

1. 闭合水准路线

从一个已知水准点 BM_1 开始,测定1、2、3等点的高差,最后回到 BM_1 点,形成一个闭合水准路线。闭合水准路线中的检核条件是，各段高差代数和在理论上应等于零，即 $\sum h_{理}=0$。

由于测量误差的存在，$\sum h_{理}\neq 0$，则闭合水准路线的高差闭合差 f_h 为所有测段高差的和值，即

$$f_h=\sum h_{测} \tag{3-12}$$

不同等级的水准测量有不同的精度要求，对于普通水准测量，高差闭合差的容许值规定为

$$f_{h容}=\pm 12\sqrt{n}\ \text{mm} \quad 或 \quad \pm 40\sqrt{L}\ \text{mm} \tag{3-13}$$

式中：L 为水准路线的长度，以 km 计；n 为测站数。前一个容差值用于山地，后一个容差值用于平坦地区。

要求 $f_h<f_{h容}$，否则应重新测量。

2. 附合水准路线

水准路线由已知水准点 BM_1 开始，顺序施测各点高差，最后又测回到另一个已知水准点 BM_2，形成附合水准路线。附合水准路线的检核条件是，各测段高差总和 $\sum h$ 应与已知水准点高差($H_{终}-H_{始}$)相等。由于存在测量误差，二者不相等产生的差值 f_h，称为高差闭合差。

$$f_h=\sum h-(H_{终}-H_{始}) \tag{3-14}$$

如果高差闭合差超过容许值，则测量成果不能应用，必须重测。

3. 支水准路线

由已知水准点开始，测定 1、2、3 等点间的高差，没有条件附合到另一水准点或回到已知水准点，形成支水准路线。支水准路线必须沿同一路线进行往测和返测，往、返测得的高差绝对值应相等，而符号相反。若不相等，便会产生闭合差，即

$$f_h=H_{往}+H_{返} \tag{3-15}$$

3.5.3 闭合水准路线内业计算

下面以闭合水准路线为例，说明水准路线的内业计算过程，参见表 3-2。

1. 高差闭合差的计算

闭合水准路线的高差闭合差的计算详见 3.5.2 小节。

2. 高差闭合差的调整

在同一条水准路线上，认为各测站条件大致相同，各测站产生的误差是相等的。因此在调整闭合差时，应将闭合差以反符号并按测站数(或距离)成正比例地分配到各测段的实测高差中，即各测段高差改正数为

$$-\left(\frac{f_h}{\sum_n}\times n_i\right) \quad 或 \quad \left(\frac{f_h}{\sum_L}\times L_i\right) \tag{3-16}$$

3. 各点高程的计算

根据改正后的高差，由起始点的高程逐一推算出其他各点的高程，若计算无误，则最后推算的 BM_A 的高程应与已知高程值相等。

附合水准路线的高程计算与闭合水准路线的相同。支水准路线则采用往返测，每一测段的高差取往返测的平均值，符号与往测符号相同即可。

表 3-2 闭合水准路线计算

点 号	测量路线/km	测站数(n)	实测高差/m	改正数/mm	改正后的高差/m	高程/m	备 注
BM_A						400.000	BM_A的高程为已知
	0.03	2	+0.078	+0.8	+0.078 8		
1						400.078 8	
	0.05	2	−0.079	+0.8	−0.078 2		
2						400.000 6	
	0.03	2	−0.088	+0.8	−0.087 2		
3						399.913 4	
	0.03	2	+0.091	+0.8	+0.091 8		
4						400.005 2	
	0.03	2	−0.006	+0.8	−0.005 2		
BM_A						400.000	
$\sum$		10	−0.004	+0.8	0		
辅助计算	$f_h=\sum_{h测}-\sum_{h理}=-4$ mm $f_{h容}=12\sqrt{n}=38$ mm $f_h\leqslant f_{容}$ 符合精度要求 $v_{i站}=\dfrac{-f_h}{\sum n}=0.4$ mm 每测站 $\sum v_i=-4$ mm $=-f_h$ 计算无误						

3.6 水准仪的检验与校正

在检验与校正水准仪的几何条件之前，应先做一般性检查，其内容包括：望远镜是否清晰、物镜和目镜对光螺旋转动是否灵活、制动螺旋是否有效、脚螺旋转动是否自如、架腿固紧螺旋和架头连接螺旋是否可靠、架头有无松动现象等。凡存在影响水准仪使用的故障必须及时修理、排除。

3.6.1 水准仪应满足的条件

水准仪各轴线如图 3-15 所示，各轴线之间应满足以下几何条件：

(1) 水准管轴应平行于视准轴。

(2) 圆水准器轴 $L'L'$ 应平行于仪器竖轴 VV。

(3) 十字丝横丝应垂直于仪器竖轴 VV。

这些条件在仪器出厂时是满足的，由于长期使用以及受搬运中振动等影响，各轴线之间

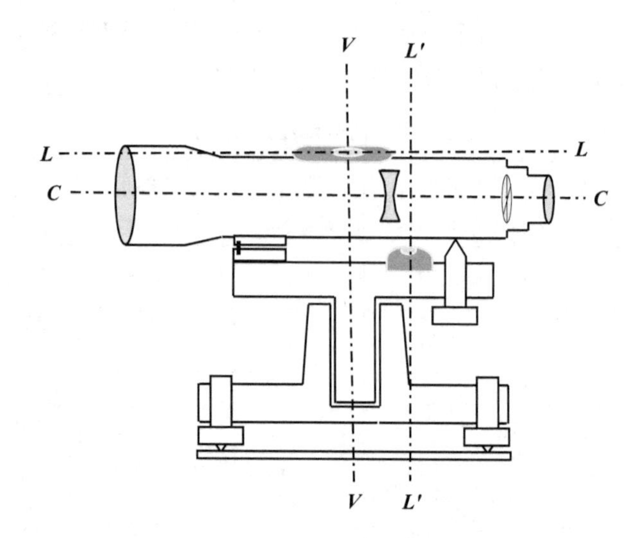

图 3-15 水准仪轴线

的几何关系会发生变化。因此,在每次使用前应对仪器进行检验和校正。

3.6.2 水准仪的校验与校正

1. 圆水准器的检验与校正

(1) 检校目的

使圆水准器轴 $L'L'$ 平行于仪器竖轴 VV。

(2) 检验方法

将仪器安置在脚架上,转动脚螺旋使圆水准器中的气泡居中,然后将望远镜在水平方向旋转 180°。此时若气泡不居中而偏于一边,说明圆水准器轴 $L'L'$ 不平行于仪器竖轴 VV。

(3) 校正方法

转动脚螺旋使圆水准器中的气泡向中间移动偏离量的一半,然后用校正针拨动圆水准器底下的 3 个校正螺丝,如图 3-16、图 3-17 所示,使气泡到达完全居中的位置。检验与校正应反复进行,直到仪器转至任何位置气泡始终居中为止,此时 $L'L'//VV$ 条件满足。

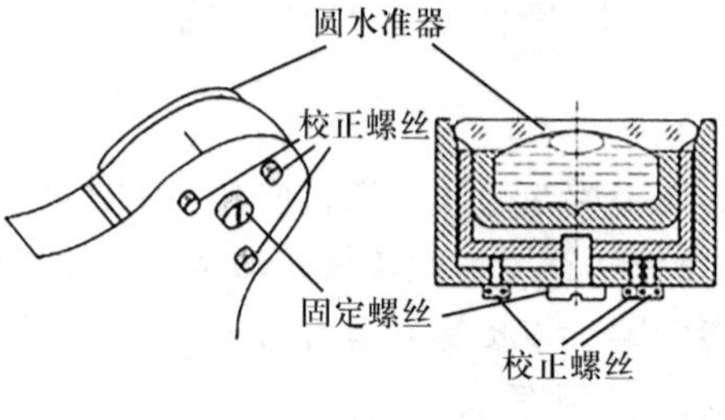

图 3-16 圆水准器的校正螺丝

2. 望远镜十字丝横丝的检验与校正

(1) 检验目的

使十字丝横丝垂直于仪器竖轴 VV,即当仪器竖轴 VV 处于铅垂位置时,横丝应处于水平位置。

(2) 检验方法

当仪器整平后,用十字丝横丝的一端瞄准墙上一固定点。如图 3-18(a)所示,转动水平微动螺旋,如果点子离开横丝,表示横丝不水平,需要校正;如图 3-18(b)所示,如果点子

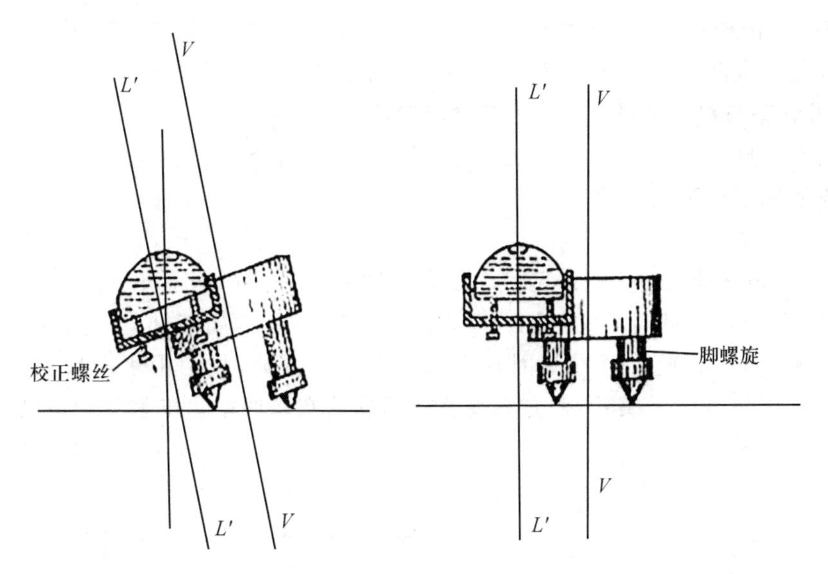

图 3-17 圆水准器校正

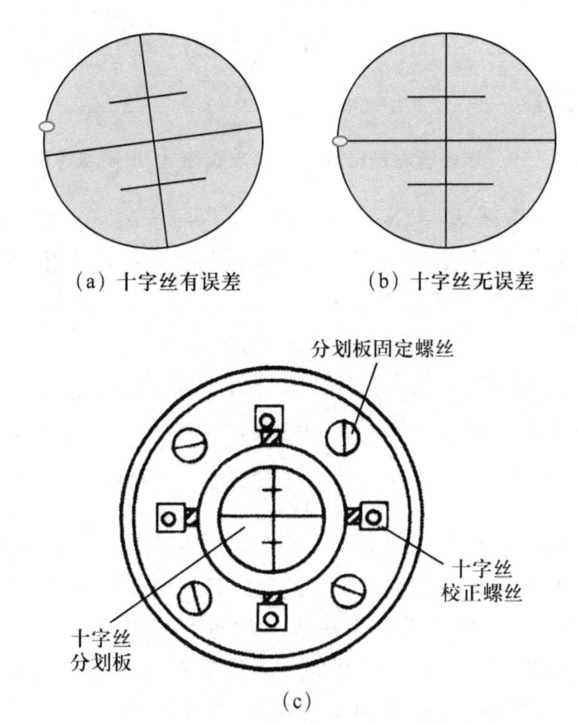

图 3-18 望远镜十字丝横丝的校正

始终在横丝上移动,表示横丝水平。

(3) 校正方法

十字丝装置的形式不同,其校正方法也有所不同,一般需要卸下目镜处的外罩。如图

3－18(c)所示，用螺丝刀松开4个十字丝的固定螺丝，然后拨正十字丝环，最后再旋紧校正螺丝。此项检校也需要反复进行，直到条件满足为止。

3. 水准管轴与视准轴是否平行的检验与校正

(1) 检验目的

使水准管轴平行于视准轴。

(2) 检验方法

选取相距60～80 m的A、B两点，在两点处各打一木桩，竖立水准尺，先将水准仪安置在离两点等距离处，此时前、后视距离相等，即$D_{前}=D_{后}$，如图3－19所示。若水准管轴不平行于视准轴，其夹角为i，则因水准仪位于两点中央，故两根水准尺上的读数误差均为x。仪器本身虽然有误差，但是只要将仪器安置在离两根水准尺等距离处，所测得的两点高差就是正确的。

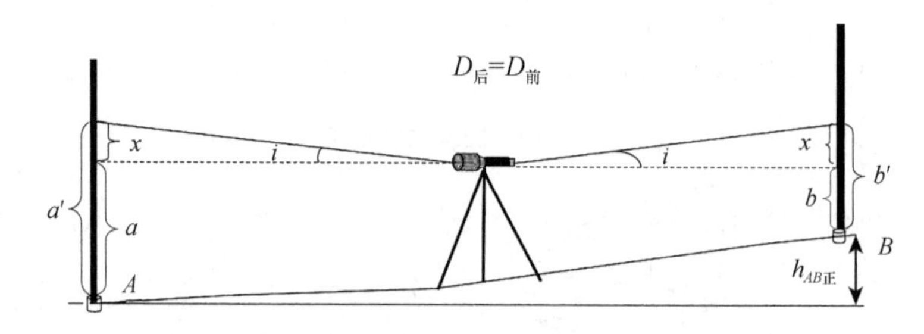

图3－19 水准管轴的检验——水准仪离A、B两点等距离

$$h_{AB正}=a'-b'=(a+x)-(b+x)=a-b=0.325\ \text{m}$$

如图3－20所示，将仪器放在A点附近，此时前、后视距离不相等，在两根水准尺上的读数分别为a''、b''，A、B两点的高差h'_{AB}为

$$h'_{AB}=a''-b''$$

如果$h'_{AB}=h_{AB正}$，则说明视准轴∥水准管轴，没有i角误差。

如果$h'_{AB}\neq h_{AB正}$，则说明存在i角误差，其值为

$$i''=\frac{h'_{AB}-h_{AB正}}{D_{AB}}\rho''$$

$$\rho''=206\ 265''$$

如图3－20所示，先获取近尺读数a''，设$d=1.452$ m。由于仪器距A点很近，可将a''看作视线水平时的读数a'，由此计算出视线水平时远尺读数$b_{正}=a''-h_{AB正}=1.452\ \text{m}-0.325\ \text{m}=1.127$ m。如果B点读数实际不是$b_{正}$，而是b''，比$b_{正}$大0.020 m，即1.147 m，则说明水准管轴不平行于视准轴，且视准轴向上倾斜，需要校正。

(3) 校正方法

转动微倾螺旋，使远尺读数从1.147 m改变成1.127 m，此时视准轴水平了，但气泡不居中了。拨动水准管一端的上、下两个校正螺丝，先松后紧，使水准管中的气泡居中，此时水准管轴也处于水平位置，于是水准管与视准轴就平行了，如图3－21所示。此项工作要反复进行几次，直至远尺的读数与计算值之差不大于3～5 mm为止。

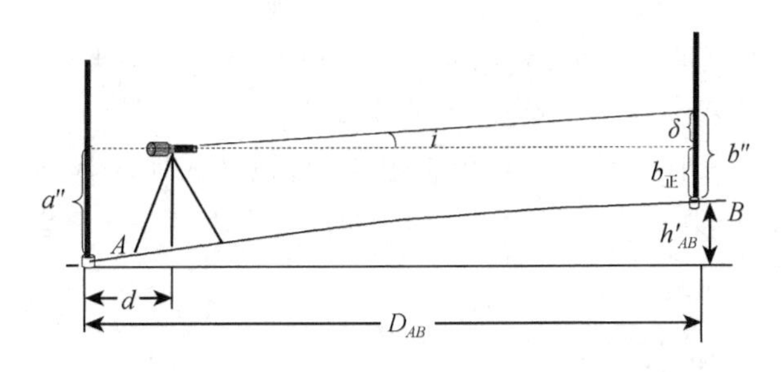

图 3-20　水准管轴的检验——水准仪位于 A 点附近

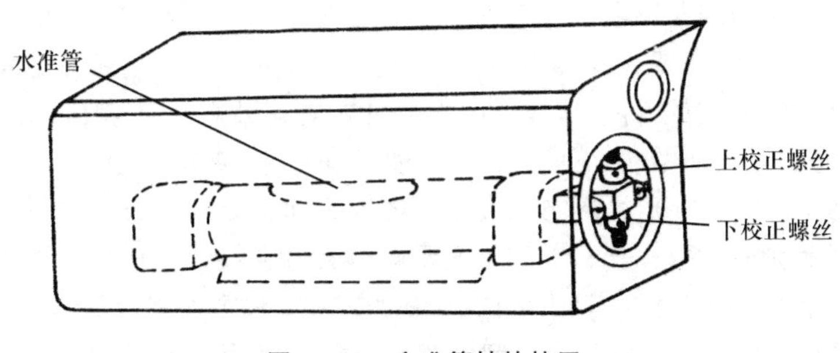

图 3-21　水准管轴的校正

3.7　水准测量的误差分析及注意事项

3.7.1　仪器误差

1. 仪器误差

仪器误差主要是指水准管轴不平行于视准轴的误差。仪器虽经检验与校正，但不可能校正得十分完善，总会留下一定的残余误差。这项误差具有系统性，在水准测量时，只要将仪器安置在离前、后视水准尺距离相等的位置，就可消除该项误差对高差测量所产生的影响。

2. 水准尺误差

水准尺的长度不准、尺底零点和尺面刻画有误差以及尺子弯曲变形等原因，都会给水准测量读数带来误差，因此，事先必须对所用水准尺逐项进行检定，附合要求方可使用。

3.7.2　操作误差

(1) 整平误差。水准测量是利用水平视线来测定高差的，而影响视线水平的原因有二：一是水准管气泡居中误差；二是水准管气泡未居中误差。

(2) 读数误差。读数误差与望远镜的放大倍率、观测者的视觉能力、仪器距水准尺的距离等因素有关。

(3) 视差误差。在水准测量中,视差的影响会给观测结果带来较大的误差,因此,在观测前必须反复调节目镜和物镜对光螺旋,以消除视差。

(4) 水准尺倾斜。水准尺倾斜会导致读数变大,视线离地面越高,读取的数据误差越大。若水准尺倾斜 3.5°,则在水准尺 1 m 处读数时,将产生 2 mm 误差。因此,在观测时应尽量保持水准尺直立。

3.7.3 外界条件引起的误差

(1) 水准仪下沉误差。水准仪下沉会使视线降低而引起高差误差。若采用“后-前-前-后”的观测顺序,则可减弱其影响。

(2) 尺垫下沉误差。如果在转点发生尺垫下沉,会使下一站的后视读数增加,也将引起高差误差。采用往返观测的方法,取成果的中数可减弱其影响。为了防止水准仪和尺垫下沉,测站和转点应选在土质结实之处,并踩实三脚架和尺垫,使其稳定。

(3) 地球曲率及大气折光的影响。大气层密度不同会导致光线产生折射,使视线产生弯曲。视线离地面愈近,视线越长,大气折光影响越大;视线越长,地球曲率影响就越大,从而使水准测量产生的误差越大。可采用前、后视距离相等的方法来消除影响。

(4) 温度影响。温度变化不仅会引起大气折光变化,而且当烈日照射水准管时,水准管本身和管内液体温度会升高,气泡会向着温度高的方向移动,从而影响水准管轴的水平,产生气泡居中误差。所以测量过程中应随时注意为仪器打伞遮阳。

3.7.4 水准测量应注意事项

(1) 水准测量过程中,应尽量用目估或步测来保持前、后视距基本相等,用以消除或减弱水准管轴不平行于视准轴所产生的误差,并且应选择适当的观测时间,限制视线长度和高度来减小折光的影响。

(2) 仪器脚架要踩牢,观测速度要快,以减小仪器下沉的影响。转点处要用尺垫,并取往、返观测结果的平均值来抵消转点下沉的影响。

(3) 估读要准确,读数时要仔细对光,消除视差。必须使水准管气泡居中,读数完毕,再检查气泡是否居中。

(4) 检查塔尺相接处是否严密,应消除尺底泥土。扶尺者的身体要站正,双手扶尺,保证扶尺竖直。为了消除两尺零点不一致对观测成果的影响,应在起、终点上用同一标尺。

(5) 记录要原始,当场填写清楚。当记错或算错时,应在错字上画一斜线,将正确数字写在错字上方。

(6) 读数时,记录员要复读,以便核对。应按记录格式填写,字迹要整齐、清楚、端正,所有计算成果必须经校核后才能使用。

(7) 观测时如果阳光较强,则要撑伞给仪器遮太阳。

(8) 测量者要严格执行操作规程,工作要细心,加强校对,防止出现错误。

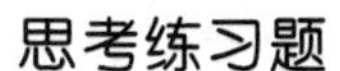

思考练习题

1. 名词解释

(1) 视准轴　(2) 水准管轴　(3) 圆水准器轴

2. 简答题

(1) 简述水准测量原理。

(2) 何为视差？产生视差的原因是什么？怎么消除视差？

(3) 水准仪的安置包括哪些步骤？

(4) 粗平和精平各自的目的是什么？怎样实现？

(5) 水准测量中怎样进行计算校核、测站校核和路线校核？

(6) 水准仪有哪些主要轴线？它们之间应满足什么条件？

3. 计算题

(1) 设 A 为后视点，B 为前视点，A 点高程是 20.123 m。当后视读数为 1.456 m、前视读数为 1.579 m 时，问 A、B 两点的高差是多少？B、A 两点的高差又是多少？绘图说明 B 点比 A 点高还是低？B 点高程是多少？

(2) 将题图 3-22 中的水准测量数据填入题表 3-3 中，A、B 两点为已知高程点，$H_A=$ 23.456 m，$H_B=$25.080 m，计算并调整高差闭合差，最后求出各点高程。

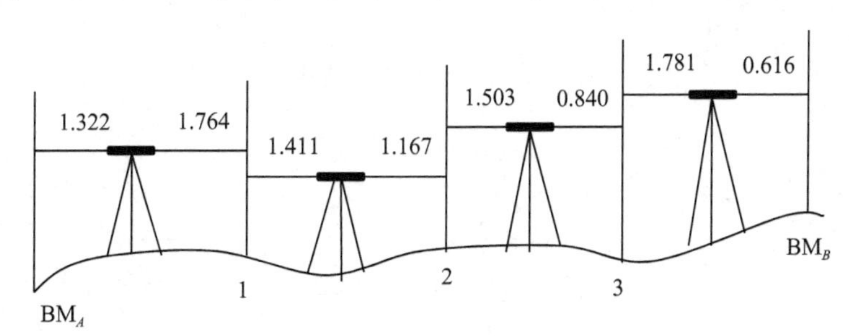

图 3-22　水准测量图示

表 3-3　水准测量数据

测站	测点	水准尺读数		实测高差/m	高差改正数/mm	改正后的高差/m	高程/m
		后视(a)	前视(b)				
Ⅰ	BM$_A$ 1						
Ⅱ	1 2						
Ⅲ	2 3						

续表

测站	测点	水准尺读数		实测高差/m	高差改正数/mm	改正后的高差/m	高程/m
		后视(a)	前视(b)				
Ⅳ	3 BM_B						
计算检核	$\sum$						

(3) 调整题图 3-23 所示闭合水准测量路线的观测成果，并求出各点高程，$H_1=498.966$ m。

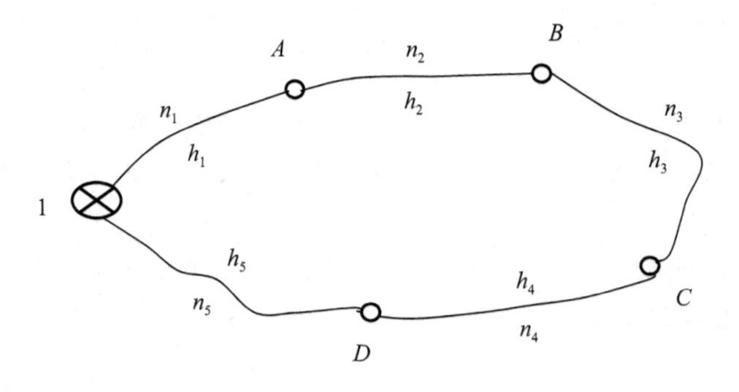

h_1=+1.224 m, n_1=10站

h_2=−1.424 m, n_2=8站

h_3=+1.781 m, n_3=8站

h_4=−1.714 m, n_4=11站

h_5=+0.108 m, n_5=12站

图 3-23　闭合水准测量路线

第4章

角度测量

4.1 水平角测量原理

1. 水平角的概念

水平角是地面上一点到两个目标的方向线垂直投影在水平面上的夹角，用β表示，其值范围为0°～360°。

2. 用经纬仪测量

用经纬仪测水平角。经纬仪必须具备一个水平度盘及用于照准目标的望远镜。测水平角时，要求水平度盘能放置水平，且水平度盘的中心位于水平角顶点的铅垂线上。望远镜不仅可以水平转动，而且能俯仰转动来瞄准不同方向和不同高度的目标，同时保证俯仰转动时望远镜的视准轴能扫过一个竖直面。

如图4－1所示，B_1A_1 和 B_1C_1 在水平度盘上有相应读数 a 和 c，则水平角 β 为

$$\beta=c-a$$

4.2 光学经纬仪

光学经纬仪是测量角度的仪器，按精度划分，有 DJ_2 和 DJ_6 两种，它们表示一测回方向观测中角度误差分别为6″和2″。

4.2.1 DJ_6 型光学经纬仪

1. DJ_6 型光学经纬仪的组成

DJ_6 型光学经纬仪的外形图如图4－2所示。各种光学经纬仪的组成基本相同，其构造主要由照准部、水平度盘和基座三部分组成。

（1）照准部

照准部是经纬仪上部可以旋转的部分，主要由竖轴、望远镜、竖直度盘、照准部水准管、

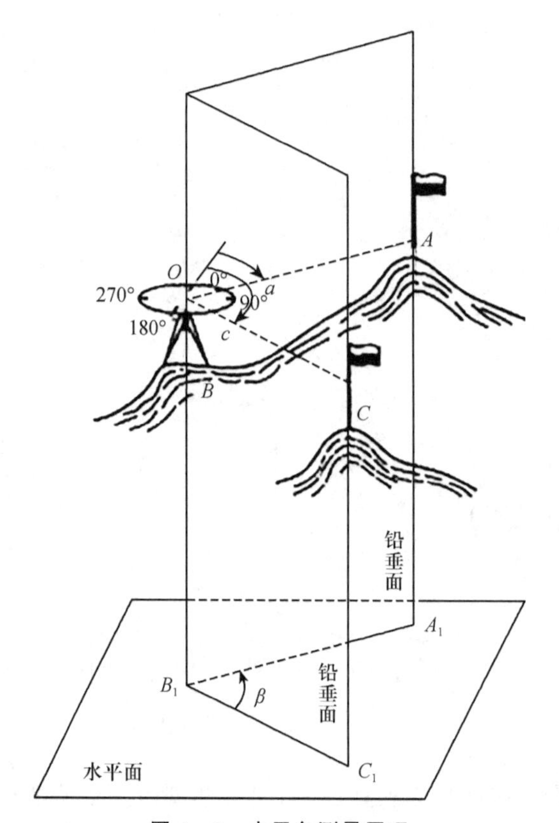

图 4-1 水平角测量原理

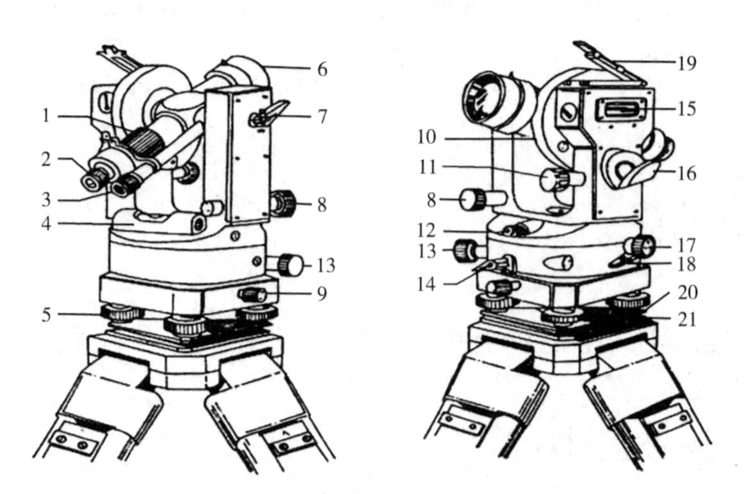

1—对光螺旋；2—目镜；3—读数显微镜；4—照准部水准管；5—脚螺旋；6—望远镜物镜；7—望远镜制动螺旋；8—望远镜微动螺旋；9—中心锁紧螺旋；10—竖直度盘；11—竖盘指标水准管微动螺旋；12—光学对中器目镜；13—水平微动螺旋；14—水平制动螺旋；15—竖盘指标水准管；16—反光镜；17—水平度盘变换手轮；18—保险手柄；19—竖盘指标水准管反光镜；20—托板；21—压板

图 4-2 DJ_6 型光学经纬仪外形图

读数系统及光学对中器等部件组成。竖轴是照准部的旋转轴;旋转照准部和望远镜可以照准任意方向、不同高度的目标;竖直度盘用于测量竖直角;照准部水准管用于整平仪器;读数系统由一系列光学棱镜组成,用于对同时显示在读数窗中的水平度盘和竖直度盘影像进行读数;光学对中器用于安置仪器,使其中心和测站点位于同一铅垂线上。

(2) 水平度盘

水平度盘是一个光学玻璃圆环,其上顺时针刻有 0°～360°的刻画线,用于测量水平角。当照准部转动时,水平度盘固定不动,但可通过旋转水平度盘变换手轮使其改变到所需要的位置。

(3) 基座

基座对照准部和水平度盘起支撑作用,并通过中心连接螺旋将经纬仪固定在脚架上。基座上有 3 个脚螺旋,用于整平仪器。

2. DJ_6 型光学经纬仪的读数装置和读数方法

DJ_6 型光学经纬仪的常用读数方法有两种:分微尺测微器和单平板玻璃测微器读数。

(1) 分微尺测微器的读数方法

水平度盘和竖直度盘的格值都是 1°,而分微尺测微器的整个测程正好与度盘分画的一个格值相等,又分为 60 小格,每小格为 1′,估读至 0.1′。读数时,首先读取分微尺测微器所夹的度盘分画线之度数,再读该度盘分画线在分微尺测微器上所指的小 1°的分数,二者相加,即得到完整的读数。如图 4－3 所示,读数窗中上方 H 为水平度盘影像,读数为 215°06′50″,根据度数分画线秒数位于 6′～7′之间,靠近 7′估读得到;读数窗中下方 V 为竖直度盘影像,读数为 78°52′30″。

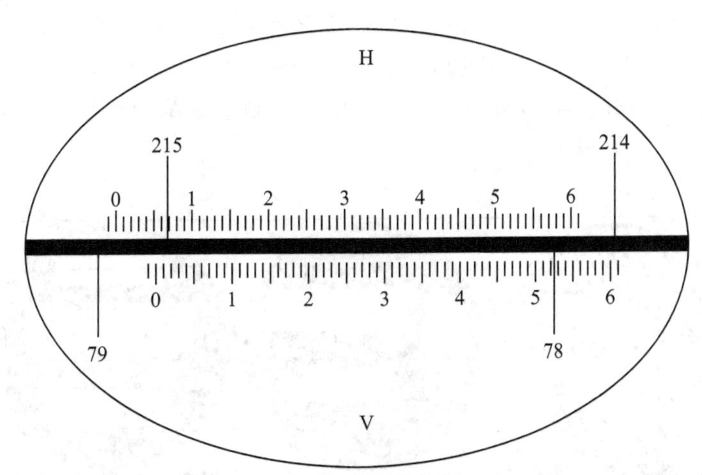

图 4－3　分微尺测微器读数方法

(2) 单平板玻璃测微器的读数方法

单平板玻璃测微器的读数方法如图 4－4 所示。用望远镜瞄准目标后,先转动测微轮,使度盘上某一分画线精确移至双指标线的中央,读取该分画线的度盘读数,再测微尺上根据单指标线读数 30′以下的分、秒数,两数相加,即得完整的度盘读数。

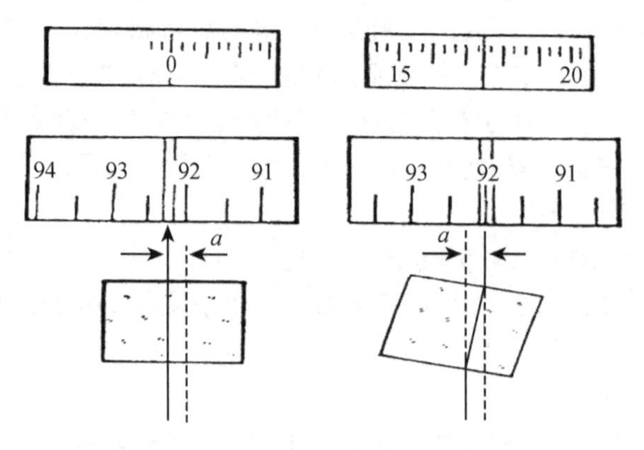

图 4-4　单平板玻璃测微器读数方法

4.2.2　DJ_2 型光学经纬仪

(1) DJ_2 型光学经纬仪的特点(相对于 DJ_6)

① 在结构上除了望远镜的放大倍数较大，照准部水准管的灵敏度也较高。

② 读数设备及读数方法不同。

③ 在 DJ_2 型光学经纬仪的读数显微镜中，只能看到水平度盘和竖直度盘中的一种影像，如果要读另一种，就要转动换像手轮，使读数显微镜中出现需要读数的度盘影像。

(2) DJ_2 型光学经纬仪的读数方法

① 大窗为度盘的影像。先转动测微轮，使正、倒像的分画线精确重合；然后找出邻近的正、倒像相差 180°的分画线，注意正像在左侧，倒像在右侧。读出度盘的正像度数，再数出正像的分画线与倒像的分画线之间的格数，乘以度盘分画值的一半，最后从左边小窗中的测微尺上读取不足 10′的分数和秒数，其中分数和 10′数则根据单指标线的位置和注记数字直接读出，估读到 0.1″。如图 4-5(a)所示。

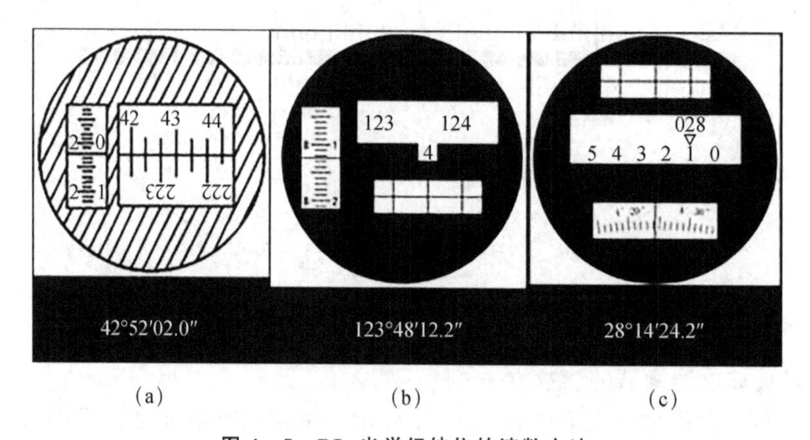

图 4-5　DJ_2 光学经纬仪的读数方法

② 数字化读数方法

如图 4-5(b)所示，左侧小窗为测微窗，读数方法与完全上面一种相同；右下侧小窗为度盘对径分画线重合后的影像，没有注记，但必须转动测微轮使上下线精确重合才可以读数；如图 4-5(c)所示，上面的小窗为度盘对径分画线重合后的影像，中间小窗中的∇所对应的读数＋下面小窗测微尺上的读数＝度盘读数。

4.2.3 电子经纬仪

1968 年，世界上第一台电子经纬仪由西德 OPTON 厂研制而成，经过不断发展和改造，电子经纬仪日益完善。如图 4-6 所示，电子经纬仪是集光、机、电、计算于一体的自动化、高精度的光学仪器，它在光学经纬仪的电子化、智能化基础上，采用电子细分、控制处理技术和滤波技术，实现了测量读数的智能化，其测量界面如图 4-7 所示。电子经纬仪既可单独作为测角仪器完成导线测量等测量工作，又可与激光测距仪、电子手簿等组合成全站仪，与陀螺仪、卫星定位仪、激光测距机等组成炮兵测地系统，实现边角连测、定位、定向等各种测量。

图 4-6 电子经纬仪

1. 电子经纬仪操作——打开和关闭电源

电子经纬仪的电源开关为按键式，打开和关闭电源操作及显示可参见表 4-1。

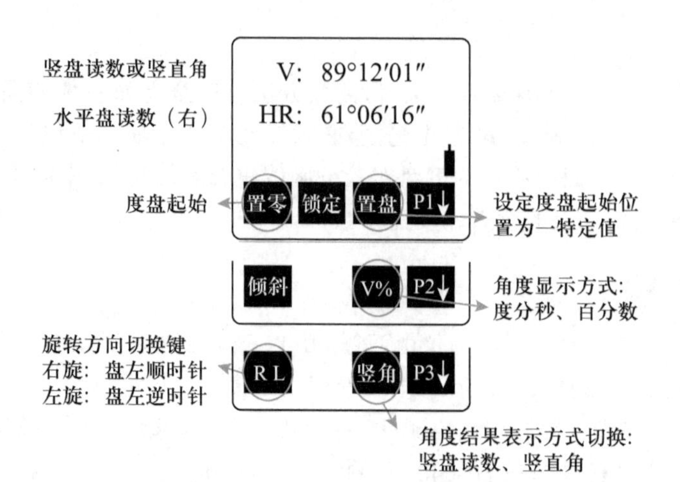

图 4-7　电子经纬仪的测量界面

表 4-1　打开和关闭电源操作及显示

操　作	显　示
按住 PWR 键至显示屏显示全部符号，电源打开	
2 s 后显示出水平角值，即可开始测量水平角	
按 PWR 键大于 2 s 至显示屏显示 OFF 符号后松开，显示容消失，电源关闭	

说明如下：

➢开启电源显示的水平角为仪器存的原角值，若不需要此值，则可以将水平角置零。

➢若设置了“自动断电”功能，则 30 min 或 10 min 不进行任何操作，仪器会自动关闭电源并将水平角自动存储起来。

2. 电子经纬仪操作

电子经纬仪操作如表 4-2 所列。

表 4-2　电子经纬仪操作指示

操　作	显　示
开启电源后如果显示“b”，则是提示仪器的竖轴不垂直。将仪器精确置平后“b”会消失	
仪器精确置平后开启电源，显示“V O SET”，则是提示应指示竖盘指标归零	

续表

操　作	显　示
将望远镜在盘左水平方向上下转动 1～2 次，当望远镜通过水平视线时将指示竖盘指标归零，显示出竖盘角值。仪器可以进行水平角及竖直角测量	V 90°13′15″ HR 65°41′20″ BAT

说明如下：

➢对于采用了竖盘指标自动补偿归零装置的仪器，当竖轴不垂直度超出设计规定时，竖盘指标将不能自动补偿归零，仪器显示“b”。将仪器重新精确置平，待“b”消失后，仪器方恢复正常。

➢若设置了“自动断电”功能，30 min 或 10 min 不进行任何操作，仪器会自动关闭电源并将水平角自动存储起来。

4.3　经纬仪的使用

在测站上安置经纬仪进行角度测量时，需要对中、整平、照准、读数 4 个步骤。

1. 对中

对中就是利用垂球或光学对点器使仪器中心和测站点标志位于同一条铅垂线上。仪器的对中误差一般不应超过 2 mm。

2. 整平

整平就是通过脚螺旋来调节水准器气泡，使仪器竖轴处于铅垂位置，水平度盘和横轴处于水平位置，竖直度盘位于铅垂面内。仪器的整平误差一般不应使气泡偏离中心超过 1 格。

图 4-8 为经纬仪整平过程示意图。如图 4-8(a)所示，首先使管水准器水平轴平行于一对脚螺旋，同时向内或同时向外旋转脚螺旋，气泡运动方向与左手大拇指方向一致，将气泡调平；然后转动照准部 90°，调整第三个脚螺旋，再次使管水准器气泡居中，如图 4-8(b)所示。由于圆水准器气泡的精度低，一般整平管水准器气泡，圆水准器气泡也会居中。

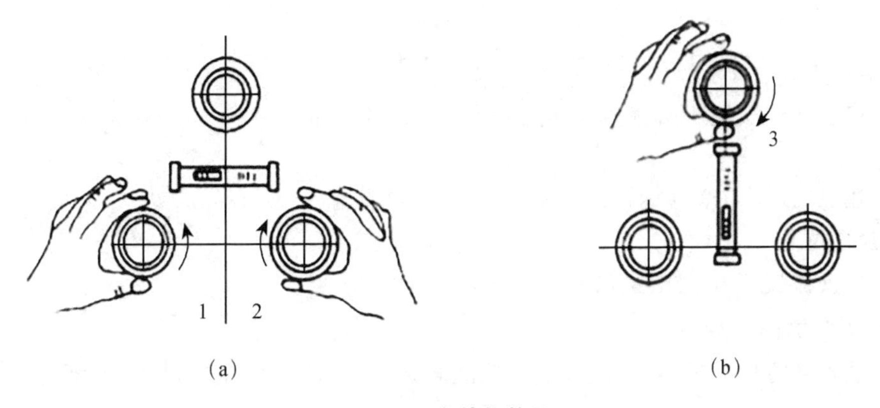

(a)　　(b)

图 4-8　经纬仪整平

3. 照准

转动照准部,用望远镜瞄准目标,旋转对光螺旋,使目标影像清晰。测量水平角时,使十字丝竖丝单丝与较细的目标精确重合图 4－9(a),或双丝将较粗的目标夹在中央图 4－9(b);测量竖直角时,应以中横丝与目标的顶部标志相切图 4－9(c)。

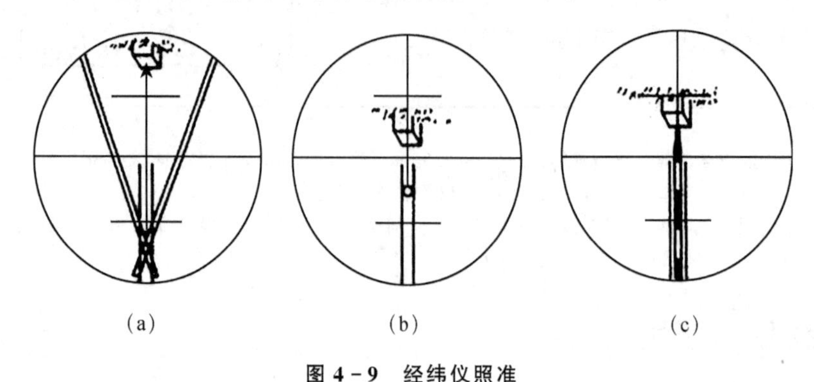

图 4－9　经纬仪照准

4. 读数

调节反光镜的角度,旋转读数显微镜调焦螺旋,使读数窗影像明亮而清晰,按上述经纬仪的读数方法,对水平度盘或竖直度盘进行读数。在对竖直度盘读数前,应选装指标水准管微动螺旋,使竖盘十字丝位于水准管气泡居中。

4.4　水平角测量

水平角测量方法包括测回法和方向观测法 2 种。

4.4.1　测回法

测回法用于测量由两个方向所构成的单角,如图 4－10 所示。

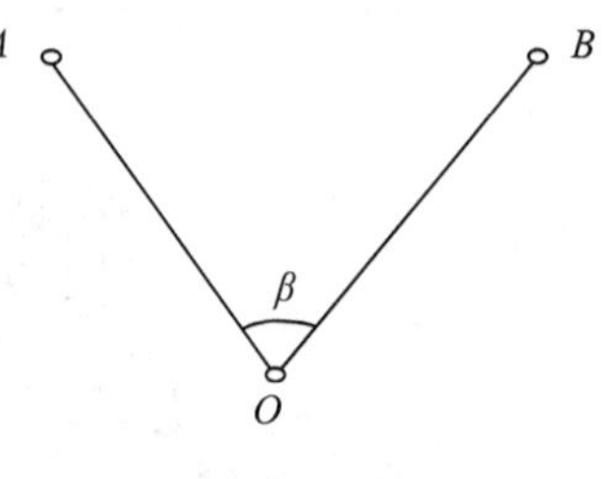

图 4－10　测回法

1. 准备工作

(1) 将经纬仪安置于所测角的顶点 O 上,进行对中和整平。

(2) 在 A、B 两点竖立标杆或棱镜等,作为照准标志。

2. 盘左位置

(1) 将仪器置于盘左位置,如图 4－11 左侧所示(竖盘在望远镜左侧即为盘左)。

(2) 顺时针方向旋转照准部,调焦与照准起始目标(即角的左边目标)A,读取水平度盘数 $a_{左}$;

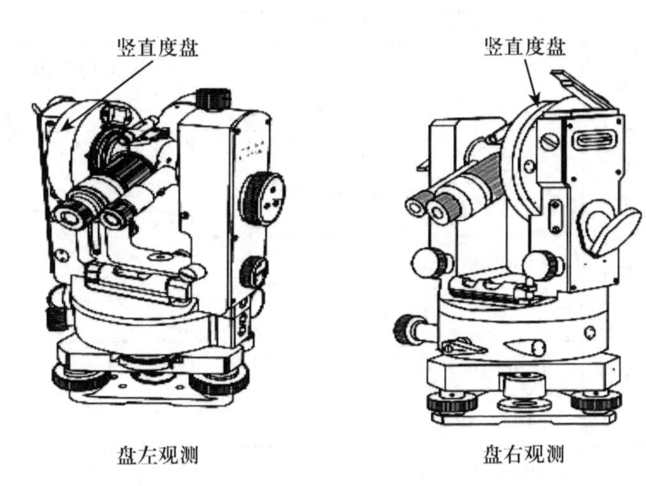

图 4-11 度盘位置

(3) 顺时针旋转照准部,调焦与照准右侧目标 B,读取 $b_{左}$。

(4) 计算盘左位置的水平角 $\beta_{左}$:

$$\beta_{左}=b_{左}-a_{左} \tag{4-1}$$

以上为上半测回,$\beta_{左}$ 即为上半测回角值。

3. 盘右位置

(1) 旋转望远镜成盘右位置,如图 4-11 右侧所示,用照准部瞄准目标 B,读取 $b_{右}$。

(2) 逆时针旋转照准部,调焦与照准左边目标 A,读取 $a_{右}$。

(3) 计算盘右位置的水平角 $\beta_{右}$:

$$\beta_{右}=b_{右}-a_{右} \tag{4-2}$$

以上为下半测回,$\beta_{右}$ 为下半测回角值。

(4) 计算一个测回角值

上半测回和下半测回称为一个测回。

对于 DJ_6 型光学经纬仪来说,若上、下半测回角值之差 $\Delta\beta\leqslant\pm40°$,则取平均值作为一个测回角值。

为了提高测量角度的精度,角度测量中都不只测量一个测回,一般需要测量多个测回。为了避免每个测回盘左起始位置度盘数重复,就需要人为配置起始度盘数。各测回应根据测回数 n,按 $180°/n$ 的原则改变起始水平度盘位置,即配置度盘。各测回值互差若不超过 $40''$(DJ_6),则取各测回角值的平均值作为最后角值,见表 4-3 所列。

表 4-3　测回法记录手簿

测站	竖盘位置	目标	水平度盘读数 (° ′ ″)	半测回角值 (° ′ ″)	一个测回角值 (° ′ ″)	各测回平均值 (° ′ ″)
第一测回 0	左	A	0 00 30	92 19 12	92 19 21	92 19 24
		B	92 19 42			
	右	A	180 00 42	92 19 30		
		B	272 20 12			
第二测回 0	左	A	90 00 06	92 19 24	92 19 27	
		B	182 19 30			
	右	A	270 00 06	92 19 30		
		B	02 19 36			

4.4.2　方向观测法

1. 观测方法

(1) 如图 4-12 所示，安置仪器于测站 O 点(包括对中和整平)，竖立标志于所有目标点，如 A、B、C、D 4 点，选定起始方向(又称零方向)，如选 A 点为零方向。

(2) 盘左位置：顺时针方向旋转照准部，依次照准目标 A、B、C、D、A，分别读取水平度盘数，并依次记入表格。当两次照准 A 目标时，检查水平度盘位置在观测过程中是否发生变动的过程，称为归零，两次读数之差称为半测回归零差。限差要求为：DJ_6 经纬仪不得超过 18″，DJ_2 经纬仪不得超过 12″。计算中注意检核。上述过程称为上半测回。

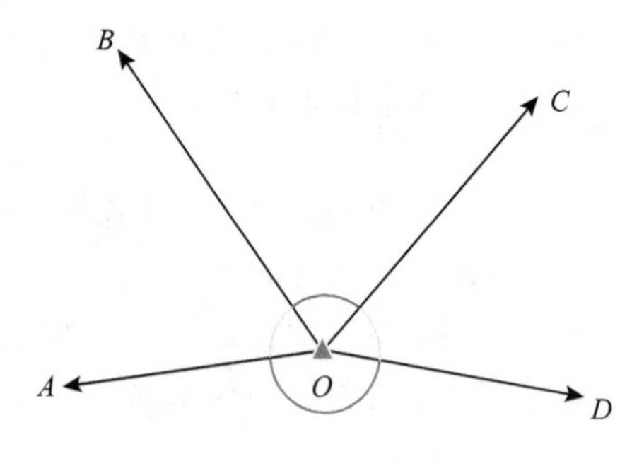

图 4-12　方向观测法

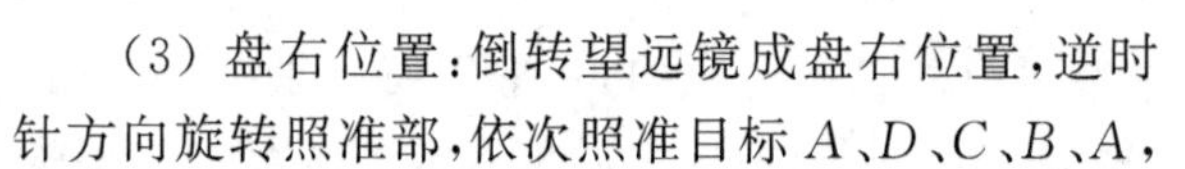
(3) 盘右位置：倒转望远镜成盘右位置，逆时针方向旋转照准部，依次照准目标 A、D、C、B、A，分别读取水平度盘数，并依次记入表格。该过程称为下半测回。同样注意检核归零差。

这样就完成一个测回。如果为了提高精度需要测 n 个测回，则仍然需要配置度盘，即每个测回的起始目标读数按 $180°/n$ 的原则进行配置。

2. 计算方法

(1) 半测回归零差：起始方向归零读数－起始方向读数。

(2) 计算 $2c$ 值：同一个方向的盘左和盘右读数之差，即 $2c$＝盘左读数－(盘右读数±180°)。如表 4-4 所列，对于 DJ_2 经纬仪不能超过±12″，DJ_6 经纬仪不做要求。

表 4-4　水平角观测值限差

仪器级别	半测回归零差/(″)	一个测回内互差 $2c$/(″)	同一方向值各测回互差/(″)
DJ_2	12	18	12
DJ_6	18		24

(3) 各方向盘左、盘右读数的平均值：

平均值=[盘左读数+(盘右读数±180°)]/2

注意：零方向观测两次，应将平均值再取平均值。

(4) 归零方向值：将各方向平均值减去零方向平均值，即得各方向归零方向值。

(5) 各测回归零方向值的平均值：

方向观测法记录手簿如表 4-5 所列。

表 4-5　方向观测法记录手簿

测站	测回数	目标	读数 盘左(° ′ ″)	读数 盘右(° ′ ″)	$2c$=左−(右±180°)(″)	平均读数=$\frac{1}{2}$[左+(右±180°)](° ′ ″)	归零后方向值(° ′ ″)	各测回归零方向值的平均值(° ′ ″)
1	2	3	4	5	6	7	8	9
0	1	A	0 02 06	180 02 00	+6	(0 02 06) 0 02 03	0 00 00	
		B	51 15 42	231 15 30	+12	51 15 36	51 13 30	
		C	131 54 12	311 54 00	+12	131 54 06	131 54 00	
		D	182 02 24	2 02 24	0	182 02 24	182 00 18	
		A	0 02 12	180 02 06	+6	0 02 09		
0	2	A	90 03 30	270 03 24	+6	(90 03 32) 90 03 27	0 00 00	0 00 00
		B	141 17 00	321 16 54	+6	141 16 57	51 13 25	51 13 28
		C	221 55 42	41 55 30	+12	221 55 36	131 52 04	131 52 02
		D	272 04 00	92 03 54	+6	272 03 57	182 00 25	182 00 22
		A	90 03 36	270 03 36	0	90 03 36		

4.5　竖直角测量

4.5.1　竖直角测量方法

竖直角是指在同一竖直面内，某一点到目标的方向线与水平线之间的夹角。如图 4-13 所示，竖直角分为仰角和俯角。仰角为目标方向高于水平方向的竖直角，角值为正，取值范围为 0°～90°。俯角为目标方向低于水平方向的竖直角，角值为负，取值范围为 0°～－90°。

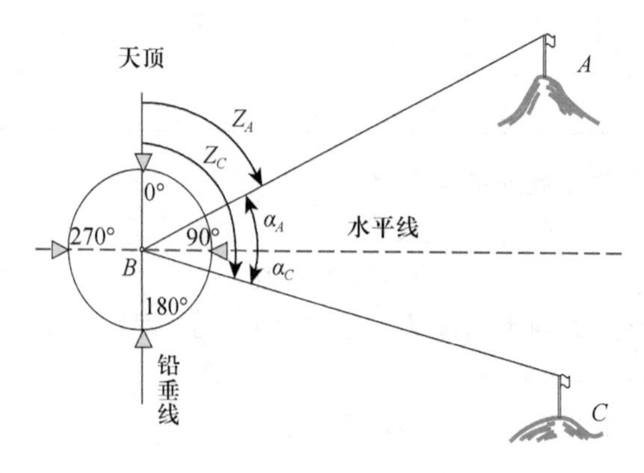

图 4－13　竖直角

竖直角的角值范围：－90°～90°。

竖直角的角值测量方法：望远镜照准目标的方向线与水平线分别在竖直度盘上相对应的两读数之差。

4.5.2　竖直度盘的构造

1. 竖直度盘的构造和注记形式

竖直度盘包括竖直度盘、竖盘读数指标、竖盘指标水准管和竖盘指标水准管微动螺旋。

在观测竖直角时，指标线固定不动，而整个竖盘随着望远镜一起转动。

竖盘注记形式：顺时针注记和逆时针注记。图 4－14 为顺时针的竖直角标注示意图。

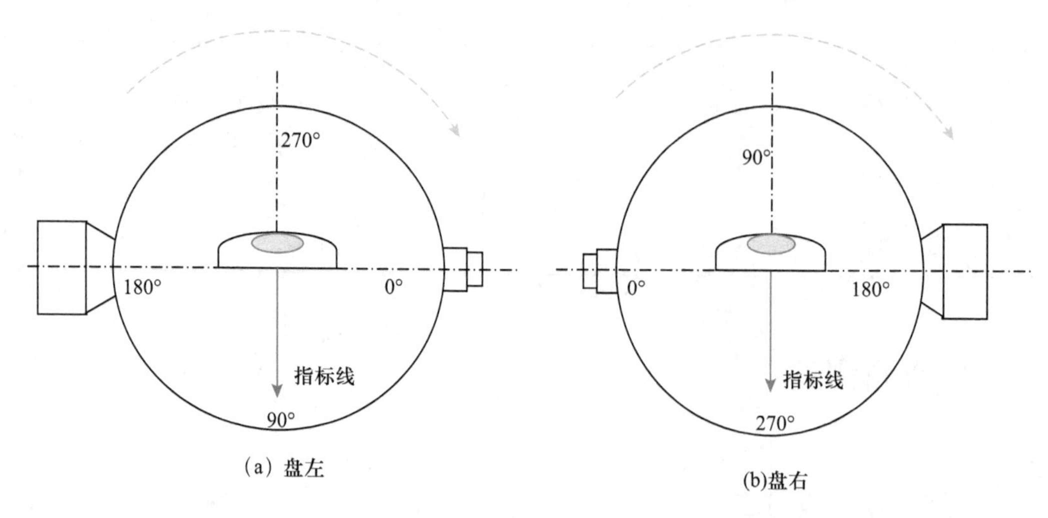

图 4－14　竖直角注记形式(顺时针)

2. 竖直角计算公式

设盘左位置时瞄准目标的读数为 L，盘右位置时瞄准目标的读数为 R，盘左位置和盘右位置所测竖直角分别用 α_L 和 α_R 表示，则顺时针注记竖直角计算公式为

$$\alpha_L = 90° - L$$

$$\alpha_R = R - 270°$$

当用望远镜观测目标时，若读数增加，则竖直角的计算公式为

$$\alpha = (\text{瞄准目标时的读数}) - (\text{视线水平时的读数})$$

若读数减少，则

$$\alpha = (\text{视线水平时的读数}) - (\text{瞄准目标时的读数})$$

4.5.3 竖直角的观测

如图 4-14(a)所示，竖直角的观测、记录和计算步骤如下：

(1) 准备工作：在目标点树立标志；安置仪器于测站点 A 点(包括对中和整平)。

(2) 盘左位置：调焦与照准目标 B，使十字丝横丝精确瞄准目标。转动竖盘直播奥水准管微动螺旋，使水准管气泡严格居中；然后读取竖盘数 L，设为 81°18′42″，记入表 4-6。

(3) 盘右位置：重复步骤(2)，设其读数 R 为 278°41′30″，记入表 4-6。

(4) 根据竖直角计算公式，计算得

$$\alpha_L = 90° - L = 90° - 81°18'42'' = 8°41'18''$$

$$\alpha_R = R - 270° = 278°41'30'' - 270° = 8°41'30''$$

那么一个测回竖直角为

$$\alpha = 1/2(8°41'18'' + 8°41'30'') = 8°41'24''$$

将计算结果记入表 4-6，其角值为正，显然是仰角。同理观测目标 C，其结果为负值，说明是俯角。

表 4-6 竖直角观测手簿(顺时针注记)

测站	目标	竖盘位置	竖盘读数(° ′ ″)	半测回竖直角(° ′ ″)	指标差	一测回竖直角(° ′ ″)
A	B	左	81 18 42	+8 41 18	+6	+8 41 24
		右	278 41 30	+8 41 30		
	C	左	124 03 30	−34 03 30	+12	−34 03 18
		右	235 56 54	−34 03 06		

在竖角观测中应注意，每次读数前必须使竖盘指标水准管气泡居中，才能正确读数。

4.5.4 竖盘指标差

若竖盘指标偏离正确位置，这个偏离的差值 x 角即为竖盘指标差。

如图 4-15 所示，由于存在指标差，对于盘左位置，正确的竖直角计算公式为

$$\alpha = (90° + x) - L = \alpha_L + x$$

或 $\alpha = 90° - (L - x) = \alpha_L + x$ (4-3)

同理,对于盘右位置,正确的竖直角计算公式为

$$\alpha = (R - x) - 270° = \alpha_R - x$$

或 $\alpha = R - (270° + x) = \alpha_R - x$ (4-4)

将式(4-3)和式(4-4)相加并除以2,得

$$\alpha = 1/2(R - L - 180°) = 1/2(\alpha_R - \alpha_L) \quad (4-5)$$

由此可见,采用盘左、盘右法测量竖直角可以消除竖盘指标差的影响。

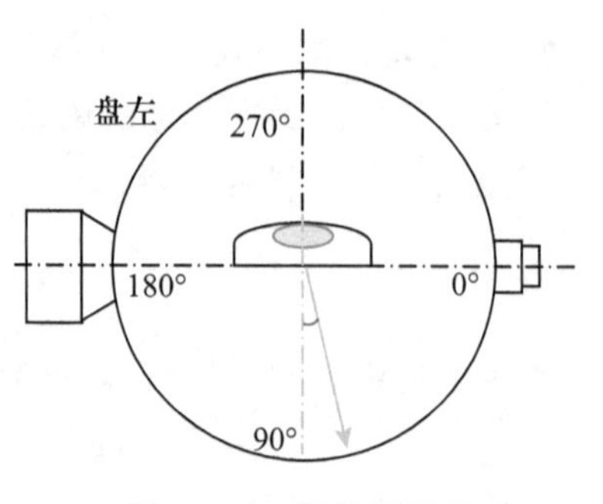

图 4-15 竖盘指标差

将式(4-3)和式(4-4)相减,得

$$2x = (R + L) - 360°$$

$$x = 1/2\left[(R + L) - 360°\right] \quad (4-6)$$

竖盘指标差互差的限差:DJ_2 型仪器不得超过±15″,DJ_6 型仪器不得超过±25″。

4.6 经纬仪的检验

4.6.1 经纬仪主要轴线应满足的条件

经纬仪主要轴线:竖轴(VV)、水平轴(横轴)(HH)、视准轴(CC)和水准管轴(LL)。

各轴线之间应满足的几何条件如下:

(1) 水准管轴应垂直于竖轴($LL \perp VV$)。

(2) 十字丝纵丝应垂直于水平轴。

(3) 视准轴应垂直于水平轴($CC \perp HH$)。

(4) 水平轴应垂直于竖轴($HH \perp VV$)。

(5) 当望远镜视准轴水平、竖盘指标水准管气泡居中时,竖盘指标差为零。

(6) 光学对点器光学垂线与仪器竖轴重合。

4.6.2 检验方法

1. 水准管轴的检验

检验方法:首先粗略整平仪器;然后转动照准部使水准管轴平行于任意两个脚螺旋的连线方向,调节这两个脚螺旋使水准管气泡居中;再将仪器旋转180°。若水准管气泡仍居中或偏离中心不超过1格,则说明水准管轴与竖轴垂直;若气泡不再居中,则说明水准管轴与竖轴不垂直,需要校正。

2. 十字丝纵丝的检验

检验方法:首先整平仪器,用十字丝纵丝的上端或下端精确照准远处一明显的目标点;然后制动照准部和望远镜,转动望远镜微动螺旋,使望远镜绕水平轴作微小俯仰,如果目标点始终在纵丝上移动,则说明条件满足,否则需要校正。

3. 望远镜视准轴的检验

检验方法：首先在平坦地面上选择一条长约 100 m 的直线 AB，将经纬仪安置在 A 和 B 两点的中点 O 处，如图 4－16 所示，并在 A 点设置一瞄准标志，在 B 点横放一根刻有毫米分画的尺子，使尺子与 OB 尽量垂直，标志、尺子应大致与仪器同高；然后用盘左瞄准 A 点，制动照准部，倒转望远镜，在 B 点尺上读数 B_1，如图 4－16(a)所示；再用盘右瞄准 A 点，制动照准部，倒转望远镜，再在 B 点尺上读数 B_2，如图 4－16(b)所示。

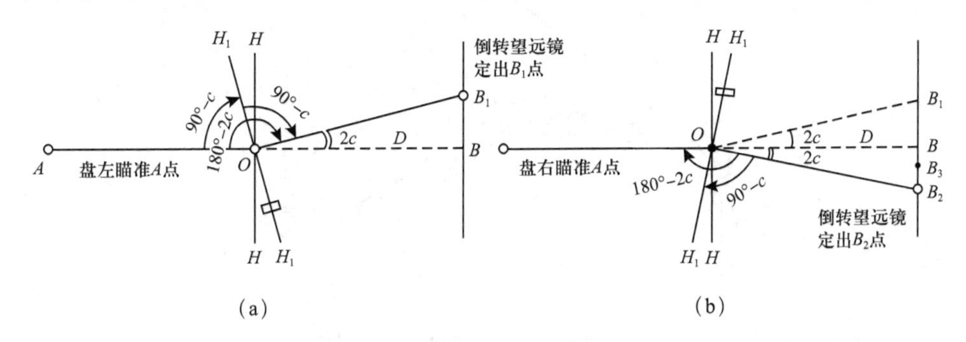

图 4－16　望远镜视准轴检验方法

如果 B_1 与 B_2 两个读数相同，则说明条件满足。如果不相同，由图 4－15 可知，$\angle B_1OB_2=4c$，由此算得

$$C''=B_1B_2\times\rho/4D$$

式中：D 为 O 点到小尺的水平距离，若 $C''>60''$，则必须校正。

校正：在尺上定出一点 B_3，使 $\overline{B_2B_3}=\frac{1}{4}\overline{B_1B_2}$，$OB_3$ 便与水平轴垂直。用拨针拨动目镜处的左右两个十字丝校正螺丝，一松一紧，左右移动十字丝分画板，直到十字丝交点与 B_3 影像重合。这项检验需要反复进行。

4. 水平轴的检验

若水平轴不垂直于竖轴，则视准轴绕倾斜的水平轴旋转所形成的轨迹是一个倾斜面。当照准同一铅垂线上高度不同的目标点时，水平度盘的读数并不相同，从而产生测角误差。

检验方法：在距一垂直墙面 20～30 m 处安置经纬仪，整平仪器，如图 4－17 所示；然后在盘左位置照准墙上部某一明显目标 P，仰角稍大于 30°为宜；再制动照准部，放平望远镜在墙上标定 P_1 点；倒转望远镜成盘右位置，仍照准 P 点，再将望远镜放平，标定 P_2 点。若 P_1 和 P_2 两个点重合，则说明水平轴是水平的，水平轴垂直于竖轴；否则，说明水平轴倾斜，水平轴不垂直于竖轴，需要校正。

5. 竖盘水准管的检验

安置仪器，用盘左、盘右两个镜位观测同一目标点，分别使竖盘指标水准管气泡居中，获取竖盘读数 L 和 R，用式(4－4)计算竖盘指标差 x，若 x 值超过 1′时，应进行校正。

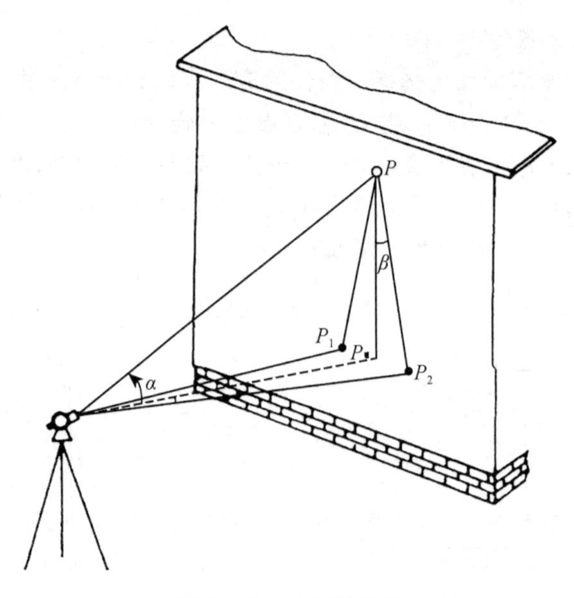

图 4-17　水平轴检验

4.7　水平角度测量误差及注意事项

水平角测量误差的来源主要有仪器误差、安置仪器误差、目标偏心误差、观测误差和外界条件的影响等。

1. 仪器误差

(1) 误差组成

① 由于仪器制造和加工不完善而引起的误差(只能用适当的观测方法予以消除或减弱)。

② 由于仪器检校不完善而引起的误差(可以采用适当的观测方法来消除或减弱其影响)。

(2) 消除或减弱上述误差的具体方法

① 采用盘左、盘右两个位置取平均值的方法,消除视准轴不垂直于水平轴、水平轴不垂直于竖轴和水平度盘偏心等误差的影响。

② 采用变换度盘位置观测并取平均值的方法,减弱由于水平度盘分画不均匀给测量带来的误差影响。

③ 在经纬仪使用之前应严格检校,确保水准管轴垂直于竖轴,同时要特别注意仪器的严格整平。

2. 安置仪器误差

(1) 对中误差。边长越短,偏心距越大,目标偏心误差对水平角观测的影响越大;照准标志越长,倾角越大,偏心距越大。当观测的角值 $\beta'=180°$,偏心方向夹角 $\theta=90°$时,δ 最大。

(2) 整平误差。倾角越大,影响越大。一般规定在观测过程中,水准管偏离零点不应超

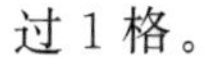

过1格。

3. 目标偏心误差

边长越短，偏心距越大，目标偏心误差对水平角观测的影响愈大；照准标志越长，倾角越大，偏心距越大。因此，在水平角观测中，除注意把标杆立直外，还应尽量照准目标的底部。边长越短，越应注意。

4. 观测误差

(1) 照准误差。影响望远镜照准精度的因素主要是人眼的分辨能力，照准误差一般为2.0″～2.4″。在观测中应尽量消除视差。

(2) 读数误差。读数误差主要取决于仪器的读数设备。读数时必须仔细调节读数显微镜，使度盘与测微尺分画影像清晰；也要仔细调整反光镜，使影像亮度适中。

5. 外界条件的影响

要选择有利的观测时间，避开不利的观测条件，使外界条件的影响降低到较小程度。

思考练习题

1. 名词解释

(1) 水平角　(2) 竖直角　(3) 视准轴　(4) 竖盘指标差

2. 简答题

(1) 经纬仪测站安置工作的内容是什么？简述其目的和步骤。

(2) 简述测回法和方向观测法观测水平角的操作步骤和限差要求。

(3) 经纬仪有哪些主要轴线？它们之间应满足什么关系？

(4) 经纬仪竖直度盘注记形式有几种？写出对应的竖直角计算公式。

3. 计算题

(1) 计算表4-7中测回法水平角观测数据。

表4-7　测回法水平角观测数据

测站	竖盘位置	目标	水平盘读数(° ′ ″)	半测回角值(° ′ ″)	一测回角值(° ′ ″)	各测回平均角值(° ′ ″)
Ⅰ测回0	左	*A*	0　36　24			
		B	108　12　36			
	右	*A*	180　12　36			
		B	288　12　54			
Ⅱ测回0	左	*A*	90　10　00			
		B	197　45　42			
	右	*A*	270　09　48			
		B	17　46　06			

(2) 计算表 4－8 中方向观测法的水平角观测数据。

表 4－8　方向观测法的水平角观测数据

测站	测回数	目标	水平度盘读数		2c＝左－(右±180°)(″)	平均读数＝[左＋(右±180°)]/2(″)	归零后方向值(° ′ ″)	各测回归零方向值的平均值(° ′ ″)	各测回方向间的水平角(° ′ ″)
			盘左读数(° ′ ″)	盘右读数(° ′ ″)					
0	1	A	0 02 36	180 02 36					
		B	70 23 36	250 23 42					
		C	228 19 24	28 19 30					
		D	254 17 54	74 17 54					
		A	0 02 30	180 02 36					
	2	A							
		B							
		C							
		D							
		A							

(3) 整理表 4－9 中竖直角观测记录。

表 4－9　竖直角观测记录

测站	目标	竖盘位置(° ′ ″)	竖盘读数(° ′ ″)	竖直角(° ′ ″)	指标差(° ′ ″)	平均竖直角	备注
0	M		左	75 30 04			顺时针
			右	284 30 17			
	N		左	101 17 23			
			右	258 42 50			

第 5 章

测量误差的基本知识

测量中的任何一个观测量，客观上都存在一个真实值 X（又称之为理论值），简称真值；对该量进行观测所得的值 L 称为观测值。通常将观测值与其真实值之间的差异（不符值）称为真误差 Δ，其数学函数表达式为

$$\Delta = L - X \tag{5-1}$$

在实际测量工作中，无论是测距、测角还是测高差，无论测量仪器多么先进，测量方法多么严密，测量工作者多么认真仔细，如果对某一观测量进行多次反复观测，不同次测量的结果通常都是互有差异的。例如，根据几何原理，平面三角形的三个内角之和理论值应为 180°，但通过测角仪器对同一三角形的三个内角之和进行多次测量，每次测量的结果通常不是 180°，相互间有一定差异。测量误差在测量结果中是不可避免的。

5.1 测量误差

5.1.1 测量误差来源

产生测量误差的原因很多，归结起来主要有以下三个方面。

1. 测量仪器误差

任何一种测量仪器，其在设计、制造、使用等方面都不可能做到十全十美，即每一种测量仪器都具有一定限度的精密度，这必然会带来测量误差。例如，在用刻有厘米分画的普通水准尺进行测量时，就难以保证估读毫米值的完全准确性。另外，仪器本身也存在一定误差，例如，水准测量中的视线不水平误差、经纬仪测角中视准轴不垂直于水平轴的误差及水平轴倾斜误差等，都属于测量仪器误差，它们都会使测量结果产生误差。

2. 观测者人为误差

观测者人为误差是指由于观测者的视觉、听觉等感觉器官的鉴别能力有一定的限度，导致其在仪器安置、照准、读数等方面产生的误差。另外，观测者的技术水平、工作态度也对观测结果的精度有直接影响。例如，在水准测量中，水准尺的毫米估读误差，水平角观测中的仪器对中误差、瞄准误差就属于观测者人为误差。

3. 外界环境条件误差

测量工作都是在一定的外界环境条件下进行的，如地形、温度、风力、大气折光等自然因素都会给观测结果带来一定的影响，而且这些因素又随时发生变化，必然会给测量结果带来测量误差。例如，水准测量的大气折光差就属于由外界条件影响产生的误差。

5.1.2 测量误差的分类

根据测量误差性质的不同，可将其分为粗差、系统误差和偶然误差三大类。

1. 粗差

粗差是一种超限的大量级误差，俗称错误，它是由于观测者使用仪器不正确、操作方法不当、疏忽大意或外界环境条件的干扰而造成的错误的测量结果。比如，观测时瞄错测量目标，读错、记错或算错测量数据等造成的错误；或因外界环境条件发生显著变动而引起的错误。粗差的数值往往偏大，使观测结果显著偏离真值。因此，粗差在观测结果中是不允许存在的。一旦发现观测值含有粗差，应将其中剔除，该观测值必须重测或舍弃。一般来说，只要测量工作者具有高度的责任心、严谨科学的工作态度，严格遵守测量规范，并对观测结果及时作必要的检核、验算，粗差是可以避免和及时发现的。

2. 系统误差

在相同的观测条件下，对某量进行一系列观测，如果测量误差在数值大小和正负符号方面按一定的规律发生变化或保持一特定的常数，这种误差称为系统误差。例如，用一把名义长为 30 m 而实际比 30 m 长出 Δ 的钢卷尺进行距离丈量，量出的结果比实际距离短了，假如测量结果为 D'，则 D' 中含有因尺长不准确而带来的误差为 $-D'\Delta/30$。这种误差的大小与所量直线距离的长度成正比，而且符号始终一致。

3. 偶然误差

在相同的观测条件下，对某量进行一系列观测，如果测量误差在数值大小和正负符号上都没有一致的倾向性，即没有一定的规律性，这种误差称为偶然误差。例如，在用经纬仪测角时，由于受照准误差、读数误差、外界环境条件变化所引起的误差等综合影响，测角误差的大小和正负号都不可预知，即具有一定的偶然性。

在观测过程中，系统误差和偶然误差往往是同时产生的。当观测结果中有显著的系统误差时，偶然误差就居于次要地位，观测误差呈现出系统误差的性质；反之，当观测结果中有显著的偶然误差时，观测误差呈现出偶然误差的性质。由于系统误差在观测结果中具有一定的累积性，对测量结果的影响特别显著，因此在实际工作中应采用各种方法来消除系统误差，或减小其对观测结果的影响，使其处于次要地位，达到可以忽略不计的程度。因此，对一组剔除了粗差的观测值，首先应寻找、判断和排除系统误差，或将其控制在允许范围之内，然后根据偶然误差的特性对该组观测值进行处理，求出与未知量最为接近的值（最或是值），从而评判观测结果的可靠程度。

5.1.3 偶然误差的特性

在一切观测结果中，都不可避免地存在偶然误差。虽然单个偶然误差的表现不具有规律性，但在相同的观测条件下对同一量进行多次观测时，所出现的偶然误差总体而言就会遵循一定的统计规律。故有时又把偶然误差称为随机误差。我们可根据概率原理，应用统计学的方法来分析研究它的特性。

下面介绍一个测量中的例子：在相同的观测条件下，观测了 181 个平面三角形的三个内角。由于观测值结果中存在误差，各三角形的内角观测值之和一般不等于 180°，产生的真误差为 $\Delta_i(i=1,2,\cdots,181)$。设三角形三内角之和的真值为 X，三内角观测值之和为 L，则三角形内角和的真误差为

$$\Delta_i=L_i-X \quad (i=1,2,\cdots,181)$$

现将 181 个三角形内角和的真误差以误差区间 $d\Delta$(间隔)为 0.2″，按其绝对值的大小进行排列，统计出各区间的误差个数 k 及其相对百分率如表 5－1 所列。

表 5－1　误差分布统计表

误差区间 $d\Delta$(″)	负误差		正误差	
	个数(k)	百分数(%)	个数(k)	百分数(%)
0.0～0.2	45	12.6	46	12.8
0.2～0.4	40	11.2	41	11.5
0.4～0.6	33	9.2	33	9.2
0.6～0.8	23	6.4	21	5.9
0.8～1.0	17	4.7	16	4.5
1.0～1.2	13	3.6	13	3.6
1.2～1.4	6	1.7	5	1.4
1.4～1.6	4	1.1	2	0.6
1.6 以上	0	0.0	0	0.0
总数	181	50.5	177	49.5

从表 5－1 的统计结果可以看出，小误差出现的百分率比大误差出现的百分率大，绝对值相等的正负误差出现的百分率相近，误差的最大值不会超过某一特定值(本例为 1.6″)。在其他测量结果中，当观测次数较多时，误差也会显示出同样的规律。因此，在相同观测条件下，当观测值的次数增大到一定量时，就可以总结出偶然误差具有如下统计规律特性：

(1) 在一定的观测条件下，偶然误差的绝对值不会超过一定的限度。

(2) 绝对值小的误差比绝对值大的误差出现的可能性大。

(3) 绝对值相等的正误差和负误差出现的机会相等。

(4) 同一量的等精度观测，其偶然误差的算术平均值随着观测次数的无限增加而趋于

零，即

$$\lim_{n\to\infty}\frac{\Delta_1+\Delta_2+\cdots+\Delta_n}{n}=\lim_{n\to\infty}\frac{[\Delta]}{n}=0 \tag{5-2}$$

式中：n 为观测次数；[ ]表示求和。

上述第四个特征可由第三个特性导出，这说明偶然误差具有相互抵偿性。这个特性对深入研究偶然误差的特性具有十分重要的意义。

为了更充分地反映偶然误差的分布情况，除了用上述误差分布统计表(表 5 - 1)的形式外，还可以用较为直观的图形来表示。若以横坐标表示偶然误差的大小，纵坐标表示各区间误差出现的相对个数 k/n(又称为频率)除以区间的间隔值 $d\Delta$(本例为 0.2″)。每一误差区间上方的长方形面积就代表误差在该区间出现的相对个数。这样就可以绘出误差统计直方图，如图 5 - 1 所示。

若使观测次数 $n\to\infty$，由于误差出现的频率已趋于完全稳定，如果此时把误差区间间隔 $d\Delta$ 无限缩小，即 $d\Delta\to 0$，则直方图顶端连线将变成一条光滑的对称曲线(图 5 - 2)，该曲线就称为误差概率分布曲线(或称为误差分布曲线)。也就是说，在一定的观测条件下，偶然误差对应一个确定的误差分布。在数理统计中，这条曲线称为正态分布密度曲线，又称为高斯偶然误差分布曲线。高斯根据偶然误差的统计特征，推导出了该曲线的方程式，即

$$f(\Delta)=\frac{1}{|m|\sqrt{2\pi}}\mathrm{e}^{\frac{\Delta^2}{2m^2}} \tag{5-3}$$

$y=f(\Delta)$ 称为分布密度；m 称为中误差，在概率统计中，$|m|=\sigma$ 称为均方差。

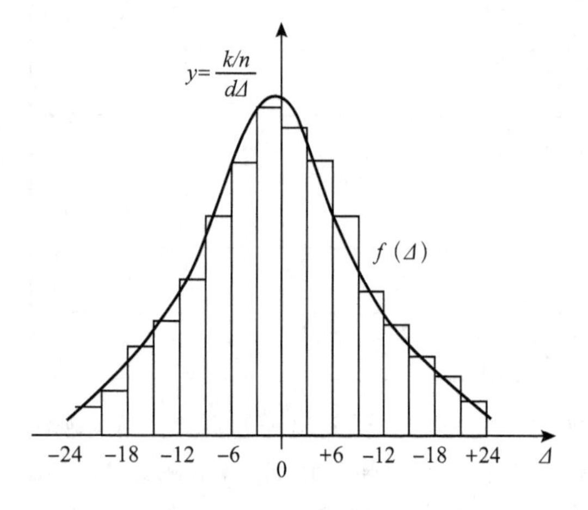

图 5 - 1　误差统计直方图

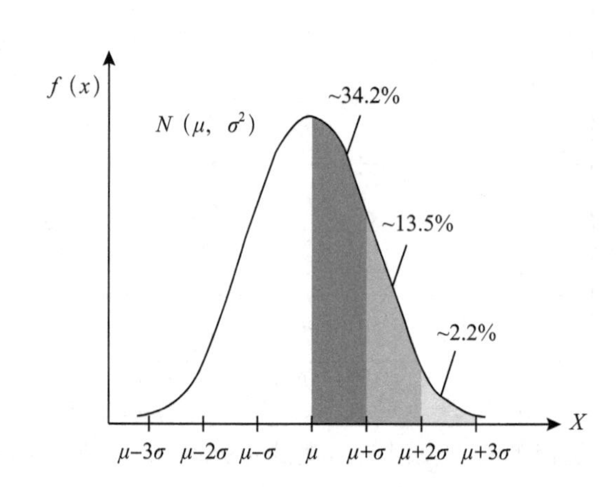

图 5 - 2　误差概率分布曲线

由上述偶然误差分布特点可知，偶然误差不能用计算来改正或不能用一定的观测方法简单地加以消除，只有根据其特性改进观测方法并合理地处理观测数据，才能提高观测结果的质量。

5.2　衡量观测值精度的标准

在任何测量工作中，测量结果都不可避免地存在测量误差，即使在相同的观测条件下，对同一个量进行的多次观测，其结果也不尽相同。因此，测量工作的任务除了获得一个量的观测结果以外，还应对观测结果的优劣程度即精度进行评价。测量中通常用中误差、相对中误差和容许误差作为衡量精度的标准。

5.2.1　中误差

测量中规定，在相同的观测条件下，对同一未知量进行多次(n 次)观测，各个观测值的真误差平方均值的平方根称为观测值的中误差，用 m 表示，其表达式为

$$m=\pm\sqrt{\frac{[\Delta\Delta]}{n}} \tag{5-4}$$

式中：$[\Delta\Delta]=\Delta_1^2+\Delta_2^2+\cdots+\Delta_n^2$；$n$ 为观测次数；中误差 m 亦称均方差，即每个观测值都具有这个精度，在概率统计中常用 σ 来表示。

中误差 m 值的大小不同反映了不同组观测值的精度不一样，其偶然误差的概率分布密度曲线也不同。m 数值越小，表示这组观测值的精度越高，即观测结果的可靠程度越大。如图 5－3 所示，设 $|m_2|>|m_1|$，说明对应于 m_1 的偶然误差列比对应于 m_2 的偶然误差列更密集在原点两侧。由于分布密度曲线与横轴之间的面积皆等于 1，故 $|m_1|$ 对应曲线所截纵轴的位置比 $|m_2|$ 对应曲线的高，说明 m_1 对应观测值的精度比 m_2 所对应观测值的精度要高。

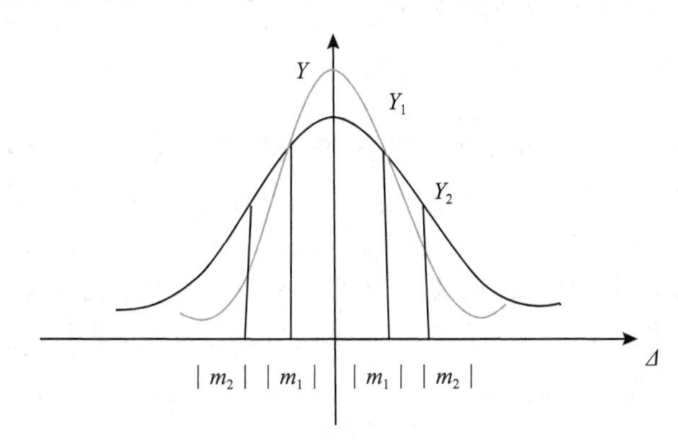

图 5－3　不同精度的中误差曲线

例：在相同观测条件下，两个工作组对某三角形内角和分别作了 10 次观测，观测结果如表 5－2 所列。

根据表 5－2 的数据和中误差计算式(5－4)，可计算出第一组观测值的中误差为

$$m_1=\pm\sqrt{\frac{3^2+2^2+2^2+4^2+1^2+0^2+4^2+3^2+2^2+3^2}{10}}=\pm2.7''$$

表 5-2 两个组对某三角形内角和的观测结果

第一组观测			第二组观测		
次　数	观测值(° ′ ″)	真误差(″)	次　数	观测值(° ′ ″)	真误差(″)
1	180　00　03	+3	1	180　00　00	0
2	180　00　02	+2	2	179　59　59	−1
3	179　59　58	−2	3	180　00　07	+7
4	179　59　56	−4	4	180　00　02	+2
5	180　00　01	+1	5	180　00　01	+1
6	180　00　00	0	6	179　59　59	−1
7	180　00　04	+4	7	179　59　52	−8
8	179　59　57	−3	8	180　00　00	0
9	179　59　58	−2	9	179　59　57	−3
10	180　00　03	+3	10	180　00　01	+1

第二组观测值的中误差为

$$m_2=\pm\sqrt{\frac{3^2+2^2+2^2+4^2+1^2+0^2+4^2+3^2+2^2+3^2}{10}}=\pm 3.6''$$

$|m_1|<|m_2|$，它表明第一组观测值的精度比第二组观测值的精度高，故有理由认为第一组观测结果比第二组观测结果更可靠。

5.2.2 相对中误差

真误差 Δ 及中误差 m 都是绝对误差，但对于衡量测量结果的精度来说，有时单靠中误差 m 还不能完全评价观测结果的优劣情况。例如，用钢尺分别丈量了两段长度为 100 m 和 200 m 的距离，误差都是±10 mm。显然，单从误差来看不能判断丈量这两段距离精度的高低。为了更客观地衡量测量结果的精度，应采用另一种衡量精度的标准，即相对中误差。

相对误差是指中误差 m 的绝对值与相应测量结果 L 之比，是个无量纲数，在测量上通常将分子化为 1，即用 $k=\frac{1}{N}$ 的形式来表示。例如，相对中误差可表示为

$$k=\frac{|m|}{L}=1/(L/|m|) \tag{5-5}$$

则上述两段距离的相对中误差为

$$k_1=\frac{|m_1|}{L_1}=\frac{0.01}{100}=\frac{1}{10\ 000}$$

$$k_2=\frac{|m_2|}{L_2}=\frac{0.01}{200}=\frac{1}{20\ 000}$$

可见 $k_1 > k_2$，后者的精度比前者高。

5.2.3 容许误差

在测量工作中，为了判断一个观测结果是否符合精度要求，往往需要定出测量误差最大不能超出某个限值，通常称这个限值为容许误差或极限误差。

由偶然误差的特性可知，在一定的观测条件下，偶然误差的绝对值不会超过某个限值（容许误差）。在实际工作中，如果某误差超过容许误差，那就说明观测值中除偶然误差以外，还存在粗差和错误，相应的观测值就应舍去不用，需要重测。误差统计规律理论和大量实践表明，在一系列等精度观测中，绝对值大于中误差的偶然误差，其出现的可能性为 30%；绝对值大于两倍中误差的偶然误差，其出现的可能性为 5%；绝对值大于三倍中误差的偶然误差，其出现的可能性为 3‰。因此，测量中常取两倍中误差作为误差的限值，也就是在测量中规定的容许误差（或限差），即

$$\Delta_{容许} = 2m \tag{5-6}$$

在有的测量规范中，取 3 倍中误差作为容许误差。

5.3 误差传播定律

5.2 节讨论了如何根据等精度观测值的真误差来评定观测值精度的问题。但是，在实际测量工作中有许多未知量是不能直接观测而得其值的，而是要依靠直接观测值的某种函数关系间接求出来。例如，某未知点 B 的高程 H_B，是由起始点 A 的高程 H_A 加上从 A 点到 B 点间进行若干站水准测量而得到的观测高差 $h_1, h_2, \cdots, h_n$ 求和得来的。未知点 B 的高程 H_B 是各观测值（$h_1, h_2, \cdots, h_n$）的函数。那么如何根据观测值的中误差去求观测值函数的中误差呢？我们把表述观测值函数的中误差与观测值中误差之间关系的定律称为误差传播定律。设有一般函数：

$$Z = f(x_1, x_2, \cdots, x_n)$$

式中：$x_1, x_2, \cdots, x_n$ 为独立的可直接观测的未知变量。设 x_i 相对应的观测值为 $l_i (i=1, 2, \cdots, n)$，其对应的真误差为 Δ_{x_i}，中误差为 m_i。Z 为不可直接观测的待求未知量，由于 Δ_{x_i} 的存在，函数 Z 产生相应的真误差为 Δ_z，中误差为 m_z。因为 $x_i = l_i - \Delta_{x_i}$，当观测值 x_i 变化为 Δ_{x_i}（真误差）时，函数 Z 也随之变化为 Δ_z（真误差）。即

$$Z + \Delta_z = f(x_1 + \Delta_{x_1}, x_2 + \Delta_{x_2}, \cdots, x_n + \Delta_{x_n})$$

因真误差 Δ_i 都很小，可按泰勒级数公式将上式展开，并取至第一次项得

$$Z + \Delta_z = f(x_1, x_2, \cdots, x_n) + \left(\frac{\partial f}{\partial x_1}\Delta_{x_1} + \frac{\partial f}{\partial x_2}\Delta_{x_2} + \cdots + \frac{\partial f}{\partial x_n}\Delta_{x_n}\right)$$

即

$$\Delta_z = \frac{\partial f}{\partial x_1}\Delta_{x_1} + \frac{\partial f}{\partial x_2}\Delta_{x_2} + \cdots + \frac{\partial f}{\partial x_n}\Delta_{x_n}$$

式中：$\frac{\partial f}{\partial x_i}(i=1,2,\cdots,n)$是函数对各变量所取的偏导数，以变量近似值(观测值)代入计算出数值，它们是常数，则上式 Δ_z 变成$\Delta_{x_1},\Delta_{x_2},\cdots,\Delta_{x_n}$ 的直线函数形式。

为了求得观测值和函数之间的中误差关系，假设对 x_i 进行 k 次独立观测，相应可出 k 个类似的函数式，即

$$\begin{cases}\Delta_z^{(1)}=\frac{\partial f}{\partial x_1}\Delta_{x_1^{(1)}}+\frac{\partial f}{\partial x_2}\Delta_{x_2^{(1)}}+\cdots+\frac{\partial f}{\partial x_n}\Delta_{x_n^{(1)}} \\ \Delta_z^{(2)}=\frac{\partial f}{\partial x_1}\Delta_{x_1^{(2)}}+\frac{\partial f}{\partial x_2}\Delta_{x_2^{(2)}}+\cdots+\frac{\partial f}{\partial x_n}\Delta_{x_n^{(2)}} \\ \vdots \\ \Delta_z^{(k)}=\frac{\partial f}{\partial x_1}\Delta_{x_1^{(k)}}+\frac{\partial f}{\partial x_2}\Delta_{x_2^{(k)}}+\cdots+\frac{\partial f}{\partial x_n}\Delta_{x_n^{(k)}}\end{cases}$$

将以上各式平方后求和，并将式子两边除以 k。另由偶然误差的特性可知，当观测次数 $k\to\infty$时，各偶然误差 Δ_{x_i} 的交叉项总和趋向于零，则有

$$\frac{[\Delta_{z^2}]}{k}=\left(\frac{\partial f}{\partial x_1}\right)^2\frac{[\Delta_{x_1^2}]}{k}+\left(\frac{\partial f}{\partial x_2}\right)^2\frac{[\Delta_{x_2^2}]}{k}+\cdots+\left(\frac{\partial f}{\partial x_n}\right)^2\frac{[\Delta_{x_n^2}]}{k}$$

由式(5－4)代入即为

$$m_z^2=\left(\frac{\partial f}{\partial x_1}\right)^2 m_1^2+\left(\frac{\partial f}{\partial x_2}\right)^2 m_2^2+\cdots+\left(\frac{\partial f}{\partial x_n}\right)^2 m_n^2 \tag{5-7}$$

或

$$m_z=\pm\sqrt{\left(\frac{\partial f}{\partial x_1}\right)^2 m_1^2+\left(\frac{\partial f}{\partial x_2}\right)^2 m_2^2+\cdots+\left(\frac{\partial f}{\partial x_n}\right)^2 m_n^2}$$

式(5－7)就是观测值中误差与函数中误差的一般函数关系式，称为中误差传播公式。根据以上推导过程求出简单函数式的中误差传播公式如表 5－3 所列。

表 5－3　中误差传播公式

函数形式	函数关系式	中误差传播公式
倍数函数	$Z=Ax$	$m_z=\pm Am$
和差函数	$Z=x_1\pm x_2$ $Z=x_1\pm x_2\pm\cdots\pm x_n$	$m_z=\pm\sqrt{m_1^2+m_2^2}$ $m_z=\pm\sqrt{m_1^2+m_2^2+\cdots+m_n^2}$
线性函数	$Z=A_1x_1\pm A_2x_2\pm\cdots\pm A_nx_n$	$m_z=\pm\sqrt{A_1^2m_1^2+A_2^2m_2^2+\cdots+A_n^2m_n^2}$

中误差传播公式在测量中应用十分广泛。利用这些公式不仅可以求得观测值函数的中误差，还可以确定容许误差值的大小以及分析观测结果可能达到的精度等。

在应用中误差传播公式求解观测值函数中误差时，一般需按下列程序进行：一是需要确认观测值之间是否独立，然后才能计算观测值的中误差；二是建立观测值函数关系式，并对函数进行全微分，建立中误差传播公式；三是把数值代入中误差传播公式进行计算。下面举例说明其应用方法。

例 1:在 1∶1 000 地形图上量得 A 与 B 两点间距离 $d_{AB}=45.4$ mm,其中误差 $m_{d_{AB}}=\pm0.3$ mm,求 A 与 B 两点间的实地水平距离 D_{AB} 的值及中误差 $m_{D_{AB}}$。

解:$D_{AB}=1\ 000d_{AB}=1\ 000\times45.4=45\ 400$ mm$=45.4$ m

由表 5-3 倍数函数中误差传播公式得

$m_{D_{AB}}=1\ 000\ m_{d_{AB}}=1\ 000\times(\pm0.3)=\pm0.3$ m

A、B 两点的实地水平距离可写成 $D_{AB}=45.4$ m±0.3 m

例 2:在三角形 ABC 中,直接观测了 $\angle A$、$\angle B$ 两个角,其测角中误差分别为 $m_A=\pm3''$,$m_B=\pm4''$,按公式 $\angle C=180°-\angle A-\angle B$,求得 $\angle C$,试求 $\angle C$ 的中误差 m_c。

解:因为 $\angle C=180°-\angle A-\angle B$,由表 5-3 和差函数中误差传播公式可求得 $\angle C$ 的中误差 m_c 为

$$m_C=\pm\sqrt{m_A^2+m_B^2}=\pm\sqrt{(\pm3)^2+(\pm4)^2}=\pm5''$$

例 3:设 x 为独立观测值 L_1、L_2 和 L_3 的函数,$x=\frac{1}{5}L_1+\frac{3}{5}L_2+\frac{4}{5}L_3$,其中 L_1、L_2 和 L_3 的中误差分别为 $m_1=\pm3$ mm,$m_2=\pm5$ mm,$m_3=\pm6$ mm,试求函数 x 的中误差 m_x。

解:因为函数关系式为

$$x=\frac{1}{5}L_1+\frac{3}{5}L_2+\frac{4}{5}L_3$$

由表 5-3 线性函数中误差传播公式可求得 x 的中误差 m_x 为

$$m_x=\pm\sqrt{\left(\frac{1}{5}\right)^2m_1^2+\left(\frac{3}{5}\right)^2m_2^2+\left(\frac{4}{5}\right)^2m_3^2}=5.7\ \text{mm}$$

例 4:函数式 $\Delta_y=D\sin\alpha$,测得 $D=225.85$ mm±0.06 mm,$\alpha=157°00'30''\pm20''$,求 Δ_y 的中误差 m_{Δ_y}。

解:因为 $\Delta_y=D\sin\alpha$,可见 Δ_y 是 D 及 α 的一般函数。由式(5-7)可得

$$m_{\Delta_y}=\pm\sqrt{\left(\frac{\partial f}{\partial D}\right)^2m_D^2+\left(\frac{\partial f}{\partial\alpha}\right)^2m_\alpha^2}$$

又因 $\frac{\partial f}{\partial D}=\sin\alpha$,$\frac{\partial f}{\partial\alpha}=D\cos\alpha$,所以有

$$\begin{aligned}m_{\Delta_y}&=\pm\sqrt{\sin^2\alpha m_D^2+(D\cos\alpha)^2\left(\frac{m_\alpha}{\rho''}\right)^2}\\&=\pm\sqrt{(0.319)^2\times6+(22\ 585)^2\times(0.920)^2\left(\frac{20''}{206\ 265''}\right)^2}\\&=\pm\sqrt{5.5+4.1}\ \text{cm}=\pm3.1\ \text{cm}\end{aligned}$$

上式演算中 $\rho=206\ 265''$ 是将度、分、秒转化成弧度,即有 1 弧度$=206\ 265''$。

例 5:试用中误差传播公式分析,当视线倾斜时,用视距测量的方法测量水平距离和测量高差的精度情况。

解:(1) 测量水平距离的精度分析

当视线倾斜时,水平距离的函数关系为

$$D=Kl\cos^2\alpha$$

因$\dfrac{\partial D}{\partial l}=K\ \cos^2\alpha$，$\dfrac{\partial D}{\partial\alpha}=-Kl\sin 2\alpha$，则水平距离中误差为

$$m_D=\pm\sqrt{\left(\frac{\partial D}{\partial l}\right)^2 m_l^2+\left(\frac{\partial D}{\partial\alpha}\right)^2\left(\frac{m_\alpha}{\rho''}\right)^2}$$

$$=\pm\sqrt{(K\ \cos^2\alpha)^2 m_l^2+(Kl\sin 2\alpha)^2\left(\frac{m_\alpha}{\rho''}\right)^2}$$

由于上式根式内第二项的值很小，为讨论方便，可忽略不计，则有

$$m_D=\pm\sqrt{(K\cos^2\alpha)^2 m_l^2}=\pm Km_l\cos^2\alpha$$

式中：m_l 为标尺视距间隔 l 的读数中误差；K 为视距常数，对于一般仪器 $K=100$。

因标尺视距间隔 $l=$上丝读数$-$下丝读数，故有

$$m_l=\pm\sqrt{2}m_{读}$$

式中：$m_{读}$为单根视距丝读数的中误差。

由生理实验知，当视角小于 1′时，人的肉眼就无法分辨两点间的距离，可见人眼的最小分辨视角为 60″。DJ_6 经纬仪望远镜放大倍数为 24 倍，则人的肉眼通过望远镜观测时，分辨视角 $\gamma=60''/24=2.5''$。因此，单根视距丝的读数误差为 $2.5''/206\ 265''\times D\approx 12.1\times 10^{-6}D$，以它作为读数误差的 $m_{读}$。

代入水平误差公式后可得

$$m_l=\pm 12.1\times 10^{-6}\ \sqrt{2}D\approx\pm 17.11\times 10^{-6}\ D$$

于是 $m_D=\pm 100\ \cos^2\alpha(\pm 17.11\times 10^{-6}\ D)$

又因视距测量时，一般情况下 α 值都不大，当 α 很小时，$\cos\alpha\approx 1$，可将上式写为

$$m_D=\pm 17.11\times 10^{-4}\ D$$

则相对中误差为

$$k=\frac{m_D}{D}=\pm 17.11\times 10^{-4}=\pm 0.001\ 71\approx 1/584$$

若再考虑其他因素影响，可以认为视距精度为$\dfrac{1}{300}$。

(2) 测量高差的精度分析

当视线倾斜时，视距高差公式为

$$h=\frac{1}{2}\ Kl\sin 2\alpha$$

因$\dfrac{\partial h}{\partial l}=\dfrac{1}{2}K\sin 2\alpha=\dfrac{h}{l}$，$\dfrac{\partial h}{\partial\alpha}=Kl\cos 2\alpha$，故高差 h 的中误差为

$$m_h=\pm\sqrt{\left(\frac{h}{l}\right)^2 m_l^2+(Kl\cos 2\alpha)^2 m_\alpha^2}$$

式中当 $D=100$ m 时，$m_l^2=\pm 292.75\times 10^{-8}$，由于数值太小故忽略不计。

于是
$$m_h = \pm K\ l\cos 2\alpha\ \frac{m_\alpha}{\rho''}$$

当 α 角不大时，$\cos 2\alpha \approx \cos^2\alpha \approx 1$，可将上式改写为

$$m_h = \pm K\ l\cos^2\alpha\ \frac{m_\alpha}{\rho''} = \pm D\ \frac{m_\alpha}{\rho''}$$

若 $m_\alpha = \pm 1'$，$D = 100\ \text{m}$，则

$$m_h = \pm 0.03\ \text{m}$$

即用视距测量的方法每测量 100 m 的距离，相应的高差中误差为 3 cm。其容许误差每 100 m 可达 6 cm。

5.4　等精度直接观测平差

由于测量结果含有不可避免的误差，因此，任何一个独立未知量的真值都是无法求得的。在测量工作中，通常只能求得与未知量的真值最为接近的值(最或是值)，在测量平差中又称为平差值。若对一个未知量进行等精度观测若干次，如何根据未知量的全部观测值来求取它的最或是值，并评定其精度？本节将具体讨论这个问题。

5.4.1　求最或是值

设在相同观测条件下，对某未知量进行了 n 次等精度观测，观测结果为 $L_1, L_2, \cdots, L_n$，相应的真误差为 $\Delta_1, \Delta_2, \cdots, \Delta_n$，未知量的真值为 X，x 为未知量的最或是值，由式(5-1)可得观测值的真误差为

$$\begin{cases} \Delta_1 = L_1 - X \\ \Delta_2 = L_2 - X \\ \quad\vdots \\ \Delta_n = L_n - X \end{cases}$$

将以上各式相加并将两端除以 n 得

$$\frac{[\Delta]}{n} = \frac{[L]}{n} - X \tag{5-8}$$

若令观测值的最或是值 $x = \frac{[L]}{n}$，则有

$$X = x - \frac{[\Delta]}{n}$$

由偶然误差第四个特性可知，当观测次数 n 无限增加时，有 $\lim\limits_{n\to\infty}\frac{[\Delta]}{n} = 0$，则有

$$\lim_{n\to\infty} x = X$$

上式表明，当观测次数 n 趋于无穷时，等精度观测的算术平均值就趋向于未知量的真

值。在实际工作中，观测次数总是有限的，可以认为算术平均值是根据已有的观测数据所能求得的最接近真值的近似值。因此，在等精度观测中，不论观测次数为多少，人们均以全部观测值的简单算术平均值 x 作为未知量的最可靠值，即最或是值。即

$$x=\frac{[L]}{n} \tag{5-9}$$

最或是值与每一个观测值的差值称为该观测值的改正数，即

$$\begin{cases} v_1=x-L_1 \\ v_2=x-L_2 \\ \quad\vdots \\ v_n=x-L_n \end{cases}$$

将以上各式相加得

$$[v]=nx-[L]=n\frac{[L]}{n}-[L]=0 \tag{5-10}$$

即改正数总和为零。式(5-10)可用作计算中的检核。

5.4.2 精度评定

1. 观测值的中误差

由于未知量的真值 X 无法确定，所以真误差 Δ 也是一个未知数，故不能直接用 $m=\pm\sqrt{\frac{[\Delta\Delta]}{n}}$ 求出等精度观测值的中误差。在实际工作中，通常求出的是未知量的最或是值而不是真值，一般都利用观测值的改正数 ν 来计算观测值的中误差。下面将推导出由改正数计算观测值中误差的公式。

观测值真误差为

$$\Delta_i=L_i-X \quad (i=1,2,\cdots,n)$$

观测值改正数为

$$v_i=x-L_i \quad (i=1,2,\cdots,n)$$

两式相加得

$$\Delta_i=(x-X)-v_i \quad (i=1,2,\cdots,n)$$

将上式自乘并求和得

$$[\Delta\Delta]=n(x-X)^2-2(x-X)[v]+[vv] \tag{5-11}$$

上式中的 $(x-X)$ 为观测值的最或是值与真值的差值，即为最或是值的真误差 Δ_x，又因为

$$\Delta_x=x-X=\frac{[L]}{n}-X=\frac{[L-X]}{n}=\frac{[\Delta]}{n}$$

将上式平方得

$$\Delta_x^2=\frac{[\Delta^2]}{n^2}=\frac{1}{n^2}(\Delta_1^2+\Delta_2^2+\cdots+\Delta_n^2+2\Delta_1\Delta_2+2\Delta_1\Delta_3+\cdots)$$

$$=\frac{[\Delta\Delta]}{n^2}+\frac{2}{n}(\Delta_1\Delta_2+\Delta_1\Delta_3+\cdots)$$

由于 $\Delta_1,\Delta_2,\cdots,\Delta_n$ 是彼此独立的偶然误差，故 $\Delta_1\Delta_2,\Delta_1\Delta_3,\cdots$ 也具有偶然误差的性质。当 $n\to\infty$时，$\Delta_1\Delta_2+\Delta_1\Delta_3+\cdots=0$；当 n 为有限的较大值时，$\Delta_1\Delta_2+\Delta_1\Delta_3+\cdots$ 较小，可以忽略不计。又因为$[v]=0$，所以由式(5-11)可得

$$[\Delta\Delta]=n\Delta_x^2+[vv]=\frac{[\Delta\Delta]}{n}+[vv]$$

即

$$\frac{[\Delta\Delta]}{n}=\frac{[\Delta\Delta]}{n^2}+\frac{[vv]}{n}$$

由中误差定义式，上式可写为

$$m^2=\frac{m^2}{n}+\frac{[vv]}{n}$$

故有

$$m=\pm\sqrt{\frac{[vv]}{(n-1)}} \tag{5-12}$$

上式即为利用观测值的改正数来计算等精度观测值的中误差计算公式，又称为贝塞尔公式，它表示同一组观测值中任一观测值都具有相同的精度。

2. 最或是值的中误差

设对某量进行 n 次等精度独立观测，其观测值为 $L_i(i=1,2,\cdots,n)$，观测值误差为 m，最或是值为 x。由式(5-9)有

$$x=\frac{[L]}{n}=\frac{1}{n}L_1+\frac{1}{n}L_2+\cdots+\frac{1}{n}L_n$$

由于 x 是线性函数，根据中误差传播公式可知

$$m_x=\pm\sqrt{\left(\frac{1}{n}\right)^2m^2+\left(\frac{1}{n}\right)^2m^2+\cdots+\left(\frac{1}{n}\right)^2m^2}$$

故

$$m_x=\pm\frac{m}{\sqrt{n}} \tag{5-13}$$

该式即为等精度观测的位置量最或是值的中误差计算公式。由该式可见，最或是值的中误差与观测次数的平方根成反比。因此，增加观测次数可以提高最或是值的精度。

例：设对某段距离等精度观测了 6 次，其测量结果如表 5-4 所列，试求该段距离的最或是值、观测值的中误差及最或是值的中误差。

解：根据式(5-9)，该段距离的最或是值 $x=\frac{[L]}{n}$，即

$$x=\frac{[L]}{n}=\frac{133.643+133.640+133.648+133.652+133.644+133.655}{6}\text{ m}=133.647\text{ m}$$

由观测值的改正数公式 $v_i=x-L_i$，可计算各观测值的改正数及其平方(表 5-4)。

由式(5－12)可求得观测值中误差为

$$m=\pm\sqrt{\frac{[vv]}{(n-1)}}=\pm\sqrt{\frac{164}{6-1}}\ \text{mm}=\pm 6\ \text{mm}$$

表5－4　改正数计算

观测值 L_i/m	观测值改正数 v/mm	改正数平方 vv/mm^2
$L_1=133.643$	+4	16
$L_2=133.640$	+7	49
$L_3=133.648$	−1	1
$L_4=133.652$	−5	25
$L_5=133.644$	+3	9
$L_6=133.655$	−8	64
[ ]	0	164

由式(5－13)可求得最或是值中误差为

$$m_x=\pm\frac{m}{\sqrt{n}}=\pm\frac{6}{\sqrt{6}}\ \text{mm}=\pm 2\ \text{mm}$$

在以上计算中,可用$[v]=0$来检查改正数v计算的正确性。

5.5　测量平差与最小二乘法原理

5.5.1　测量平差

为了检查和发现观测值粗差,提高观测值精度,测量工作中广泛采用了多余观测的方法,使观测值的个数大于必要观测的次数。由于偶然误差的存在,多余观测值与理论值之间产生了不符值。例如,在测量一平面三角形中,若测量两个角,则第三个角值就可以计算出来,对第三个角度的观测则为多余观测。往往所测得的三内角相加之和不等于180°,产生了不符值。测量平差的任务:一是对观测值及其函数值的精度作出估算,二是消除观测值之间的矛盾,求出未知量的最或是值。

5.5.2　最小二乘法的原理

通过一组含有观测误差的观测值求待求量的最佳估值是测量平差的基本任务。设观测值向量为$\boldsymbol{L}$,观测值向量的真值向量为$\boldsymbol{X}$,观测误差向量为$\boldsymbol{\Delta}$,根据测量误差的定义有$\boldsymbol{\Delta}=\boldsymbol{L}-\boldsymbol{X}$。由于观测值$\boldsymbol{L}$存在观测误差$\boldsymbol{\Delta}$,观测值的真值$\boldsymbol{X}$无法直接量取,在真值$\boldsymbol{X}$未知时,观测误差$\boldsymbol{\Delta}$也无法求得,所以实际$\boldsymbol{\Delta}=\boldsymbol{L}-\boldsymbol{X}$具有两个未知向量,只有确定了其中一个未知向量,才能求出第二个未知向量。

虽然观测值的真误差无法得到,但通过相应的函数关系,一些观测值函数的真误差可以求出。下面以求平面三角形三内角耦合的观测真误差为例加以说明。

设一平面三角形三内角的观测值分别为 L_1、L_2 和 L_3，其真值分别为 X_1、X_2 和 X_3，其观测方差阵为

$$\boldsymbol{D}=\begin{bmatrix}\sigma_{11}^2 & \sigma_{12}^2 & \sigma_{13}^2\\ \sigma_{21}^2 & \sigma_{22}^2 & \sigma_{23}^2\\ \sigma_{31}^2 & \sigma_{32}^2 & \sigma_{33}^2\end{bmatrix}\quad \text{或}\quad \boldsymbol{D}=\sigma_0^2\begin{bmatrix}Q_{11} & Q_{21} & Q_{13}\\ Q_{12} & Q_{22} & Q_{23}\\ Q_{13} & Q_{23} & Q_{33}\end{bmatrix}=\sigma_0^2\boldsymbol{Q}$$

式中：σ_{ij}^2、Q_{ij} 分别表示观测值的方差和协因数。由平面三角形三内角之和的真值为 180°可知：

$$X_1+X_2+X_3-180°=0°$$

将 $X_i=L_i-\Delta_i(i=1,2,3)$ 代入上式得

$$\omega-\Delta_1-\Delta_2-\Delta_3=0°$$

式中：ω 为三角形的闭合差，且 ω 为

$$\omega=(L_1+L_2+L_3)-180°$$

由以上式子可求出三角形三内角之和的真误差，即

$$\omega=\Delta_1+\Delta_2+\Delta_3$$

利用三角形内角和的真误差 ω 可估求三角形中每个内角的真误差。

由线性代数知，$X_1+X_2+X_3-180°=0°$是一相容方程，即由该方程可以解出满足它的解有无穷多组，即它的解不是唯一的。要求得方程的唯一解，在真值未知的情况下，测量工作中采用“最小二乘法准则”来求解方程的估值，其表达形式为

$$\Phi=\boldsymbol{\Delta}^{\mathrm{T}}\boldsymbol{D}^{-1}\boldsymbol{\Delta}=\min \tag{5-14}$$

式中：$\boldsymbol{\Delta}$ 是观测随机误差向量；$\boldsymbol{D}$ 是它的先验协方差阵，它是顾及观测向量先验性质的一个准则。

因为

$$\boldsymbol{D}=\sigma_0^2\boldsymbol{Q}=\sigma_0^2\boldsymbol{P}^{-1}\quad \text{或}\quad \boldsymbol{D}^{-1}=\frac{1}{\sigma_0^2}\boldsymbol{Q}^{-1}=\frac{1}{\sigma_0^2}\boldsymbol{P}$$

式中：σ_0^2是一个纯量因子；$\boldsymbol{P}$ 为先验权阵。要使式(5-14)成立，也就相当于要求下式成立，即

$$\Phi=\hat{\boldsymbol{\Delta}}^{\mathrm{T}}\boldsymbol{D}^{-1}\hat{\boldsymbol{\Delta}}=\min \tag{5-15}$$

在上述估计准则下求得的 $\boldsymbol{\Delta}$ 解称为 $\boldsymbol{\Delta}$ 估值。通常用符号 $\hat{\boldsymbol{\Delta}}$ 表示 $\boldsymbol{\Delta}$ 的估值，并在习惯上用 $\boldsymbol{V}$ 代替 $\hat{\boldsymbol{\Delta}}$。所以通常将式(5-14)和(5-15)写成

$$\Phi=\boldsymbol{V}^{\mathrm{T}}\boldsymbol{D}^{-1}\boldsymbol{V}=\min \tag{5-16}$$

或

$$\Phi=\boldsymbol{V}^{\mathrm{T}}\boldsymbol{P}\boldsymbol{V}=\min \tag{5-17}$$

由于在测量平差中求得的是观测误差 $\boldsymbol{\Delta}$ 的估值 $\boldsymbol{V}$，所以观测量真值向量的估值公式可表示为

$$\boldsymbol{X}=\boldsymbol{L}+\boldsymbol{V} \tag{5-18}$$

式中：$\boldsymbol{X}$ 是对观测量真值向量进行估计的结果，称为观测值向量 $\boldsymbol{L}$ 的估值向量，或观测向量的最或是值向量、观测值的平差值向量；$\boldsymbol{V}$ 称为观测值的改正数向量或残差向量，简称为改正数向量或残差向量。

根据最小二乘法准则进行的估计称为最小二乘估计，按此准则求得一组估值的过程称为最小二乘法平差，由此而得到的一组估值是满足方程的唯一解。

应用上面给出的最小二乘法准则，并不需要知道观测向量是属于什么概率分布的随机向量，而只需知道它的先验协方差 $\boldsymbol{D}$ 或先验权阵 $\boldsymbol{P}$ 就可以。

式(5－16)、式(5－17)中的 $\boldsymbol{D}$ 和 $\boldsymbol{P}$ 如果不是对角阵，则表示观测值是相关的，按此准则进行的平差即为相关观测平差；如果是对角阵，则表示观测值是彼此不相关的，此时的平差称为独立观测平差。

当观测值不相关，即 $\boldsymbol{P}$ 为对角阵时，则式(5－17)的纯量式为

$$\Phi = \boldsymbol{V}^{\mathrm{T}}\boldsymbol{P}\boldsymbol{V} = \sum\nolimits_{i=1}^{n} P_i V_i^2 = P_1 V_1^2 + P_2 V_2^2 + \cdots + P_n V_n^2 = \min$$

当观测值不相关，且为等精度观测时，则 $\boldsymbol{P}$ 为单位矩阵，即 $\boldsymbol{P}=\boldsymbol{I}$ 时，则有

$$\Phi = \boldsymbol{V}^{\mathrm{T}}\boldsymbol{P}\boldsymbol{V} = \sum\nolimits_{i=1}^{n} V_i^2 = V_1^2 + V_2^2 + \cdots + V_n^2 = \min$$

最小二乘估计方法应用十分广泛，它具有以下优点：

(1) 只需要知道观测向量 $\boldsymbol{L}$ 的先验性质，如先验权阵 $\boldsymbol{P}$(或先验协方阵 $\boldsymbol{D}$)，而不需要事先知道它们属于什么分布。因此，这种方法只要求最少的统计信息，可以应用于很多数据处理问题。

(2) 能得到一组具有多余观测的线性代数方程的最优解。

(3) 对于平差问题可以求得一组唯一解。

(4) 所导出方程的系数阵是对称和可逆的。

5.5.3 最小二乘法的应用

例：测得某平面三角形的三个内角观测值为 $a=46°32'15''$，$b=69°18'45''$，$c=64°08'42''$，其闭合差 $f=a+b+c-180°=-18''$。为了消除闭合差，求得各角的最或是值，需要分别对三角形各个内角观测值加上改正数。

解：设 ν_a、ν_b 和 ν_c 分别为观测值 a、b 和 c 的改正数，于是

$$(a+\nu_a)+(b+\nu_b)+(c+\nu_c)-180°=0°$$

式中：

$$\nu_a+\nu_b+\nu_c=+18'' \tag{5-19}$$

实际上，满足上式的改正数可以有无限多组，如表 5－5 所列。

表 5－5 改正数值

改正数	第 1 组	第 2 组	第 3 组	第 4 组	第 5 组	…
ν_a	$+6''$	$+4''$	$-4''$	$+3''$	$+6''$	…
ν_b	$+6''$	$+20''$	$+16''$	$-1''$	$+5''$	…
ν_c	$+6''$	$-6''$	$+6''$	$+16''$	$+7''$	…
$[vv]$	108	452	308	266	110	…

按照最小二乘法原理，选择其中$[vv]=\min$(最小)的一组改正数，分别改正三角形各内角观测值，即得各内角的最或是值。

表 5－5 中第 1 组改正数的$[vv]=108$ 为最小的一组，故取该组改正数来改正三角形内角观测值，可得各角的最或是值 A、B 和 C 分别为

$$A=a+\nu_a=46°32'15''+6''=46°32'21''$$

$$B=b+\nu_b=69°18'45''+6''=69°18'21''$$

$$C=c+\nu_c=64°08'42''+6''=64°08'48''$$

改正后各内角最或是值之和为 180°。

然而，在实际工作中，不可能列出许多组改正数来逐一试求，而是用求条件极值的方法来计算符合$[vv]=\min$ 的一组改正数。具体方法如下：

将式(5－19)写成

$$\nu_a+\nu_b+\nu_c+f=0 \tag{5-20}$$

式中：$f=-18''$。根据$[vv]=\min$，并对式(5－20)输入拉格朗日系数$-2K$，列出方程：

$$Q=[vv]-2K(\nu_a+\nu_b+\nu_c+f)=0$$

或

$$Q=v_a^2+v_b^2+\nu_c^2-2K\nu_a-2K\nu_b-2K\nu_c-2Kf=\min$$

取一阶导数为零，即

$$\begin{cases}\dfrac{\partial Q}{\partial \nu_a}=2\nu_a-2K=0\\ \dfrac{\partial Q}{\partial \nu_b}=2\nu_b-2K=0\\ \dfrac{\partial Q}{\partial \nu_c}=2\nu_c-2K=0\end{cases}$$

由上式可知

$$K=\nu_a=\nu_b=\nu_c$$

代入式(5－20)得

$$3K+f=0$$

$$K=-\frac{f}{3}$$

于是

$$\nu_a=\nu_b=\nu_c=-\frac{-18''}{3}=-6''$$

此结果与直接计算的结果相同，也验证了最小二乘法原理与算术平均值原理的一致性。

思考练习题

1. 名词解释

(1) 系统误差　(2) 偶然误差　(3) 中误差　(4) 误差传播定律

2. 简答题

(1) 系统误差和偶然误差有什么不同？偶然误差有哪些特性？

(2) 什么是观测精度？为什么中误差能作为衡量精度的标准？

(3) 为什么说观测次数越多，其平均值越接近真值？其理论依据是什么？

(4) 什么是容许误差？容许误差在实际工作中起什么作用？

3. 计算题

(1) 函数 $Z=Z_1+Z_2$，$Z_1=x+2y$，$Z_2=2x-y$，x 和 y 相互独立，其中 $m_x=m_y=m$，求 m_z。

(2) 在图上量得一个圆的半径 $r=25.50$ mm，已知测量中误差 $m_r=\pm 0.05$ mm，求圆面积的中误差是多少？

(3) 若测角中误差为 $\pm 20''$，试求 n 边形内角和的中误差是多少？

(4) 在一个三角形中观测了 α、β 两个内角，其中误差为 $m_\alpha=\pm 20''$，$m_\beta=\pm 10''$，另一个内角 γ 由 $\gamma=180°-\alpha-\beta$ 求得。问 γ 角的中误差是多少？

(5) 在相同的观测条件下，对同一距离进行了 6 次测量，其结果分别是 200.535 m、200.548 m、200.532 m、200.529 m、200.550 m、200.537 m，试求结果的最或是值、第二次测量中误差、最或是值中误差及其相对中误差。

(6) 观测一个水平角 6 个测回，其观测值分别为 75°25′18″、75°25′36″、75°25′24″、75°25′24″、75°25′12″、75°25′18″，试求该水平角的最或是值、最或是值中误差及观测 1 测回的中误差。

第6章

小地区控制测量

6.1 概 述

控制测量分为平面控制测量和高程控制测量。测定控制点平面位置的工作称为平面控制测量,采用的主要方法是导线测量、三角测量和三边测量。测定控制点高程的工作称为高程控制测量,采用的主要方法是水准测量和三角高程测量。

6.1.1 国家基本控制网

精确的地形图对于国家管理和国家天然资源的开发都是必要的,要将全中国的领土统一绘制成图,控制点的布设方法非常重要。为了在国家领土上建立必要密度的测量控制点网,就必须布设相当数量的控制点。为了满足以最短时间和最少费用充分精密地测定最多数目控制点的要求,必须遵循由整体过渡到局部的原则,采用分级布设的方法才能达到目的。

我国的平面控制测量是以三角测量的方式分级布设的,按照测量精度的不同,分为一等三角测量、二等三角测量、三等三角测量和四等三角测量,由高级向低级逐步建立。我国的高程控制测量是以水准测量的方式分级布设的,按照测量精度的不同,分为一等水准测量、二等水准测量、三等水准测量和四等水准测量,也是由高级向低级逐步建立的。

1. 平面控制测量

传统的平面控制测量方法包括:三角测量、三边测量和导线测量。

(1) 三角测量

如图6-1所示,将控制点组成连续的三角形,观测所有三角形的水平内角以及至少一条三角边的长度(基线)。其余各边的长度均从基线开始按边角关系推算,然后根据正弦定理推算各边边长,再依据起算边两端点的坐标计算出各控制点的坐标。这些控制点称为三角点,各三角形连成锁状的称三角锁,构成网状的称三角网。

(2) 导线测量

如图6-2所示,将控制点连接成折线,测定每边边长和转折角,再依据起算边两端点的坐标计算出各控制点的坐标。这些控制点称为导线点，各导线点连成线状的称为单一导线，构成网状的称导线网。

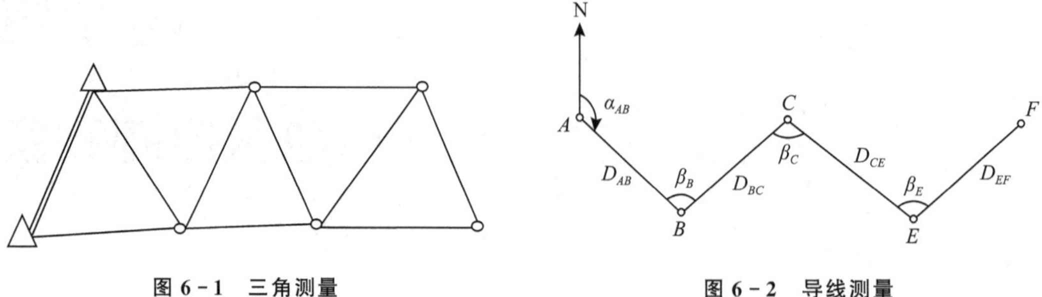

图 6-1　三角测量　　**图 6-2　导线测量**

我国的平面控制测量采用的控制形式是三角测量。由于我国幅员辽阔，故不能采用全面布网的方案，而是采用由高级到低级、由整体到局部的原则，即先建立高精度的三角锁，然后补充精度较低的三角网，逐级控制，这样把三角测量分为一、二、三、四等。一等沿经线或纬线布设成纵横交错的三角锁，二等以三角网形式补充在一等锁里面(图 6-3)，三、四等以插网或插点的形式加密在一、二等锁(网)里面(图 6-4)。一等锁精度最高，它除了作二、三、四等三角网的控制外，还为研究地球的形状和大小提供资料；二等三角网作为三、四等三角网的基础；三、四等三角网用于测图时进一步加密控制。

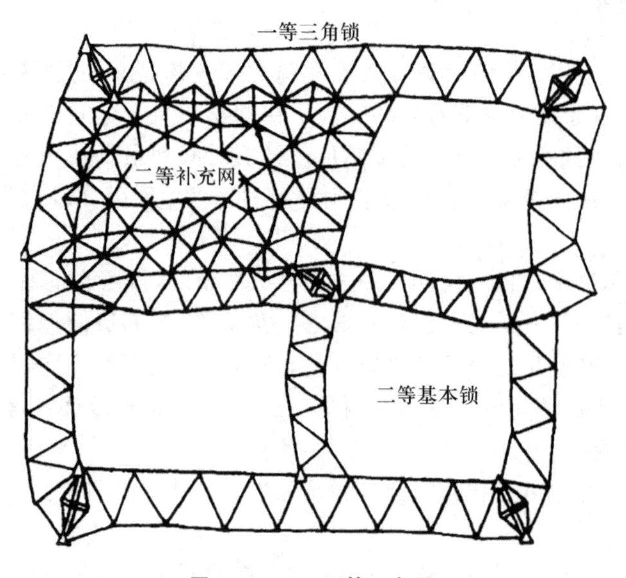

图 6-3　一、二等三角网

(3) 三边测量

与三角测量基本相同，三边测量是建立水平控制网的一种方法，但不观测水平角，而是利用电磁波测距仪或激光测距仪直接测定各三角形的边长。三边测量根据三角学原理推算各三角形的顶角，进而计算出各边的方位角和各点的坐标。

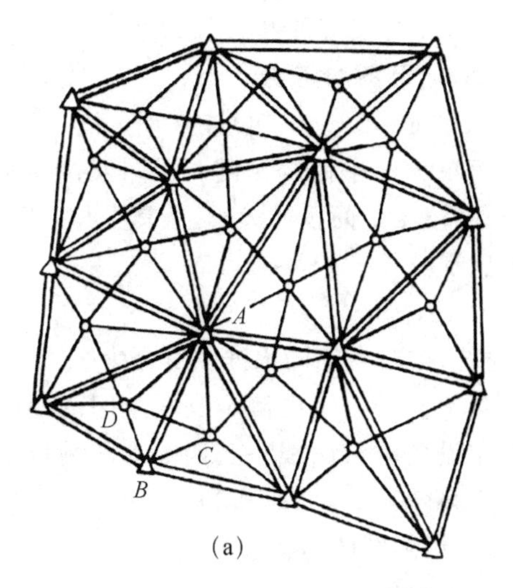

(a)

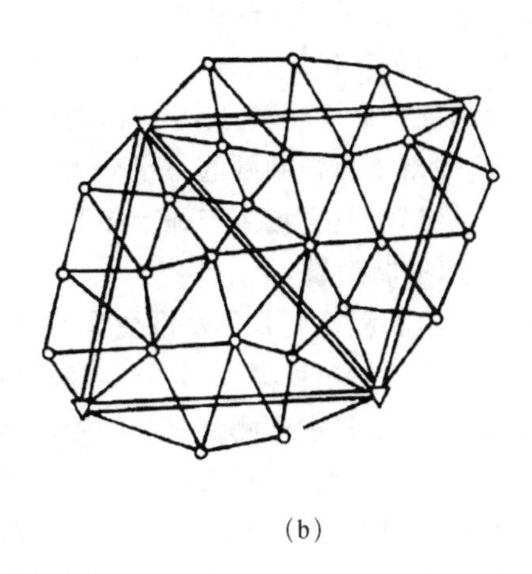
(b)

图6-4　三、四等三角网

由于用三边测量方法布设锁网不进行角度测量，推算方位角的误差易于迅速积累，所以需要通过大地天文测量测设较密的起始方位角，以提高三边测量锁网的方位精度。此外，在三角测量中，可以用三角形的三角之和应等于其理论值这一条件作为三角测量的内部校核，而测边三角形则无此校核条件，这是三边测量的缺点。1979年出现了三波长电磁波测距仪，测量精度提高了一个数量级。随着这种仪器的推广，三边测量得到了广泛的应用。当作业期间的天气条件不利于角度观测时，用微波测距仪建立二等或更低等的三边测量锁网则有较高的经济效益。工程测量中正在采用激光测距仪或红外测距仪布设短边的三边测量控制网。

(4) 边角测量

为了特殊目的布设高精度大地测量控制锁网时，可以测量每个三角形的三边和三角，再于其中加测适当密度的天文点以提供方位控制。这种方法称为边角测量。观测三角形内角和全部或若干边长的称为边角网。这样的锁网不存在尺度误差积累，对方位误差积累也有所控制，故其精度极高。

边角测量工作进行的原则是从整体到局部。“整体”是指控制测量，其目的是在整个测区范围内用比较精密的仪器和严密的方法测定少量大致均匀分布的点位的精确位置，包括点的平面位置(x，y)和高程(H)，前者称为平面控制测量，后者称为高程控制测量。点的平面位置和高程也可以同时测定。“局部”是指细部测量，是在控制测量的基础上，为了测绘地形图而测定大量地物点和地形点的位置，或为了地籍测量测定大量界址点的位置，或为了建筑工程的施工放样而进行大量设计点位的现场测设。细部测量可以在全面控制测量的基础上分别进行或分期进行，但仍能保证其整体性和必要性的精度。对于分等级布设的控制网而言，上级控制网是“整体”，下级控制网是“局部”。

平面控制网从整体到局部分等级进行布设。我国原有的国家控制网是一等天文大地锁网，在全国范围内大致沿经线和纬线方向布设，形成间距约200 km的格网，三角形的平均边长约为 20 km;然后逐步加密至平均边长约为 8 km 的三等网和边长为 2～5 km 的四等网逐步加密,主要为满足国家 1∶10 000～1∶5 000 地形图的需要。

在城市和工程建设地区,为了测绘更大比例尺的 1∶2 000～1∶500 地形图,或对城市工程建设的施工放样和变形观测等,需要布设密度更大的平面控制网。在国家控制网的统一控制下,城市平面控制网的布设分为二、三、四等(按城市面积的大小,从其中某一等开始)和一、二、三级,以及直接用于地形图测绘的图根控制。

2. 高程控制测量

国家基本高程控制是用水准测量的方法建立的,按精度不同水准测量分为一、二、三、四等。一等水准测量精度最高,是国家高程控制的骨干。一等水准测量是在全国范围内布设成环形水准网,二等水准测量是在一等水准环内布设成附合路线,三、四等水准测量以附合路线形式加密水准点。一、二等水准测量主要用于科学研究,同时作为三、四等水准测量的起算依据;三、四等水准测量主要用于工程建设和地形测图的高程起算点。

布设原则是,从高级到低级,从整体到局部,逐步加密。

国家水准网分为一、二(精密)三、四等。一等水准网在全国范围内沿主要干道和河流等布设成格网形的高程控制网,然后用二等水准网进行加密,作为全国各地的高程控制。三、四等水准网按各地区的测绘需要而布设。

6.1.2 图根控制测量

为了测绘大比例尺地形图,需要在测区布设大量控制点,这些为测图而布设的控制点称为图根控制点。图根平面控制可以根据测区内的已知高级控制点用三角锁、经纬仪导线、光电导线或交会测量的形式进行加密;高程可以用等外水准测量或三角高程测量的方法测定。如果测区内没有已知点,则应布设独立的小三角测量或导线测量作为首级控制,其起始点坐标可以假定,起始边方位角用罗盘仪测定;或者测定其天文方位角,然后在此基础上按需要加密图根点。

作为地形控制的小三角测量,可根据边长情况分为一级小三角测量、二级小三角测量和图根三角测量。地形控制也可以采用导线测量,相应也分为一级导线测量、二级导线测量和图根导线测量。小三角测量和图根导线测量的主要技术指标分别如表 6-1、表 6-2 所列。

表 6-1 小三角测量技术参数

等级	平均边长/km	测角中误差/(″)	起始边边长相对中误差	最弱边边长相对中误差	测回数		三角形最大闭合差/(″)
					DJ_6	DJ_2	
一级	1	5	1/40 000	1/20 000	6	2	15
二级	0.5	10	1/20 000	1/10 000	3	1	30
图根三角	小于测图最大视距 1.7 倍	20	1/10 000	1/5 000	1		60

表6-2　图根导线测量技术参数

等级	附合导线长度/km	测角中误差/(″)	起始边边长相对中误差	最弱边边长相对中误差	测回数		三角形最大闭合差/(″)
					DJ_6	DJ_2	
一级	2.4	6	1/10 000	1/10 000	4	2	15
二级	1.2	12	1/5 000	1/5 000	2	1	30
图根导线	小于 Mm(M 为比例尺分母)	40	1/3 000	1/3 000	1		60

6.2　导线测量和导线计算

6.2.1　导线概述

将测区内相邻控制点连成直线而构成的折线称为导线。这些控制点称为导线点。导线测量是平面控制测量常用的一种布设形式。导线边的边长可用钢尺丈量、电磁波测距或光学视距测量等方法测定;相邻两导线边之间的水平角称为转折角。导线测量就是依次测定各导线边的长度和各转折角值;根据起算数据推算各边的坐标方位角,从而求出各导线点的坐标。

用经纬仪测量转折角,用钢尺测定边长的导线,称为经纬仪导线;若用光电测距仪测定导线边长,则称为电磁波测距导线。

导线测量是建立小地区平面控制网常用的一种方法,特别是在地物分布较复杂的建筑区、视线障碍较多的隐蔽区和带状地区,多采用导线测量的方法。

根据测区的不同情况和要求,导线可布设成下列3种形式。

1. 附合导线

附合导线是指从一个已知点出发,经过多个未知点,到另外一个已知点结束的导线,导线两端连接于已知控制点 B 和 C。

(1) 单定向导线是指一端有已知点坐标和已知方位角,另一端(终点)虽为已知点,但无已知方位角的附和导线,如图6-5所示。

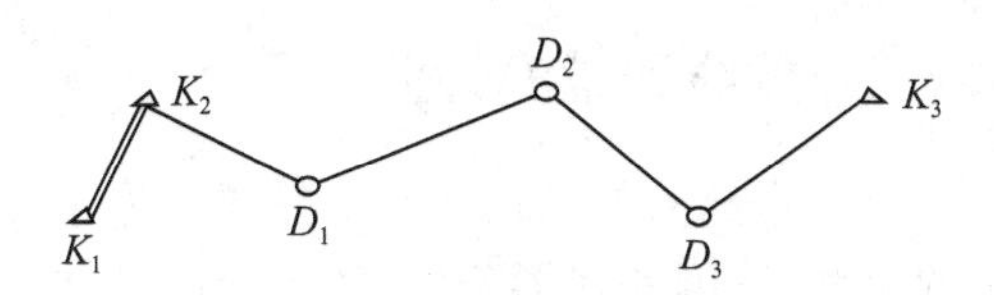

图6-5　单定向附合导线

(2) 双定向附和导线是指导线两端各有已知点坐标和已知方位角的附和导线,如图6-6所示。

(3) 无定向导线是指导线两端都是已知点,但缺少已知方位角的附和导线,如图6-7所示。

无定向导线没有方位角,附和于两个已知点上。其精度比双定向附合导线低,但是比支导线高,例如,地铁施工时采用的两井定向就是无定向导线。

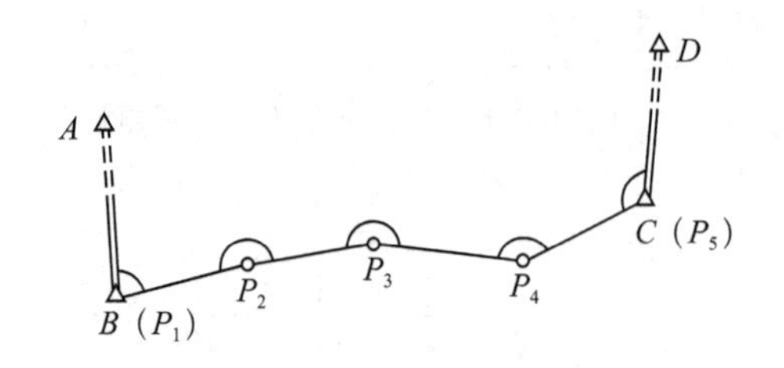

图 6－6　双定向附合导线

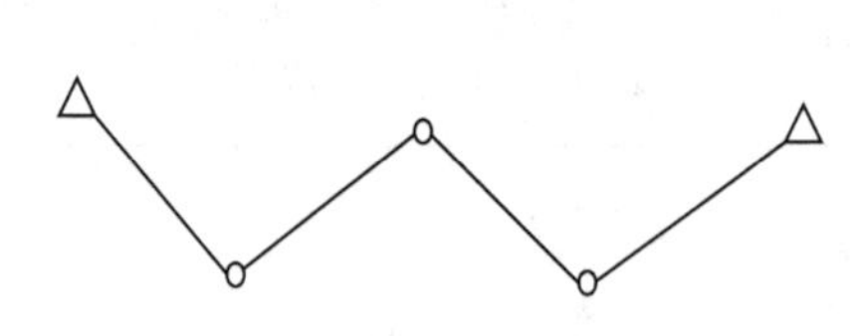

图 6－7　无定向附合导线

2. 闭合导线

闭合导线是指从一个已知控制点 A 出发，经过多个未知点，最后回到 A 点，形成一个闭合的导，如图 6－8 所示。

3. 支导线

支导线是指从一个已知控制点和 CD 边的已知角 α_{CD} 出发，延伸出去的导线，既不回到原有已知点，也不到另外已知点的导线。

支导线的缺点是，缺乏观测数据的验核，只限于图根导线和地下工程导线，如图 6－9 所示。

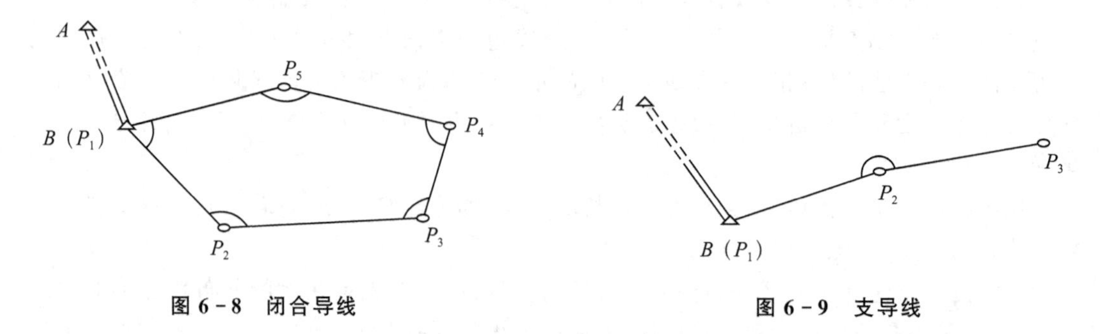

图 6－8　闭合导线　　　　图 6－9　支导线

导线测量的主要优点是布置起来方便、灵活，在平坦而隐蔽的地区以及城市和建筑区，布设导线具有很大的优越性。但是导线测量也存在一些缺点，其中比较突出的就是量距工作十分繁重。然而随着光电测距仪的普及，量距工作已变得轻松、快捷，现在导线测量被广泛应用于各种测量中。

6.2.2　导线测量的外业工作

导线测量的外业包括选点并建立标志、测角和量距。首先对测区进行野外踏勘，了解测区的位置、范围和地形条件，收集测区的国家控制点资料和地形图资料；然后根据资料在室内设计导线布设方案；经讨论修改之后，即可到实地选定各点的位置并进行测量。对于小地区测图，可以到实地直接选定导线测量的路线和定位。

1. 选点并建立标志

收集测区资料(旧的地形图和控制点)→图上规划→现场踏勘。

选点时要注意满足下列条件：

(1) 导线点应选在地势较高、视野开阔、适于仪器安置、便于保存的地方。

(2) 相邻导线点之间应互相通视(如果是钢尺量距,则要求相邻点之间的地面坡度比较均匀)。

(3) 导线点位应分布均匀,便于整体控制和细部测量,且相邻导线边长不宜相差过大。

导线点位置选好后,要在地面上标定下来,根据现场条件打入木桩、混凝土标识或大铁钉。一般方法是打入木桩并在桩顶中心钉一个小铁钉。对于需要长期保存的导线点,应埋入石桩或混凝土桩,桩顶刻凿"十"字或铸入有"十"字的钢筋,如图6-10所示。

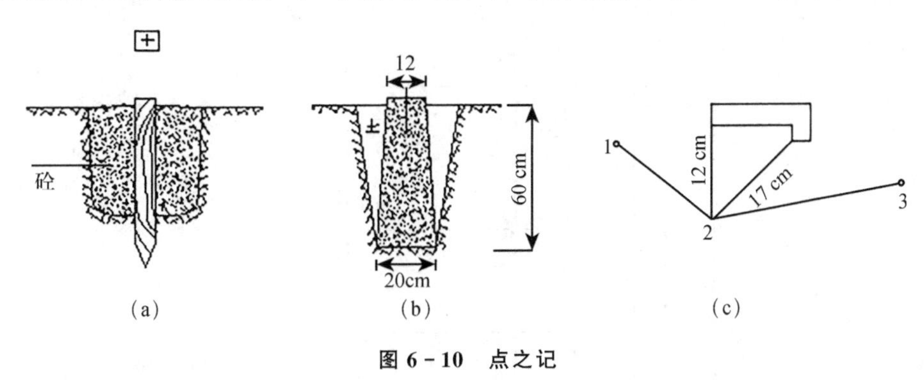

图6-10　点之记

2. 测角

导线中两相邻导线边所夹的水平角称为导线的转折角。对单一导线而言,导线的转折角分为左转折角和右转折角。沿着导线前进的方向,位于左边的转折角称为左转折角;反之为右转折角。同一导线点上左、右转折角之和应等于360°。对于导线转折角的测量,可视其需要观测左、右转折角即可。测角的方法应根据具体情况而定。当导线点上只有两个观测方向时,可用测回法观测;当一个导线点上的观测方向超过两个时,应采用方向观测法。

3. 量距

通常用量距工具直接量取导线边,可用钢卷尺丈量、光电测距仪或视距测量等方法测定。这些方法的选用应根据导线所要求的精度、作业地区的条件以及仪器设备情况而定。边长要进行往返测量。

6.2.3　导线测量的内业计算

导线测量的目的是获得各控制点的平面直角坐标。外业完成后,应根据已知点的坐标和外业观测数据计算出导线点的坐标。在计算坐标之前,先检查外业记录和计算是否正确,观测结果是否符合精度要求。检查无误后,绘制导线略图,将观测结果整理后填入略图中。

1. 坐标计算原理

如图6-11所示,已知A点坐标(x_A,y_A),边长D_{AB}和坐标方位角α_{AB},计算B点坐标,则

$$\begin{cases} x_B = x_A + \Delta x_{AB} \\ y_B = y_A + \Delta y_{AB} \end{cases} \tag{6-1}$$

$$\begin{cases}\Delta x_{AB}=D_{AB}\cos\alpha_{AB}\\ \Delta y_{AB}=D_{AB}\sin\alpha_{AB}\end{cases} \tag{6-2}$$

所以式(6-1)又可写成

$$\begin{cases}x_B=x_A+D_{AB}\cos\alpha_{AB}\\ y_B=y_A+D_{AB}\sin\alpha_{AB}\end{cases} \tag{6-3}$$

式中:Δx_{AB} 和 Δy_{AB} 称为坐标增量。

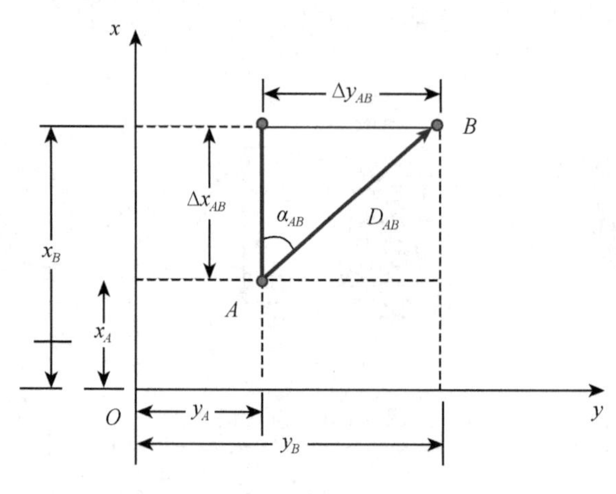

图 6-11　坐标计算原理

2. 闭合导线的坐标计算(表 6-3)

导线测量的外业测定了闭合导线的边长与转折角,它的坐标计算过程如下。

(1) 角度闭合差计算与调整

n 边形闭合导线转折角(内角)理论值 $\beta_{理}$ 之和为

$$\sum\beta_{理}=(n-2)\times 180^{\circ} \tag{6-4}$$

由于导线水平角观测中不可避免地含有误差,故内角之和不等于理论值而产生角度闭合差(方位角闭合差)f_β:

$$f_\beta=\sum\beta_{测}-\sum\beta_{理}=\sum\beta_{测}-(n-2)\times 180^{\circ} \tag{6-5}$$

式中,$\sum\beta_{测}$ 为内角观测值总和;$\sum\beta_{理}$ 为闭合导线内角理论值之和。

角度闭合差的容许误差为

$$f_{\beta容}=\pm 40''\sqrt{n} \tag{6-6}$$

式中:n 为内角数。对于图根导线,则 $f_{\beta容}=\pm 60''\sqrt{n}$

当 $|f_\beta|\leqslant|f_{\beta容}|$ 时,则将角度闭合差 f_β 按"反其符号,平均分配"的原则分配给各内角,对各个导线转折角的观测值进行改正;若有余角,则将余差分入短边的邻角,即

$$\nu_\beta=-\frac{f_\beta}{n} \tag{6-7}$$

表 6-3　闭合导线坐标计算表

点号	角度观测值 (° ′ ″)	改正后角值 (° ′ ″)	坐标方位角 (° ′ ″)	边长/m	增量 Δx/m			增量 Δy/m			坐标/m	
					计算值	改正数	改正后值	计算值	改正数	改正后值	x	y
1	+7 137 42 12	137 42 19									500.00	500.00
			30 15 30	90.321	78.016	−0.026	77.990	45.513	−0.013	45.500		
2	+8 92 40 30	92 40 38									577.990	545.500
			117 34 52	47.043	−21.781	−0.014	−21.795	41.697	−0.007	41.690		
3	+8 87 23 09	82 23 17									556.195	587.190
			210 11 35	114.248	−124.679	−0.041	−124.720	−72.545	−0.020	−72.565		
4	+7 42 13 39	42 13 46									431.475	514.625
			347 57 49	70.086	68.545	−0.020	68.525	−14.615	−0.010	−14.625		
1											500.00	500.00
Σ	359 59 30	360 00 00		351.698	+0.101	−0.101	0.000	+0.050	−0.050	+0.000		

$f_\beta = 359°59'30'' - 360° = -30''$　$f_{\beta容} = \pm 40''\sqrt{4} = \pm 80''$　$f_\beta < f_{\beta容}$　$f_D = \pm\sqrt{f_x^2 + f_y^2} = 0.113$　$K = \frac{f}{\sum D} = \frac{1}{3\ 112} < \frac{1}{3\ 000}$

改正后的转折角之和应等于其理论值，可以作为计算的检核。

（2）坐标方位角的推算

对闭合导线的转折角用角度闭合差调整后，即可进行各导线边的方位角推算。除了观测多边形的内角以外，还应观测导线边与已知边之间的水平角（连接角），用以传递方位角。

各导线边的坐标方位角是根据导线起始边的方位角和平差后的内角来计算的。如图 6－12 所示，α_{12} 为已知方位角，$\beta_{i右}$ 为导线的右转折角，其余导线边的方位角推算如下：

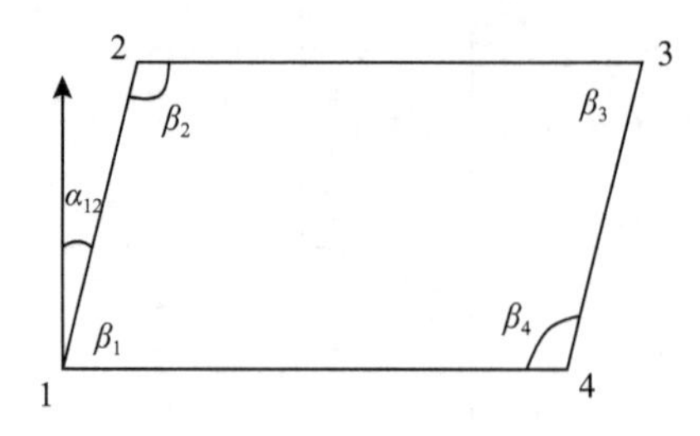

图 6－12　闭合导线计算

$$\begin{cases}\alpha_{23}=\alpha_{12}-\beta_{2右}+180^\circ\\ \alpha_{34}=\alpha_{23}-\beta_{3右}+180^\circ\\ \alpha_{41}=\alpha_{34}-\beta_{4右}+180^\circ\\ \alpha_{12}=\alpha_{41}-\beta_{1右}+180^\circ\end{cases}$$

则规律为：

$$\alpha_{i,i+1}=\alpha_{i-1,i}-\beta_{i右}+180^\circ \tag{6-8}$$

同理，如果测的是左转折角，则有

$$\alpha_{i,i+1}=\alpha_{i-1,i}+\beta_{i左}-180^\circ \tag{6-9}$$

式中：$\alpha_{i,i+1}$ 为坐标方位角，i 为点号，$\beta_{i左}$ 为导线左转折角。

在应用式(6－8)及式(6－9)时，计算结果如果大于 360°，应减 360°；如果是负数，应加 360°。

（3）坐标增量的计算

根据导线各边的方位角和边长，按坐标公式计算各边的坐标增量。

$$\begin{cases}\Delta_{x_{i,i+1}}=D_{i,i+1}\cdot\cos\alpha_{i,i+1}\\ \Delta_{y_{i,i+1}}=D_{i,i+1}\cdot\sin\alpha_{i,i+1}\end{cases} \tag{6-10}$$

（4）坐标增量闭合差的调整

根据闭合导线的特点可知：闭合导线各边纵、横坐标增量理论值的代数和应分别等于零。

$$\begin{cases}\sum\Delta_{x_{理}}=0\\ \sum\Delta_{y_{理}}=0\end{cases}$$

但由于测量误差的存在，则有

$$\begin{cases}\sum\Delta_x=f_x\\ \sum\Delta_y=f_y\end{cases} \tag{6-11}$$

式中：f_x 为纵坐标闭合差；f_y 为横坐标闭合差。

导线全长相对闭合差 f_D 为

$$f_D=\pm\sqrt{f_x^2+f_y^2} \tag{6-12}$$

导线全长相对闭合差 K 为

$$K=\frac{f_D}{\sum D}=\frac{1}{\sum D\ /\ f_D} \tag{6-13}$$

经纬仪导线测量规定，全长相对闭合差要小于 1/3 000。

如果相对闭合差超限，应检查手簿的记录和全部计算，倘若还不能发现错误所在，则应到现场检查或重测；如果相对闭合差在容许范围内，则可以进行纵、横坐标闭合差分配，分配方法是将 f_x 和 f_y 反号，按与边长成正比的原则，分配到各坐标增量中。

$$\begin{cases}\nu_{\Delta_{x_{i,i+1}}}=-\dfrac{f_x}{\sum D}\cdot D_{i,i+1}\\ \nu_{\Delta_{y_{i,i+1}}}=-\dfrac{f_y}{\sum D}\cdot D_{i,i+1}\end{cases} \tag{6-14}$$

式中：$\nu_{\Delta_{x_{i,i+1}}}$ 为纵坐标增量改正数；$\nu_{\Delta_{y_{i,i+1}}}$ 为横坐标增量改正数。

$$\begin{cases}\Delta_{\hat{x}_{i,i+1}}=\Delta_{x_{i,i+1}}+\nu_{\Delta_{x_{i,i+1}}}\\ \Delta_{\hat{y}_{i,i+1}}=\Delta_{y_{i,i+1}}+\nu_{\Delta_{y_{i,i+1}}}\end{cases} \tag{6-15}$$

(5) 导线点的坐标计算

导线各边坐标增量改正后，即可依次计算各导线点的坐标。

$$\begin{cases}x_{i+1}=x_i+\Delta_{\hat{x}_{i,i+1}}\\ y_{i+1}=y_i+\Delta_{\hat{y}_{i,i+1}}\end{cases} \tag{6-16}$$

最后计算出的起点坐标应与原有坐标一致，否则说明计算过程中有错误。

3. 附合导线的坐标计算(表 6-4)

附合导线的计算方法基本上与闭合导线相同，只是计算角度闭合差和坐标闭合差的公式有差别。

(1) 角度闭合差的计算和调整

图 6-13 为一附合导线，A、B、C、D 为已知控制点，其坐标已知。根据已知点坐标可计算出已知边 AB 的坐标方位角 α_{AB}。

$$\tan\alpha_{AB}=\frac{y_B-y_A}{x_B-x_A}\Rightarrow\alpha_{AB} \tag{6-17}$$

同理可以计算出 CD 边的坐标方位角 α_{CD}。

从图 6-13 中可以推导出各边的坐标方位角公式：

$$\begin{cases}\alpha_{B1}=\alpha_{AB}+\beta_B-180^\circ\\ \alpha_{12}=\alpha_{B1}+\beta_1-180^\circ\\ \vdots\\ \alpha'_{CD}=\alpha_{AB}+\beta_C-180^\circ\end{cases}$$

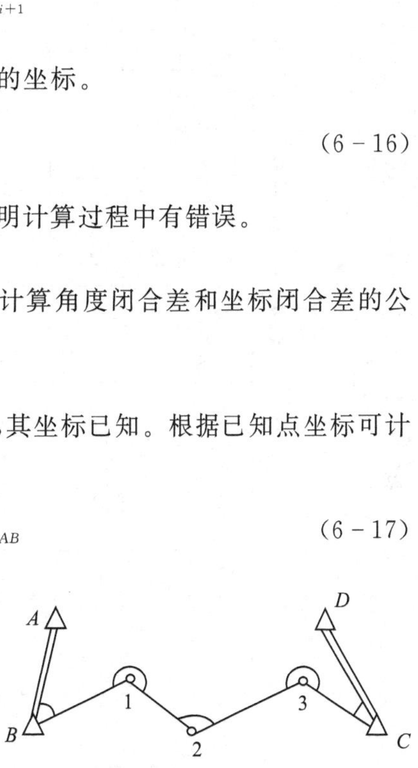

图 6-13　附合导线

将上式相加并整理后得：

$$\alpha'_{CD}=\alpha_{AB}+\sum\beta-n\cdot 180^\circ \tag{6-18}$$

式中：α'_{CD} 和 α_{AB} 为坐标方位角；n 为转折角个数；β 为左转折角。

表 6-4　附合导线坐标计算表

点号	角度观测值(° ′ ″)	改正数(″)	改正后角值(° ′ ″)	坐标方位角(° ′ ″)	边长/m	增量 Δ_x/m 计算值	增量 Δ_x/m 改正数	增量 Δ_x/m 改正后值	增量 Δ_y/m 计算值	增量 Δ_y/m 改正数	增量 Δ_y/m 改正后值	坐标/m x	坐标/m y
A												843.40	1 264.29
				224 03 00									
B	114 17 00	−6	114 16 54									640.93	1 068.44
				158 19 24	82.17	−76.36	0.00	−76.36	+30.34	+0.01	+30.35		
1	146 59 30	−6	146 59 24									564.57	1 098.79
				125 19 18	77.28	−44.68	0.00	−44.68	+63.05	+0.01	+63.06		
2	135 11 30	−6	135 11 24									519.89	1 161.85
				80 30 42	89.24	+14.78	−0.01	+14.77	+88.41	+0.02	+88.43		
3	145 38 30	−6	145 38 24									534.66	1 250.28
				46 09 06	70.84	+55.31	0.00	+55.31	+57.58	+0.01	+57.59		
C	158 00 00	−6	157 59 54									589.97	1 307.87
				24 09 00									
D												793.61	1 399.19
$\sum$	700 06 30	−30	700 06 00		328.93	−50.95	−0.01	−50.96	239.38	0.05	239.43		

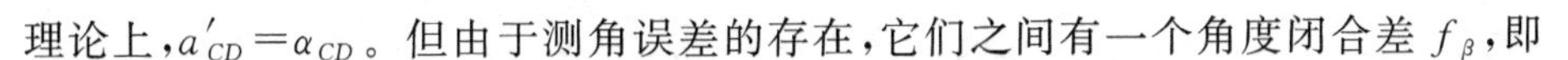

理论上，$a'_{CD}=\alpha_{CD}$。但由于测角误差的存在，它们之间有一个角度闭合差 f_β，即

$$f_\beta=a'_{CD}-\alpha_{CD} \tag{6-19}$$

将式(6-18)代入式(6-19)得

$$f_\beta=(a_{AB}-\alpha_{CD})+\sum\beta-n\cdot180^\circ \tag{6-20}$$

角度闭合差的容许误差同式(6-6)。

当 $|f_\beta|\leqslant|f_{\beta容}|$ 时，将 f_β 反号后平均分配给各转折角，分配时保留至秒。若有余差，则将余差分入短边的邻角。

(2) 坐标方位角的推算

根据起始边的坐标方位角和调整后的转折角，即可计算各边的方位角。

(3) 坐标增量的计算

根据各边长和方位角，用式(6-2)计算各边坐标增量。

(4) 坐标增量闭合差的计算和平差

理论上有：

$$\begin{cases}\sum\Delta_{x_{理}}=x_C-x_B\\ \sum\Delta_{y_{理}}=y_C-y_B\end{cases}$$

但是由于导线边长观测中有中误差，角度观测值虽然经过角度闭合差的调整，仍有剩余的误差。因此，由边长和方位角推算而得的坐标增量也具有误差，从而产生纵坐标增量闭合差 f_x 和横坐标增量闭合差 f_y，即

$$\begin{cases}f_x=\sum\Delta_X-(x_c-x_B)\\ f_y=\sum\Delta_Y-(y_c-y_B)\end{cases} \tag{6-21}$$

由于存在坐标增量闭合差，故导线在平面图形上不能闭合，即从起始点出发经过推算不能回到起始点。真实起始点与推算得到的“起始点”的向量称为“导线全长闭合差”，其长度 f 及方位角 α_f 按下式计算：

$$f=\sqrt{f_x^2+f_y^2},\quad \alpha_f=\arctan\left(\frac{f_y}{f_x}\right)$$

导线越长，导线测量和量距中误差积累越多。因此，f 数值的大小与导线全长有关。在衡量导线测量精度时，应将 f 除以导线全长(各导线边长之和 $\sum D$)，并以分子为1的分式表示，称为“导线全长相对闭合差”，用 T 表示，即

$$T=\frac{f}{\sum D}=\frac{1}{\frac{\sum D}{f}}$$

T 越小，表示导线测量的精度越高。对于图根导线，允许的导线全长相对闭合差为1/12 000。当导线全长相对闭合差在允许范围内时，可将坐标增量闭合差 f_x 和 f_y 按“反其符号，按边长为比例进行分配”的原则对各边纵、横坐标增量进行改正。改正值按下式计算：

$$\begin{cases}\delta\Delta_{x_i}=-\dfrac{f_x}{\sum D}D_i\\ \delta\Delta_{y_i}=-\dfrac{f_y}{\sum D}D_i\end{cases}$$

(5) 导线点坐标推算

设两相邻导线点为 i 和 j，已知 i 点的坐标及 i 点至 j 点的坐标增量，用下式推算 j 点的坐标：

$$\begin{cases}x_j=x_i+\Delta_{x_{i,j}}\\ y_j=y_i+\Delta_{y_{i,j}}\end{cases}$$

导线点坐标推算从已知点 A 开始，依次推算，最后推算回到 A 点，应与原来的已知数值相同，作为计算的检核。

4. 支导线的坐标计算

(1) 起始方位角计算

计算公式如下：

$$\alpha_{AB}=\arctan\frac{y_B-y_A}{x_B-x_A}$$

(2) 导线边方位角推算

设导线的转折角为右角，按照正、反方位角相差$\pm 180°$的关系，从右图可以得出：

$$\begin{cases}\alpha_{B,8}=\alpha_{A,B}+180°-\beta_B\\ \alpha_{8,9}=\alpha_{B,8}+180°-\beta_8\\ \alpha_{9,10}=\alpha_{8,9}+180°-\beta_9\end{cases}$$

由此可以得出，按后面一边的已知方位角 $\alpha_{后}$ 和导线右角 $\beta_{后}$ 推算导线前进方向一边的方位角的一般公式为

$$\alpha_{前}=\alpha_{后}+180°-\beta_{右}$$

由于左角和右角之和为 360°，因此，按导线左角推算导线前进方向各边方位角的一般公式为

$$\alpha_{前}=\alpha_{后}+\beta_{左}-180°$$

方位角的角值范围为 0°～360°。若算得结果大于 360°，应减去 360°；若为负值，应加上 360°。

(3) 导线边坐标增量和导线点坐标计算

$$\Delta_x=D_{21}\cos\alpha \quad x_2=x_1+\Delta_x$$

$$\Delta_y=D_{21}\sin\alpha \quad y_2=y_1+\Delta_y$$

支导线的计算步骤：推算方位角→计算坐标增量→推算坐标，这也是所有导线计算的基本步骤。其他几种形式的导线由于有了多余观测，因此除此之外，还需增加观测值的闭合差计算和调整。

6.3　交会测量法

交会测量也是控制点布设的一种形式，当需要的控制点不多时，可以采用这种布设形式。它是通过观测水平角，利用已知点坐标来求得待定点坐标的方法。交会测量法常采用的方法有前方交会、侧方交会、后方交会，以及自由测站定位法。

6.3.1　前方交会法

如图 6－14 所示，在三角形 ABP 中，已知点 A、B 的坐标为 (x_A, y_A) 和 (x_B, y_B)。为了得到 P 点坐标，测得水平角 A、B，可根据 AB 边边长 D_{AB}，利用正弦定理推算出 AP 边边长，再推算出 AP 边的坐标方位角即可解算出未知点 P 的坐标 (x_P, y_P)，这是前方交会法的基本概念。

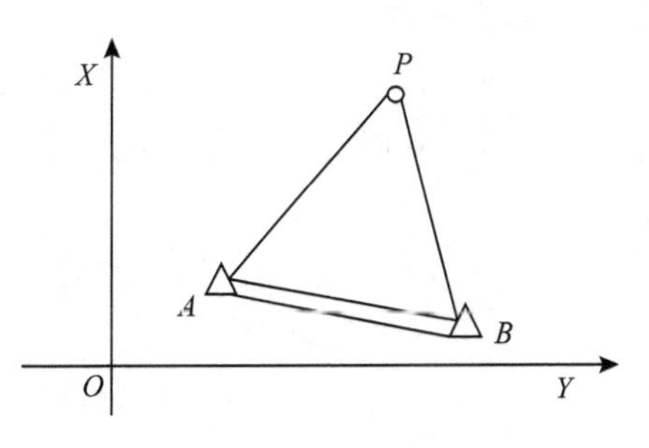

图 6－14　前方交会

1. 计算已知边的方位角、边长

根据式(6－17)可以计算出 AB 边的坐标方位角 α_{AB}。边长 D_{AB} 可根据下式计算：

$$D_{AB}=\sqrt{(x_B-x_A)^2+(y_B-y_A)^2}$$

2. 计算未知边的边长和方位角

未知边的边长可由下式计算：

$$\begin{cases} D_{AP}=D_{AB}\dfrac{\sin B}{\sin(180°-A-B)} \\ D_{BP}=D_{AB}\dfrac{\sin A}{\sin(180°-A-B)} \end{cases} \tag{6-22}$$

未知边的方位角可由下式计算：

$$\begin{cases} \alpha_{AP}=a_{AB}-A \\ \alpha_{BP}=a_{AB}+B \end{cases} \tag{6-23}$$

3. 计算未知点的坐标

由 A 点坐标推算 P 点坐标：

$$\begin{cases} \Delta_{x_{AP}}=D_{AP}\cos\alpha_{AP} \\ \Delta_{y_{AP}}=D_{AP}\sin\alpha_{AP} \end{cases}$$

$$\begin{cases} x_P=x_A+\Delta_{x_{AP}} \\ y_P=y_A+\Delta_{y_{AP}} \end{cases}$$

同理也可以从 B 点计算出 P 点坐标，并与前面算出的坐标核对。但是这种计算只能发现计算中是否有错误，不能发现角度测量错误及已知点用错等错误，也不能提高计算结果的精度。为了避免外业观测发生错误，并提高未知点 P 的坐标精度，在测量规范中要求布设

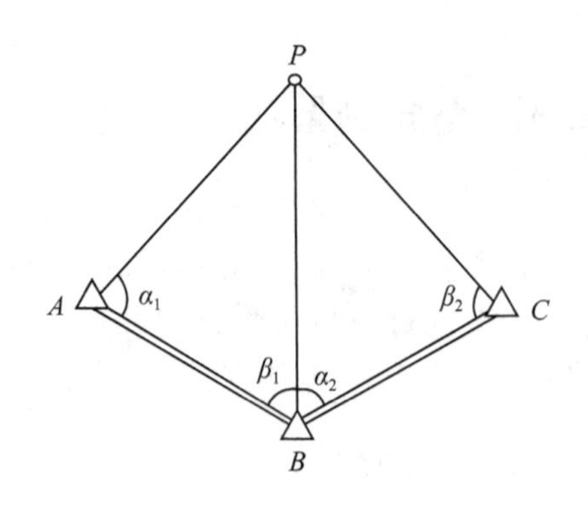

图 6-15 前方交会

有 3 个起始点的前方交会。如图 6-15 所示，在 A、B、C 三个已知点向 P 点观测，测出 4 个角值：α_1、β_1、α_2 和 β_2，分两组计算 P 点坐标。计算时可按△ABP 求 P 点坐标（x'_P，y'_P），再按△BCP 求 P 点坐标（x''_P，y''_P）。当这两组坐标的误差在容许限差内，则取它们的平均值作为 P 点最后坐标。测量规范规定：两组算得的点为误差 Δ_D 不大于两倍比例尺精度，用公式表示为

$$\Delta_D=\sqrt{\delta_x^2+\delta_y^2}\leqslant 2\times 0.1M \text{ mm}$$

式中：$\delta_x=x'_P-x''_P$，$\delta_y=y'_P-y''_P$；M 为测图比例尺分母。

例：以图 6-15 为例，已知 3 点坐标 A(188.41 m，234.13 m)、B(55.54 m，473.58 m)、C(217.48 m，611.81 m)，测得

$$\begin{cases}\alpha_1=85°13'24'', & \beta_1=46°48'12''\\ \alpha_2=80°28'54'', & \beta_2=67°13'06''\end{cases}$$

计算 P 点坐标。

解：计算如表 6-5 所列。

表 6-5 前方交会坐标计算表

点　号	角度值/(° ′ ″)	边长/m	方位角/(° ′ ″)	X/m	Y/m	备　注
A	85 13 24	D_{AB}=273.844	119 01 33	188.41	234.13	左边三角形
B	46 48 12	D_{AP}=268.747	33 48 09	55.54	473.58	
P	47 58 24	D_{BP}=367.368	345 49 45	411.73	383.64	
B	54 39 18	D_{BC}=212.913	40 29 03	55.54	473.58	右边三角形
C	89 55 18	D_{CP}=299.630	310 24 32	217.48	611.81	
P	35 25 24	D_{BP}=367.336	345 49 45	411.70	383.66	
平均值：X_P=411.72 m　Y_p=383.65 m						

6.3.2 侧方交会法

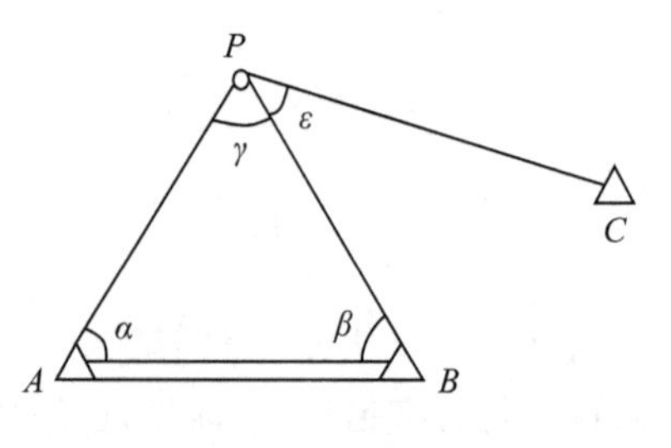

图 6-16 侧方交会

如图 6-16 所示，将已知点 A 和待定点 P 作为测站，观测水平角 α、γ、ε，根据已知点 A、B、C 的坐标即可解算出 P 点坐标。这种在待定点和一个已知点上测角，从而计算出待定点坐标的方法称为侧方交会法。

在计算 P 点坐标时，先计算出 β，这样就可以用

前方交会法的计算公式进行计算。

$$\beta=180^{\circ}-\alpha-\gamma$$

侧方交会法与前方交会法的检查方法不同，一般采用检查角的方法，即在 P 点向另一个已知点 C 观测检查角 $\varepsilon_{测}$，如果计算的 P 点坐标正确，则：

$$\varepsilon_{测}=\varepsilon_{算}$$

式中：$\varepsilon_{算}=\alpha_{PB}-\alpha_{PC}$。

但是由于测量误差的存在，计算值与观测值之间有较差：

$$\Delta_{\varepsilon}=\varepsilon_{算}-\varepsilon_{测} \tag{6-24}$$

用 Δ_{ε} 及 D_{PC} 可以算出 P 点的横向位移 e，即

$$e=\frac{D_{PC}\cdot\Delta_{\varepsilon''}}{\rho''}\quad 即\quad \Delta_{\varepsilon''}=\frac{e}{D_{PC}}\cdot\rho''$$

测量规范规定，最大的横向位移 $e_{容}$ 不大于比例尺精度的2倍，即

$$e_{容}\leqslant 2\times0.1M\ \text{mm}$$

所以 $e_{容}$ 对应的圆心角 $\Delta_{\varepsilon''_{容}}$ 为

$$\Delta_{\varepsilon''_{容}}\leqslant\frac{0.2M}{D_{PC}}\cdot\rho'' \tag{6-25}$$

式中：D_{PC} 以mm为单位；M 为测图比例尺的分母；Δ_{ε} 的单位是s。从式(6-25)可以看出，当边长 D_{PC} 太短时 $\Delta_{\varepsilon''_{容}}$ 会过大。所以对验核边的长度应作适当限制，不宜太短。

例如，当 $D_{PC}=1\ 000$ m，测图比例尺为1∶2 000时，

$$\Delta_{\varepsilon''_{容}}=\frac{0.2\times2\ 000}{1\ 000\ 000}\times206\ 265=82''$$

6.3.3　后方交会法

如图6-17所示，后方交会法的特点是仅在未知点 P 上设站，向3个已知点 A、B、C 进行观测，测得水平角 α、β、γ。然后根据 A、B、C 3点的坐标计算 P 点坐标。

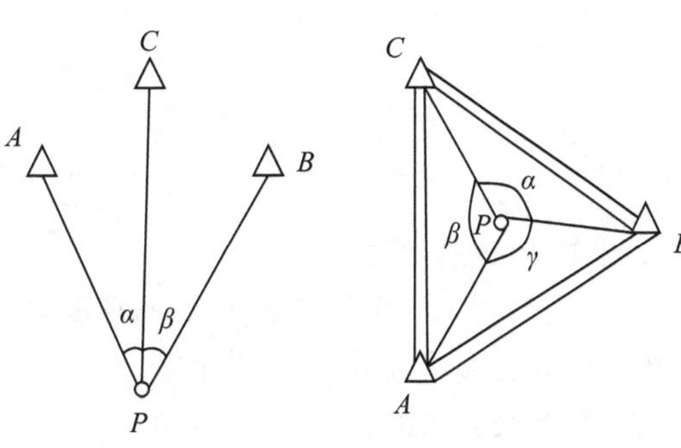

图6-17　后方交会的两种情况

1. 后方交会法的计算

后方交会法的计算方法很多，在此对图6-17(a)、(b)两种情况各介绍一种计算方法。

(1) P 点在3个已知点所构成的三角形之外(图6-17(a))

引入辅助量 a、b、c 和 d，且有

$$\begin{cases} a=(x_A-x_C)+(y_A-y_C)\cot\alpha \\ b=(y_A-y_C)-(x_A-x_C)\cot\alpha \\ C=(x_B-x_C)-(y_B-y_C)\cot\beta \\ d=(y_B-y_C)+(x_B-x_C)\cot\beta \\ k=\dfrac{c-a}{b-d} \end{cases} \tag{6-26}$$

计算坐标增量如下：

$$\begin{cases} \Delta_{x_{CP}}=\dfrac{a+b\cdot k}{1+k^2} \quad 或 \quad \Delta_{x_{CP}}=\dfrac{c+d\cdot k}{1+k^2} \\ \Delta_{y_{CP}}=\Delta_{x_{CP}}\cdot k \end{cases} \tag{6-27}$$

计算未知点的坐标如下：

$$\begin{cases} x_P=x_C+\Delta_{x_{CP}} \\ y_P=y_C+\Delta_{y_{CP}} \end{cases} \tag{6-28}$$

应用上述公式时，必须按规定编号：未知点编号为 P，计算者立于 P 点，面向 3 个已知点，中间点编号为 C，而左边已知点编号为 A，右边已知点编号为 B。

(2) 交汇点 P 在 3 个已知点所构成的三角形以内(图 6-17(b))

$$\begin{cases} x_P=\dfrac{P_Ax_A+P_Bx_B+P_Cx_C}{P_A+P_B+P_C} \\ y_P=\dfrac{P_Ay_A+P_By_B+P_Cy_C}{P_A+P_B+P_C} \end{cases} \tag{6-29}$$

式中

$$\begin{cases} P_A=\dfrac{1}{\cot A-\cot\alpha} \\ P_B=\dfrac{1}{\cot B-\cot\beta} \\ P_C=\dfrac{1}{\cot c-\cot\gamma} \end{cases}$$

2. 未知点 *P* 的检查

如图 6-18 所示，为了检查 P 点的精度，常在未知点 P 上观测 4 个已知点，选择 3 个已知点按照后方交会法计算出 P 点坐标，第 4 个已知点 D 所观测的 ε 角则作为检核之用，检核方法与侧方交会法的相同。

注意：当 P 点正好选在通过已知点 A、B、C 的圆周上时，P 点无论位于圆周上何处位置，所测得的 α、β 值皆不变，这个问题就无解，该圆称为危险圆，如图 6-19 所示。而 P 点靠近危险圆将使算得的坐标有很大误差。因此在作业时，一般要在 P 点至少观测 4 个已知点，计算时选择其中 3 个点作为 A、B、C 点，使 P 点位于 A、B、C 所构成的三角形内，或者位于三角形两边延长线的夹角之间，以第 4 个已知点 D 作检核。

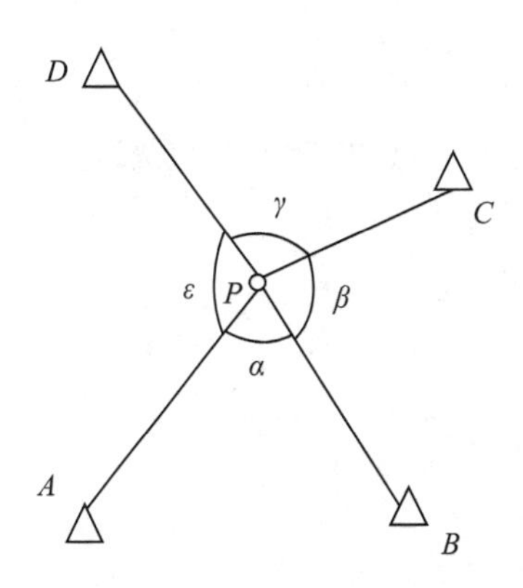

图6-18 后方交会精度的检查

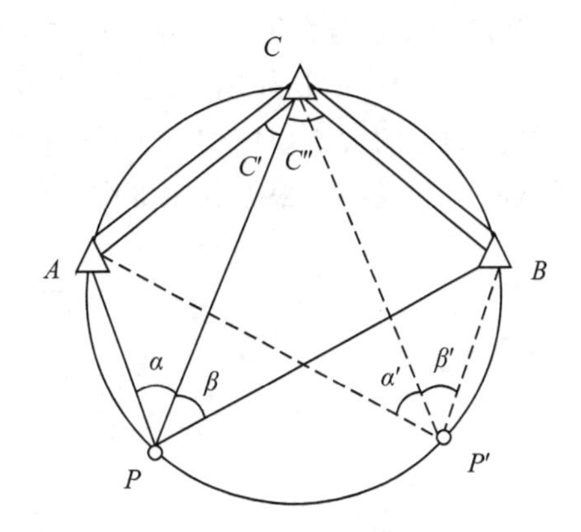

图6-19 危险圆

6.3.4 自由测站定位法

自由测站定位法具有测站选择灵活、受地形限制小、野外施测工作简单、易于校核的特点。如图6-20所示，自由测站定位法与后方交会法相似，但观测元素除水平方向 L_i 外，还应测量 P 点至各已知点的水平距离 D_i。后方交会法至少要有3个已知控制点，为了检核至少还要增加1个已知控制点；而自由测站定位法最少需要2个已知控制点，而且有2个已知控制点已经具有初步校核，利用多个已知点时，可以提高测站 P 的点位精度。

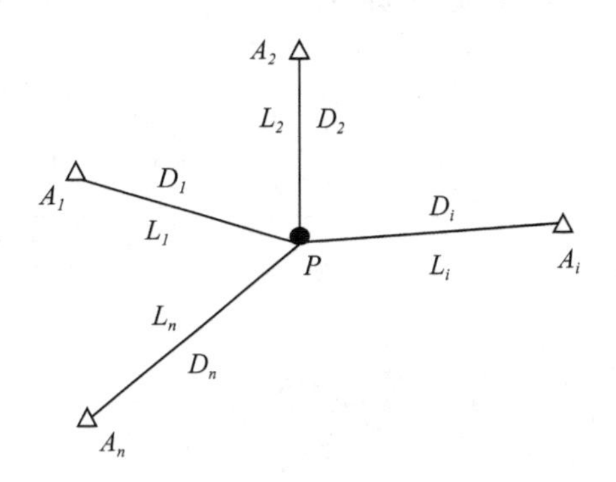

图6-20 自由测站定位法

在图6-20中，设 P 为测站，$A_1, A_2, \cdots, A_n$ 为几个已知控制点，观测了几个水平方向值 L_i 及几个水平距离 D_i，按下列步骤可计算出测站 P 的坐标。

1. 建立假定测站坐标系 X' 和 Y'

假定坐标系的原点在 P，其 X' 轴正方向与观测水平方向时度盘0°刻画线方向重合。

2. 计算各已知控制点在假定坐标系中的坐标 X_i' 和 Y_i'

$$\begin{cases} X_i' = D_i \cos L_i \\ Y_i' = D_i \sin L_i \end{cases} \tag{6-30}$$

3. 建立假定坐标系与大地坐标系之间的换算公式

假定坐标系与大地坐标系之间换算参数有：平移参数为 P 点在大地坐标系中的坐标 (X_P, Y_P)；旋转参数为水平度盘0°刻画线在大地坐标系中的方位角 α_0；尺度参数为距离观测值的尺度标准长度在大地坐标系中的长度值 K。则假定坐标系与大地坐标系的转换关系式为

$$\begin{cases} x_i = KX_i' \cos \alpha_0 - K Y_i' \sin \alpha_0 + X_P \\ y_i = KX_i' \sin \alpha_0 - KY_i' \cos \alpha_0 + Y_P \end{cases} \tag{6-31}$$

4. 求假定坐标系与大地坐标系之间的转换参数

利用式(6-30)将已知控制点的假定坐标(X'_i,Y'_i)换算成大地坐标(x_i,y_i),换算的坐标会与已知控制点的大地坐标(X_i,Y_i)有差异。求这4个参数按最小二乘法准则即要求这些坐标差的平方和最小。根据这个准则,可得计算公式为

$$X'_0=\frac{\sum X'_i}{n},\quad Y'_0=\frac{\sum Y'_i}{n}$$

$$U_i=X'_i-X'_0,\quad R_i=Y'_i-Y'_0$$

$$a=\sum(U_iX_i+R_iY_i),\quad b=\sum(U_iX_i-R_iX_i)$$

$$C=\frac{a}{d},\quad S=\frac{b}{d}$$

$$k=\sqrt{c^2+s^2},\quad \alpha_0=\arctan\frac{b}{a}$$

5. 计算 *P* 点坐标

$$\begin{cases}X_P=\dfrac{\sum_{X_i}}{n}-C\cdot X'_0+S\cdot Y'_0\\ Y_P=\dfrac{\sum_{Y_i}}{n}-S\cdot X'_0-C\cdot Y'_0\end{cases}\tag{6-32}$$

6.4 高程控制测量

测定控制点高程的工作称为高程控制测量。采用的测量方法主要是水准测量和三角高程测量。水准测量主要是用于地势平坦地区,其优点是测量结果精度较高,缺点是工作量太大。三角高程测量主要适用于山区,布设方便,工作量小,其精度比精密水准测量的精度低。

6.4.1 三(四)等水准测量

三(四)等水准测量除用于加密国家控制网外,还作为工程建设和大比例尺地形图测绘的高程控制。国家三(四)等水准测量的精度要求较高,对仪器的技术参数、观测程序、操作方法、视线长度及读数误差等都有严格规定,具体规定如表6-6所列。

表6-6 三(四)等水准测量技术指标(限差)

等级	仪器类型	最大视距/m	前后视距差/m	前后视距差累计/mm	黑红面读数差/mm	黑红面所测高差之差/mm	检测间歇点高差之差/mm
三等	DS_2	75	2.0	5.0	2.0	3.0	3.0
四等	DS_3	100	3.0	10.0	3.0	5.0	5.0

对于三等水准测量,应沿路线进行往返观测。对于四等水准测量,当两端点为高等级水

准点或自成闭合环时，只进行单程测量。对于四等水准支线，则必须进行往返观测。每一测段的往测与返测，其测站数均应为偶数，否则要加入标尺零点差改正。由往测转向返测时，必须重新整置仪器，两根水准尺也应互换位置。在工作间歇，最好能在水准点结束观测，否则应选择两个坚实可靠、便于放置标尺的固定点作为间歇点，并在间歇点做上标记。间歇过后应进行检测。若检测结果符合表 6-6 的限差要求，即可起测。

对于三(四)等水准测量，在一测站上水准仪照准双面水准尺的顺序为

① 照准后视水准尺黑面，读下丝(1)、上丝(2)和中丝读数(3)；

② 照准前视水准尺黑面，读中丝(4)、下丝(5)和上丝读数(6)；

③ 照准前视水准尺红面，读中丝读数(7)；

④ 照准后视水准尺红面，读中丝读数(8)。

这样的顺序简称为后-前-前-后(黑、黑、红、红)。对于四等水准测量，每站观测顺序也可为后-后-前-前(黑、红、黑、红)。注意，每次读数均应在水准管气泡居中时进行。下面结合三等水准测量记录(表 6-7)讲述水准测量的记录、计算方法。

表 6-7　三(四)等水准测量观测手簿

测站编号	后尺 下丝 / 上丝 / 后视距 / 视距差 d	前尺 下丝 / 上丝 / 前视距 / $\sum d$	方向及尺号	标尺读数 黑面	标尺读数 红面	K+黑减红	高差中数	备注
	(1)	(5)	后	(3)	(8)	(10)		
	(2)	(6)	前	(4)	(7)	(9)		
	(12)	(13)	后-前	(16)	(17)	(11)	18	
	(14)	(15)						
1	0444	2295	后 5	0344	5029	+2		
	0244	2091	前 6	2193	6980	0		
	200	204	后-前	−1849	−1951	+2		
	−0.4	−0.4						K=4 687 或 4 787
2	1964	1142	后 6	1782	6568	+1		
	1599	0764	前 5	0953	5639	+1		
	365	378	后-前	+0829	+0929	0		
	−1.3	−1.7						
3	2266	1448	后 5	1935	6622	0		
	1605	0788	前 6	1118	5906	−1		
	661	660	后-前	+0817	+0716	+1		
	0.1	−1.6						

续表

测站编号	后尺 下丝	前尺 下丝	方向及尺号	标尺读数		K+黑减红	高差中数	备注
	后尺 上丝	前尺 上丝		黑面	红面			
	后视距	前视距						
	视距差 d	$\sum d$						
4	1078	2007	后 6	0953	5740	0		$K=4\ 687$ 或 4 787
	0828	1767	前 5	1887	6574	0		
	250	240	后-前	−0934	−0834	0		
	1.0	−0.6						
5	1078	1897	后 5	0639	5327	−1		
	0372	1336	前 6	1632	6418	+1		
	534	531	后-前	−0993	−1091	−2		
	0.3	−0.3						

1. 水准测量的测站验核

(1) 读数校核

理论上，红－黑＝4 687 或 4 787 mm，但是由于观测值有误差，它们之间有一个差值。规范规定，三等水准测量读数误差不超过 2 mm，四等水准测量读数误差不超过 3 mm。在记录表中有：

$$(9)=(4)+K-(7)$$

$$(10)=(3)+K-(8)$$

$$(11)=(10)-(9)$$

式中：(9)为前视尺的黑红面读数之差；(10)为后视尺的黑红面读数之差；(11)为黑红面所测高差之差；K 为前、后视水准尺红黑面零点之差，K 为 4 787 或 4 687，限差见表 6－8。

(2) 视距检核

水准测量中，为了消除 i 角误差，在观测中应尽量做到前、后视距相等，对不同等级的水准测量其要求不同(表 6－8)，在记录表中有：

$$(12)=(1)-(2)$$

$$(13)=(5)-(6)$$

$$(14)=(12)-(13)$$

$$(15)=\text{本站的}(14)+\text{前站}(15)$$

式中：(12)为后视距离；(13)为前视距离；(14)为前、后视距离差；(15)为前、后视距累积差。

(3) 高差计算

$$h=\text{后视读数}-\text{前视读数}$$

$$(16)=(3)-(4)$$

$$(17)=(8)-(7)$$

式中：(16)为黑面所算得的高差，一般称为真高差；(17)为红面所算得的高差，一般称为假高差。

与(17)应相差 100，理论上 $h_{红}-h_{黑}=\pm100$，$h_{黑}$、$h_{红}$ 分别为一个测段黑面、红面所得的高差。但由于测量误差的存在，故

$$(11)=(16)\pm100-(17)$$

式中：(11)为两次观测的高差较差(限差见表 6－8)，如果在限差内，计算本测站高差(18)，即

$$\bar{h}=\frac{h_{黑}+(h_{红}\pm100)}{2}$$

$$(18)=\frac{(16)+(17)\pm100}{2}$$

2. 观测结束后的计算与校核

(1) 高差部分

$$\sum(3)-\sum(4)=\sum(16)=h_{黑}$$

$$\sum\{(3)+K\}-\sum(8)=\sum(9)$$

$$\sum(8)-\sum(7)=\sum(17)=h_{红}$$

$$\sum\{(4)+K\}-\sum(7)=\sum(9)$$

测站数为偶数：$h_{中}=\frac{1}{2}(h_{黑}+h_{红})=\sum(18)$

测站数为奇数：$h_{中}=\frac{1}{2}(h_{黑}+h_{红}\pm100)=\sum(18)$

式中：$h_{中}$ 为高差中数。

(2) 水准测量的路线校核(表 6－8)

表 6－8　水准测量路线校核技术规范

等级	往返测、附合路线、闭合路线闭合差/mm	
	平原丘陵	山区
三等水准测量	$\pm12\sqrt{D}$	$\pm15\sqrt{D}$
四等水准测量	$\pm20\sqrt{D}$	$\pm25\sqrt{D}2$

(3) 内业计算

水准测量外业结束之后即可进行内业计算。首先重新复查外业手簿中的各项观测数据是否符合要求，高差计算有无错误；之后按水准路线中的已知数据进行闭合差计算。

6.4.2　三角高程测量

在山地测定控制点的高程时，若用水准测量，则速度慢，困难大，故可采用三角高程测量的方法。但必须用水准测量的方法在测区内引测一定数量的水准点，作为高程起算的依据。

1. 三角高程测量原理

三角高程测量是根据测站到照准点所观测的竖直角和两点间的水平距离来计算两点之

间的高差。

如图 6-21 所示，要测定地面上 A、B 两点的高差 h_{AB}。在 A 点设置仪器，在 B 点竖立目标。量取望远镜旋转轴中心至地面 A 点的高度 i，i 称为仪器高。用望远镜中丝照准 B 点目标上一点 M，它距 B 点（地面）的高度称为目标高 ν。测出倾斜视线竖直角 α，若 A、B 两点间水平距离为 D，则由图中可得两点间高差 h_{AB} 为

$$h_{AB}=D\cdot\tan\alpha+i-\nu \tag{6-33}$$

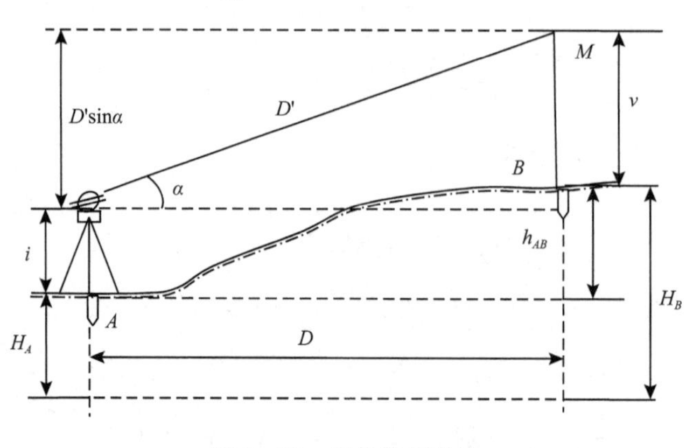

图 6-21 三角高程测量

在应用式 6-32 时，要注意竖直角的正、负号：所测角为仰角时，为正号；所测角为俯角时，为负号。计算时必须将正、负号一起代入。另外，观测时使目标高度等于仪器高，则上式可简化为

$$h_{AB}=D\cdot\tan\alpha \tag{6-34}$$

如果 A 点的已知高程为 H_A，则 B 点的高程为

$$H_B=H_A+h_{AB}$$

$$H_B=H_A+D\cdot\tan\alpha+i-\nu \tag{6-35}$$

2. 地球曲率和大气折光对高差的影响

地球表面是一个曲面，若两点间的距离较远，在测定高差时应考虑地球曲率的影响。空气密度随着所在位置的高程而变化，高程越大，空气密度越稀。当光线通过由下而上密度变化着的大气层时，光线产生折射，形成凹向地面的曲线。这种现象称为大气折光。

当两点之间的距离大于 300 m 时，应考虑地球曲率和大气折光对高差的影响。对于三角高程测量，一般应进行往返观测（双向观测），它可消除地球曲率和大气折光的影响如图 6-22 所示。

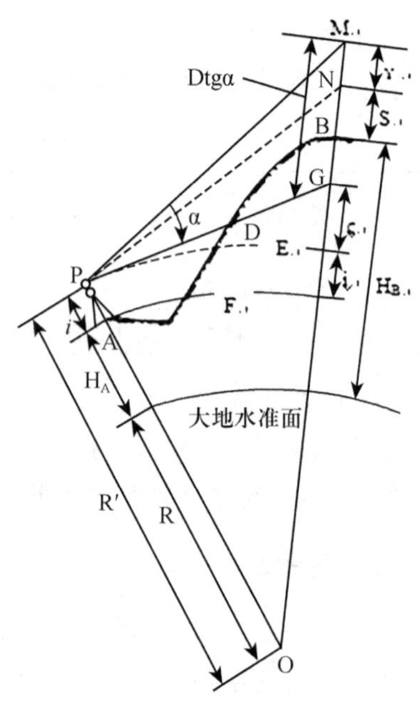

图 6-22 大气折光对三角高程测量的影响

设地球曲率和大气折光对高差的影响为 f，f 的

大小与两点间的距离D以及地球半径R有关，计算公式如下：

$$f=c-\gamma=\frac{D^2}{2R}-\frac{D^2}{14R}\approx 0.43\frac{D^2}{R}=6.7\times D^2\ \text{cm} \tag{6-36}$$

则A、B两点的高差为

$$h_{AB}=D\cdot\tan\alpha+i-\nu+f$$

3. 三角高程路线

所谓三角高程路线，是指在两个已知高程点之间，由已知其水平距离的若干条边组成的路线。用三角高程测量的方法对每条边都进行往返测定高差，如图6-23所示。三角高程路线中各条边的高差均须往返观测，其竖角均用盘左、盘右测定。在推算出各条线路的高差后，根据两端点的已知高程推算得高差闭合差，用水准测量平差的方法将闭合差按边长成比例分配，然后计算出路线中各点的高程。

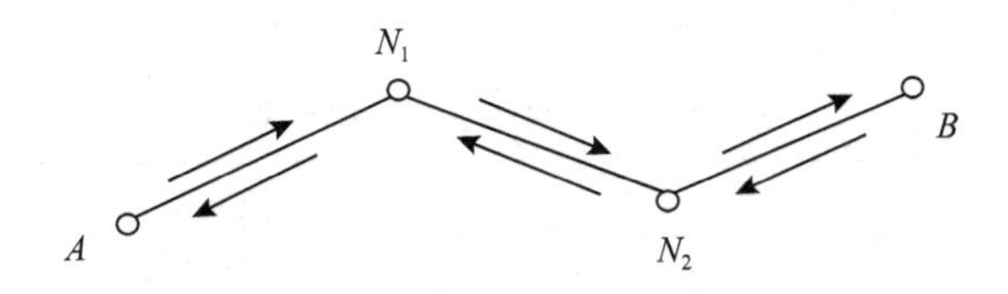

图6-23　三角高程路线

4. 三角高程测量的计算

(1) 限差范围

① 若距离在500 m以内，则往返测高差较差不得超过0.2 m。

② 若距离在500 m以上，则往返测高差较差不得超过0.4 m。

只有计算出往返高差的较差满足以上要求，才允许计算高差中数。

(2) 高差和高程的计算

① 高差计算。在计算之前应对外业成果进行检查，全部符合要求后方可进行计算。计算出各边往返测的高差后，检查每条边是否符合限差要求。若符合，取平均值作为两点间的高差。

例：有附合三角高程路线如图6-23所示，图中各边观测数据和高差计算结果如表6-9所列。

表6-9　三角高程路线的高差计算

测站点	A	N_1	N_1	N_2	N_2	B
觇点	N_1	A	N_2	N_1	B	N_2
觇点	直	反	直	反	直	反
α	−3°06′24″	3°19′42″	4°39′12″	−4°38′00″	−2°16′48″	2°27′57″
D	372.94	372.94	406.32	406.32	628.54	628.54
$h=D\cdot\tan\alpha$	−20.24	+21.69	+33.07	−32.93	−25.02	+27.07

续表

测站点	A	N_1	N_1	N_2	N_2	B
f	0.01	0.01	0.01	0.01	0.03	0.03
i	1.35	1.30	1.30	1.30	1.33	1.30
ν	2.00	2.00	2.00	2.00	2.50	2.00
H	−20.88	+21.00	+33.08	−32.92	−26.16	+26.40
高差平均值	−20.94		+33.00		−26.28	

② 高程计算。与水准测量的计算方法相同。

例:计算图 6-23 中 N_1、N_2 两点的高程。

三角高程成果表如表 6-10 所列。

表 6-10 三角高程路线成果表

点号	距离/m	高差中数/m	改正数/m	改正后高差数/m	高程/m	备注
A					1 092.84	已知高程
	372.94	−20.94	0.09	−20.85		
N_1					1 071.99	
	406.32	+33.00	0.10	33.10		
N_2					1 105.09	
	628.54	−26.28	0.15	−26.13		
B					1 078.06	已知高程
	1 407.80	−14.22	0.34	−13.88		
	$f_h = \sum h - (H_B - H_A) = -14.22\ \text{m} + 13.88\ \text{m} = -0.34\ \text{m}$ $\delta_i = -\frac{f_h}{\sum D} \cdot D_i = 0.000\ 24 D_i$					

思考练习题

1. 名词解释

(1) 导线测量 (2) 三角测量 (3) 高差闭合差

(4) 闭合导线 (5) 附合导线

2. 简答题

(1) 平面控制测量有哪些方法? 各有什么特点?

(2) 简述导线测量的外业工作。

(3) 高程控制测量主要以什么方式布设？各有什么特点？

(4) 三角高程测量适用什么条件？有何优缺点？

3. 计算题

(1) 在三角高程测量中，$D_{AB}=832.456$ m，从 A 点照准 B 点，测得竖直角 $\alpha=+16°22'12''$，仪器高为 1.42 m，B 点觇标高 5.2 m，从 B 点照准 A 点，测得竖角 $\alpha=-15°58'30''$，仪器高为 1.38 m，A 点觇标高 3.5 m，计算 AB 间的高差 h_{AB}，如图 6-24、图 6-25 所示。

(2) 根据表 6-11 已知数据，计算附合导线各点的坐标值。

(3) 根据表 6-12 已知数据和观测数据，计算附合导线各点的坐标值。

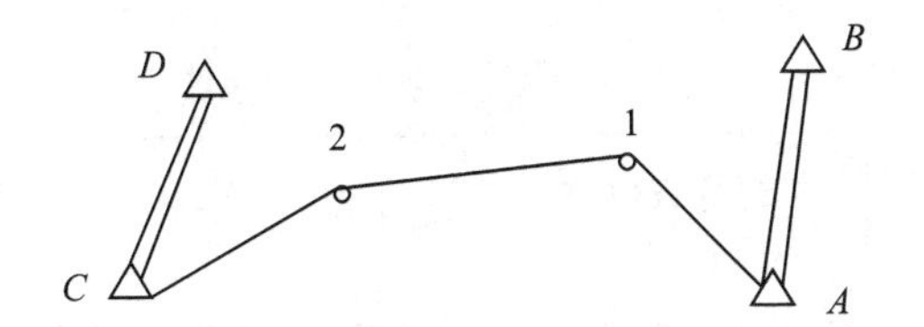

图 6-24　三角高程测量示例 1(3. 计算题图)

表 6-11　附合导线测量数据

点　号	观测值(右角) (° ′ ″)	边长/m	坐　标		备　注
			X	Y	
B			123.92	869.57	
A	102　29　12		55.69	256.29	
		107.31			
1	190　12　06				
		81.46			
2	184　48　24				
		85.26			
C	79　12　30		302.49	139.71	
D			491.04	686.32	

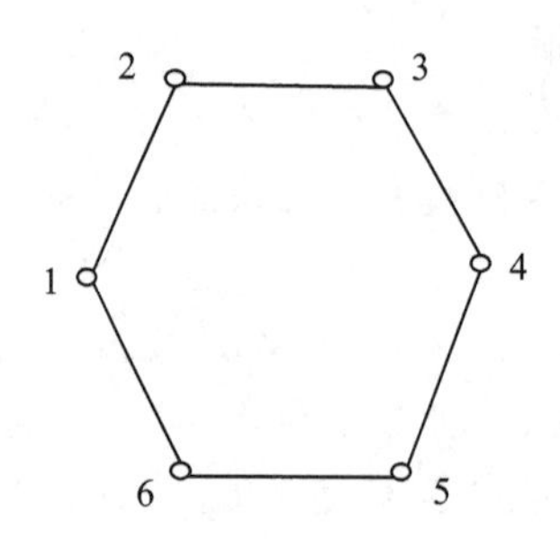

图 6-25　三角高程测量示例 2(3. 计算题图)

表 6-12　已知数据和观测数据

点号	观测值(右角)(° ′ ″)	坐标方位角(° ′ ″)	边长/m	坐标		备　注
				X	Y	
1	83　21 42			1 000.000	1 000.000	
		74　20 30	92.65			
2	96 31 30					
			70.71			
3	176 50 30					
			116.20			
4	90　37 48					
			74.17			
5	98　32 42					
			109.85			
6	174 05 30					
			84.57			
1						

第7章 地形图

7.1 地形图的概述

地图按照内容,可分为普通地图、地形图和专题地图3种。地形图能比较全面、客观地反映地面情况,是国土整治、资源勘察、城乡规划、土地利用、环境保护、工程设计等工作的重要资料。地形图上的地物、地貌、居民点、水系等多方面的信息,是工程设计的依据。

可以从地形图上确定点与点之间的距离和直线间的夹角,确定直线的方位角并进行实地定向,确定点的高程和两点间的高差;可以从地形图上计算出面积和体积,从而确定用地面积、土石方量、蓄水量等;可以从地形图上确定各设计对象的施工数据;利用地形图可以编绘出一系列专题地图,如地籍图、地质图、水文图、土地利用规划图、建筑物总平面图和旅游图等。

7.2 地形图基本知识

7.2.1 地形图和比例尺

1. 地形图、平面图、地图

(1) 地形图:通过实地测量,将地面上各种地物、地貌的平面位置,按一定比例尺用《地形图图式》统一规定的符号和注记,缩绘在图纸上的平面图形。地形图既表示地物的平面位置又表示地貌形态,如图7-1所示。

(2) 平面图:将地面上各种地物的平面位置按一定比例尺、用规定的符号和线条缩绘在图纸上,并注有代表性的高程点的图。平面图只表示地物平面位置,不反映地貌形态,如图7-2所示。

(3) 地图:将地球上的自然、社会、经济等若干现象,按一定的数学法则采用综合原则绘成的图。

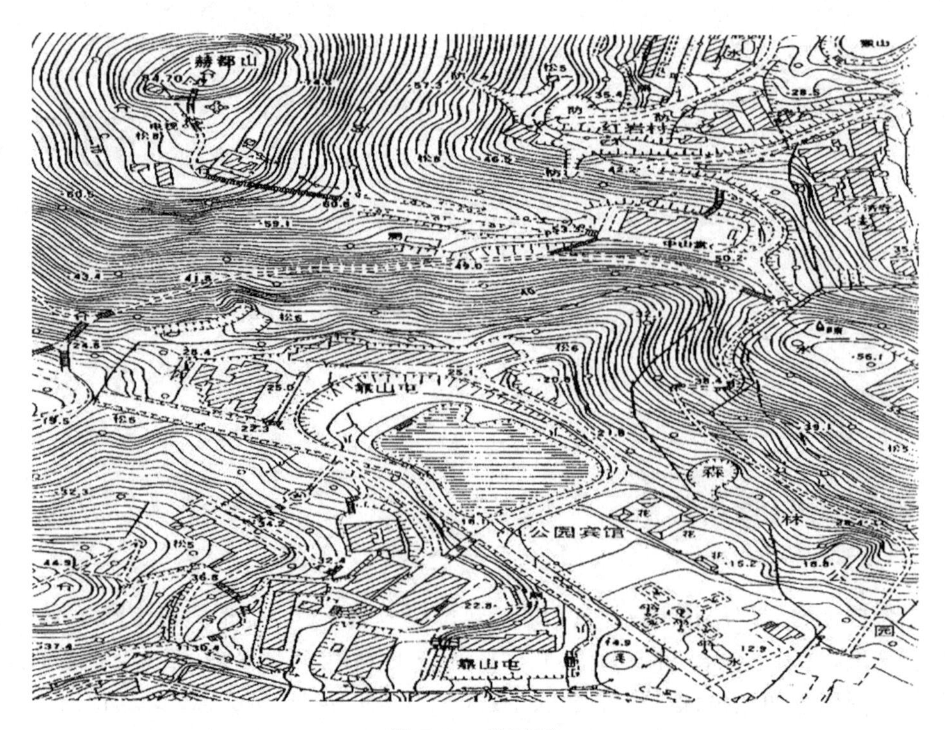

图 7－1　地形图

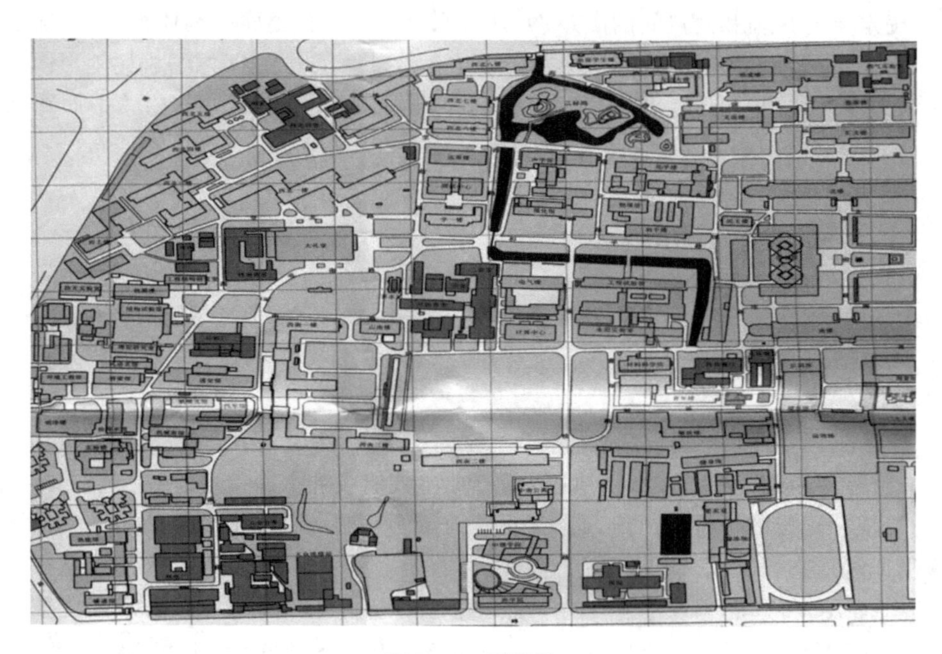

图 7－2　平面图

我们测量主要研究地形图，它是地球表面实际情况的客观反映，各项建设都要首先在地形图上进行规划、设计。

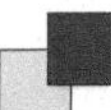

2. 比例尺

(1) 比例尺

地形图上任意一线段的长度与地面上相应线段的实际水平长度之比，称为地形图的比例尺。

$$地图比例尺=\frac{图上长度}{相应实地水平距离}$$

例如，某幅地图的图上长度1 cm，相当于实地水平距离10 000 cm，则此幅地图的比例尺为1∶10 000。

(2) 比例尺的种类

① 数字比例尺

数字比例尺一般用分子为1的分数形式表示。设图上某一直线的长度为d，地面上相应线段的水平长度为D，则图的比例尺为

$$\frac{d}{D}=\frac{1}{\frac{D}{d}}=\frac{1}{M}$$

式中：M为比例尺分母。

通常把数字比例尺小于1∶100 000(1∶10万)的地形图称为小比例尺地形图；1∶100 000、1∶50 000和1∶25 000、1∶10 000(1∶10万～1∶1万)的称为中比例尺地形图；1∶5 000、1∶2 000、1∶1 000和1∶500(1∶5 000～1∶500)的称为大比例尺地形图。建筑类各专业通常使用大比例尺地形图。我国规定，1∶1万、1∶2.5万、1∶5万、1∶10万、1∶25万、1∶50万、1∶100万7种比例尺地形图为国家基本比例尺地形图。

② 图示比例尺

为了用图方便，以及减小图纸伸缩而引起的误差，在绘制地形图时，常在图上绘制图示比例尺。如图7-3所示，对于1∶1 000的图示比例尺，绘制时先在图上绘两条平行线，再把它分成若干相等的线段，称为比例尺的基本单位，一般为2 cm；将左端的一段基本单位又分成十等分，每等分的长度相当于实地2 m。而每一基本单位所代表的实地长度为2 cm×1 000=20 m。

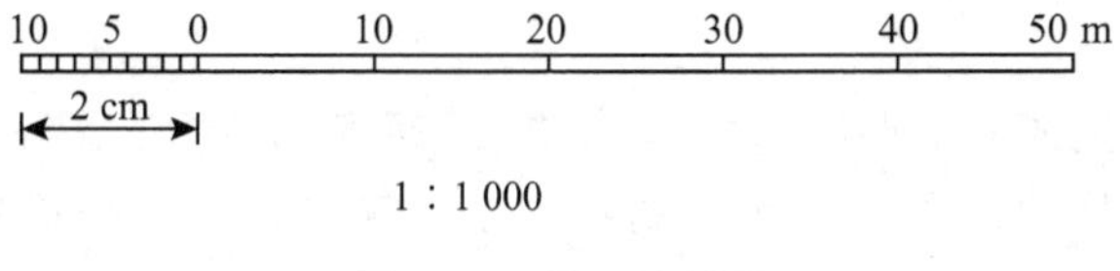

10 5 0 10 20 30 40 50 m

2 cm

1∶1 000

图7-3 图示比例尺

③ 除以上比例尺外还有工具比例尺 分画板、三棱尺等。

(3) 比例尺的应用

比例尺的大小是按照其比值的大小来衡量的，比值越大则比例尺越大。比例尺的大小决定着图上显示地形的详略。比例尺越大，图上显示的地形越详细，但一幅图上所包含的实地范围越小；比例尺越小，图上显示的地形越简略，但图中所包含的实地范围越大。

3. 比例尺的精度

一般认为,人的肉眼能分辨的图上最小距离是 0.1 mm,因此通常把图上 0.1 mm 所表示的实地水平长度,称为比例尺的精度。根据比例尺的精度,可以确定在测图时量距应准确到什么程度。另外,若设计规定了需要在图上能量出的实地最短长度,则根据比例尺的精度,可以确定测图比例尺。比例尺越大,其精度越高,如表 7-1 所列。

表 7-1 比例尺及其精度

比例尺	1∶500	1∶1 000	1∶2 000	1∶5 000	1∶10 000
比例尺精度/m	0.05	0.1	0.2	0.5	1.0

7.2.2 地形图的要素

1. 数学要素

(1) 比例尺

(2) 方格网(公里网)

在绘制大比例尺地形图时,先要建立方格网,以 10 cm×10 cm 为单元绘制。当比例尺为中比例尺或小比例尺时,以 2 cm×2 cm 为单元绘制网格,称为公里网。

(3) 分幅

为了保管和使用方便,我国对每一种基本比例尺地形图的图廓大小都作了规定,这就是地形图的分幅。地形图的分幅方法有两种:一种是经纬网梯形分幅法或国际分幅法;另一种是坐标格网正方形或矩形分幅法。

(4) 编号

地形图的编号是根据各种比例尺地形图的分幅,对每一幅地图给予一个固定号码。这种号码不能重复出现,并要保持一定的系统性。地形图编号最基本的方法是采用行列法,即把每幅图所在一定范围的行数和列数组成一个号码。

关于分幅和编号在 7.4 节会详细介绍。

2. 地形要素

地形是地物和地貌的总称。

(1) 地物

地物是地面上天然或人工形成的物体,如湖泊、河流、房屋、道路等。地面上的地物在地图上用统一规定的符号结合注记来表示,这些规定的符号称为地物符号。地物符号有下列几种。

① 依比例地物符号

有些地物的轮廓较大,如房屋、稻田和湖泊等,它们的形状和大小可以按测图比例尺缩小,并用规定的符号绘在图纸上,这种符号称为依比例地物符号,如图 7-4 所示。植被、土壤用符号,边界一般用虚线,房屋可主要标记结构和层次。

② 非比例地物符号

有些地物,如三角点、水准点、独立树和里程碑等,轮廓较小,无法将其形状和大小按比

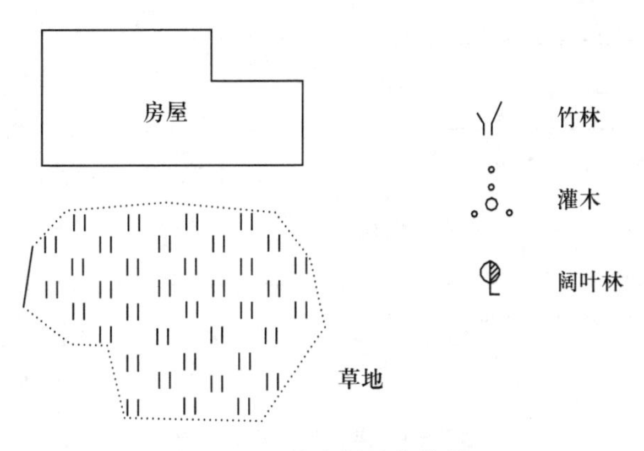

图 7-4 依比例地物符号

例绘到图上，则不考虑其实际大小，而采用规定的符号表示，这种符号称为非比例地物符号，如图 7-5 所示。

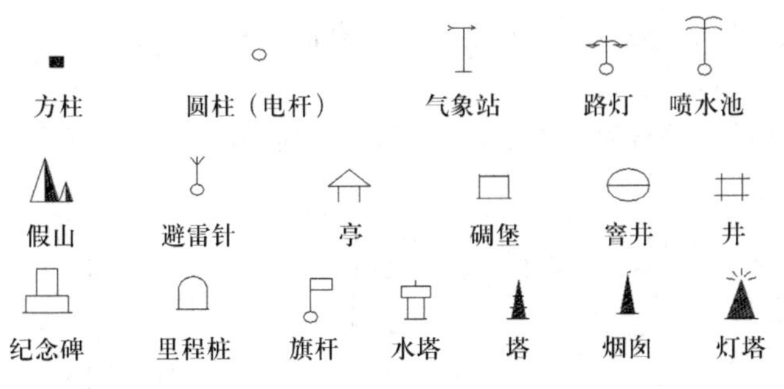

图 7-5 非比例地物符号

对于用非比例符号表示的地物，不仅其形状和大小不按比例绘出，而且符号的中心位置与该地物实地的中心位置关系，也随各种不同的地物而异，在测图和用图时应注意下列几点：

a. 规则的几何图形符号(圆形、正方形、三角形等)：以图形几何中心点为实地地物的中心位置。

b. 底部为直角形的符号(独立树、路标等)：以符号的直角顶点为实地地物的中心位置。

c. 宽底符号(烟囱、岗亭等)：以符号底部中心为实地地物的中心位置。

d. 几种图形组合符号(路灯、消火栓等)：以符号下方图形的几何中心为实地地物的中心位置。

e. 下方无底线的符号(山洞、窑洞等)：以符号下方两端点连线的中心为实地地物的中心位置。各种符号均按直立方向描绘，即与南图廓垂直。

③ 半依比例地物符号（线形符号）

一些带状延伸地物(如道路、通信线、管道、垣栅等)，其长度可按比例尺缩绘，而宽度无法按比例尺表示的符号，称为半依比例地物符号，如图 7-6 所示。这种符号的中心线一般表示其实地地物的中心位置，但是城墙和垣栅等实地地物的中心位置在其符号的底线上。

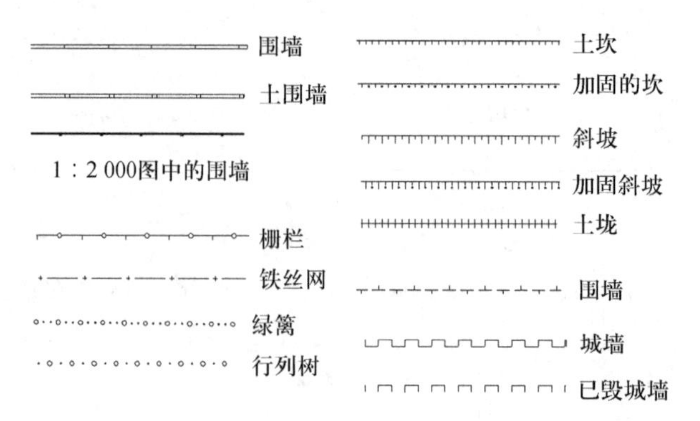

图 7-6 半依比例地物符号

(2) 地貌

地貌内容在 7.3 节单独介绍。

3. 专业要素

专业要素包括铁路、公路、房建、水电等设计勘测资料。

4. 注记

用文字、数字或特有符号对地物加以说明,称为地物注记,如图 7-7 所示。

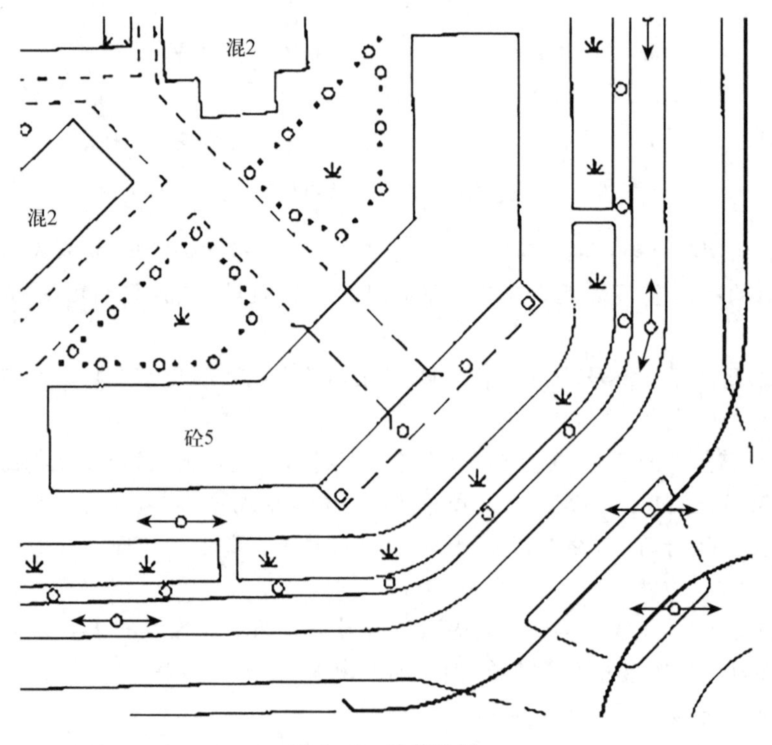

图 7-7 地物注记

7.3 地貌表示方法——等高线

地貌是指地表面的高低起伏状态，它包括山地、丘陵和平原等。测量工作中通常用等高线表示。不同地貌状态的地面倾角如表 7-2 所列。

表 7-2 不同地貌状态的地面倾角

地貌形态	地面倾角	地貌形态	地面倾角
平原	2°以下	山地	6°～25°
丘陵地	2°～6°	高山地	25°以上

1. 等高线的概念

等高线是地面上高程相同的点所连接而成的连续闭合曲线。

等高线的构成原理是：如图 7-8 所示，假想把一座山从底到顶按相等的高度一层一层水平切开，山的表面就出现许多大小不同的截口线，然后把这些截口线垂直投影到同一平面上，按一定比例尺缩小，从而得到一圈套一圈的表现山头的形状、大小、位置以及起伏变化的曲线图形。因为同一条曲线上各点的高程都相等，所以叫等高线，如图 7-9 所示。

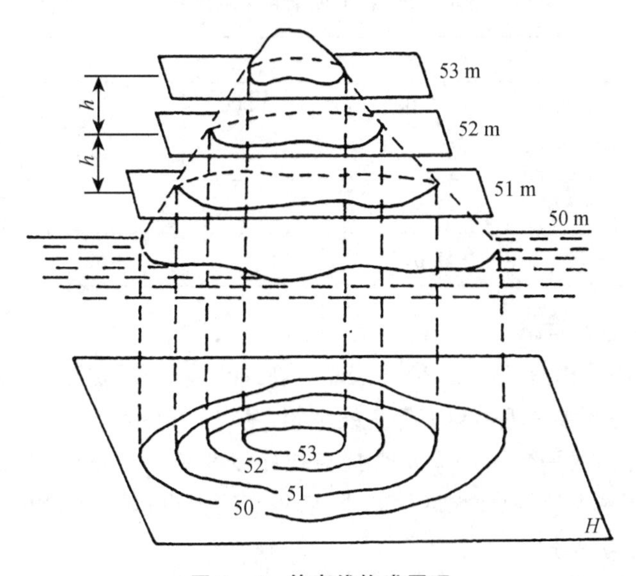

图 7-8 等高线构成原理

用等高线表示地貌时，若等高距选择过大，就不能精确显示地貌；若等高距选择过小，等高线就会太密集，从而失去图面的清晰度。因此，应根据地形和比例尺参照表 7-3 选用等高距。

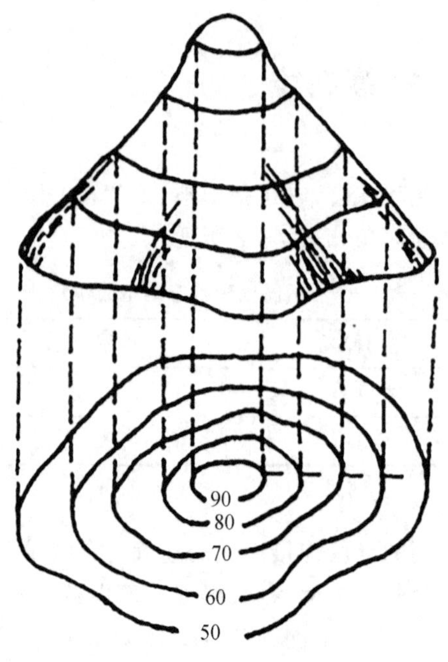

图 7－9　山体等高线

表 7－3　地形图的基本等高距

地形类别	比例尺				备　注
	1∶500	1∶1 000	1∶2 000	1∶5 000	
平地	0.5 m	0.5 m	1 m	2 m	等高距为 0.5 m时，特征点高程可注至厘米，其余均为注至分米
丘陵	0.5 m	1 m	2 m	5 m	
山地	1 m	1 m	2 m	5 m	

2. 等高距和等高线平距

等高线之间的高差称为等高距，用 h 表示。在同一幅地形图上，等高距是相同的。

相邻等高线之间的水平距离称为等高线平距，常以 d 表示。因为同一幅地形图上等高距是相同的，所以等高线平距 d 的大小直接与地面坡度有关。等高线平距越小，地面坡度就越大；等高线平距越大，则地面坡度就越小；若等高线平距相等，则地面坡度相同。

3. 典型地貌的等高线

（1）山丘和洼地（盆地）

示坡线是垂直于等高线的短线，用以指示坡度下降的方向。若示坡线从内圈指向外圈，说明地貌中间高，四周低，为山丘。若示坡线从外圈指向内圈，说明地貌四周高，中间低，故为洼地。

（2）山脊和山谷

山脊是沿着一个方向延伸的高地。山脊的最高棱线称为山脊线。山脊的等高线表现为一组凸向低处的曲线。

山谷是沿着一个方向延伸的洼地，位于两个山脊之间。贯穿山谷最低点的连线称为山谷线。山谷的等高线表现为一组凸向高处的曲线，如图 7－10 所示。

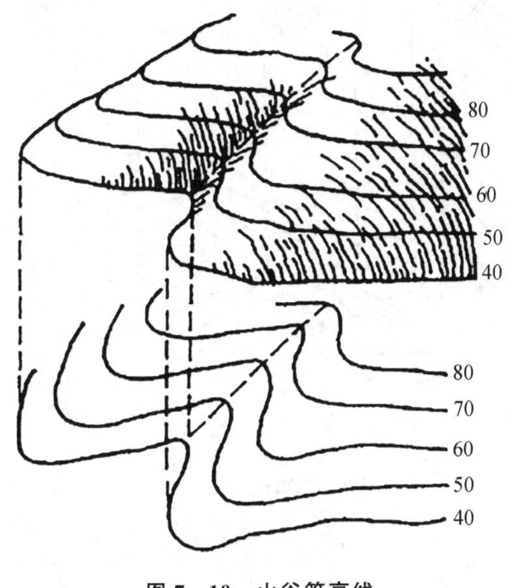

图 7－10 山谷等高线

山脊附近的雨水必然以山脊线为分界线，分别流向山脊的两侧，因此，山脊又称分水线。而在山谷中，雨水必然由两侧山坡流向谷底，向山谷线汇集，因此，山谷线又称集水线。

（3）鞍部

鞍部是相邻两山头之间呈马鞍形的低凹部位。鞍部往往是山区道路通过的地方，也是两个山脊与两个山谷会合的地方。鞍部等高线的特点是在一圈大的闭合曲线内，套有两组小的闭合曲线，如图 7－11 所示。

（4）陡崖和悬崖

陡崖是坡度在 70°以上的陡峭崖壁，有石质和土质之分。

悬崖是上部突出、下部凹进的陡崖，这种地貌的等高线出现相交。俯视时隐蔽的等高线用虚线表示，如图 7－12 所示。

4. 等高线的分类

（1）首曲线

在同一幅图上，按规定的等高距描绘的等高线称首曲线，也称基本等高线。它是宽度为 0.15 mm 的细实线。

（2）计曲线

为了读图方便，凡是高程能被 5 倍基本等高距整除的等高线加粗描绘，称为计曲线。

（3）间曲线和助曲线

当首曲线不能显示地貌的特征时，按 1/2 基本等高距描绘的等高线称为间曲线，在图上用长虚线表示。有时为显示局部地貌的需要，按四分之一基本等高距描绘的等高线，称为助

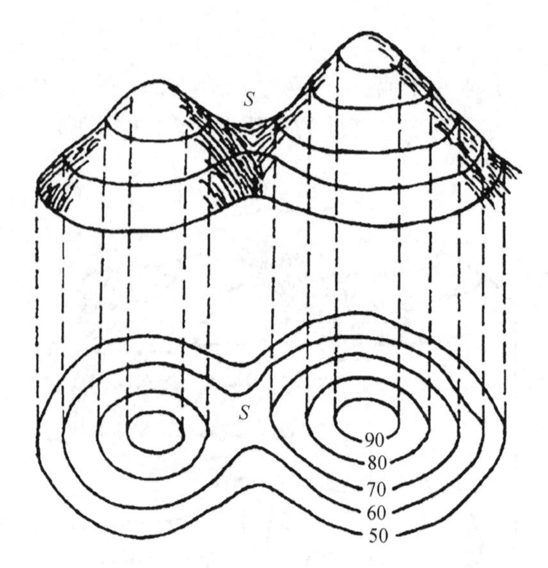

图 7－11　鞍部

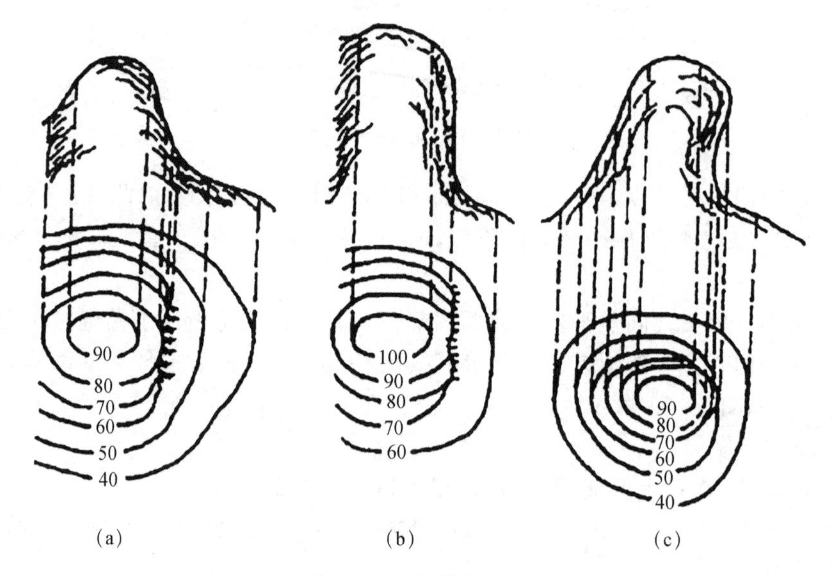

图 7－12　悬崖和峭壁

曲线，在图上一般用短虚线表示。

5. 等高线的特性

(1) 同一条等高线上各点的高程都相等。

(2) 等高线是闭合曲线，若不在本图幅内闭合，则必在图外闭合。

(3) 除在悬崖或绝壁处外，等高线在图上不能相交或重合。

(4) 等高线的平距小表示坡度陡，平距大表示坡度缓，平距相等则表示坡度相等。

(5) 等高线与山脊线、山谷线成正交。

控制测量工作结束后，即可根据图根控制点测定地物、地貌特征点的平面位置和高程，

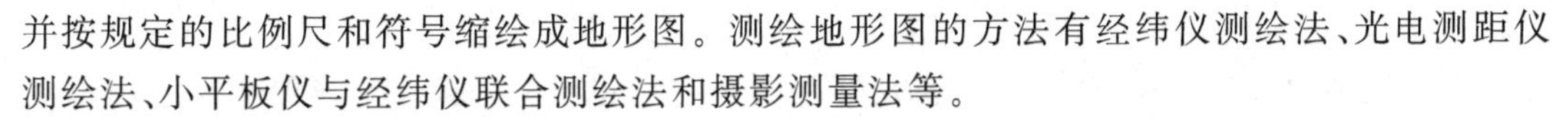

并按规定的比例尺和符号缩绘成地形图。测绘地形图的方法有经纬仪测绘法、光电测距仪测绘法、小平板仪与经纬仪联合测绘法和摄影测量法等。

6. 高程的起算和注记

我国规定:把“1985 年黄海平均海水面”作为全国统一的高程起算面,高于该面的高程为正,低于该面的高程为负。从黄海平均海水面起算的高程,叫真高,也叫海拔或绝对高程;从假定水平面起算的高程,叫假定高程或相对高程。地貌、地物由所在地面起算的高度,叫比高。起算面相同的两点之间的高程之差,叫高差。

地形图上的高程注记有 3 种,即控制点高程、等高线高程和比高。控制点(包括三角点、埋石点、水准点等)的高程注记用黑色,字头朝向北图廓;等高线的高程注记用棕色,字头朝向上坡方向;比高注记与其所属要素的颜色一致,字头朝向北图廓。

7. 地貌识别

地貌形态繁多,但主要由一些典型地貌的不同组合而成。要用等高线表示地貌的关键在于掌握等高线表达典型地貌的特征,如表 7-4 所列。典型地貌有:

表 7-4 地貌类型

地形	表示方法	示意图	等高线图	地形特征	说明
山丘 山峰	闭合曲线外低内高▲符号	山顶 山坡 山麓		四周低、中部高	示坡线画在等高线外侧,坡度向外侧降
山脊	等高线凸向低处,中间高于两侧	山脊	800 600 400 200	从山顶到山麓凸起高耸部分	山脊线也叫分水线
山谷	等高线凸向高处,中间低于两侧	山谷	600 400 200	山脊之间低洼部分	山谷线也叫集水线
鞍部	两组山峰的等高线之间的区域	鞍部		相邻两个山顶之间呈马鞍形	鞍部是山谷线最高处,山脊线最低处
峭壁 陡崖	多条等高线会合重叠在一处			近于垂直的山坡,称峭壁或陡崖	
盆地 洼地	闭合曲线外高内低			四周高、中间低	示坡线画在等高线内侧,坡度向内侧降

(1) 山顶、山丘、洼地

山的最高部位叫山顶。山顶依其形状可分为尖顶、圆顶和平顶。地形图上表示山顶的等高线是一个小环圈,环圈外通常会有示坡线。

示坡线是从等高线起向下坡方向垂直于等高线的短线,示坡线从内圈指向外圈,说明中间高,四周低,由内向外为下坡,故为山丘或山头;示坡线从外圈指向内圈,说明中间低,四周高,由外向内为下坡,故为洼地或盆地。

(2) 山背、山谷

山背是从山顶到山脚的凸起部分。地形图上表示山背的等高线以山顶为准,等高线向外凸出。各等高线凸出部分顶点的连线,就是分水线。山谷是相邻山背、山脊之间的低凹部分。地形图上表示山谷的等高线以山顶或鞍部为准,等高线向里凹入(或向高处凸出)。各等高线凹入部分顶点的连线,就是集水线。

(3) 鞍部、山脊

鞍部是相邻两山头之间低凹部位呈马鞍形的地貌。鞍部俗称垭口,是两个山脊与两个山谷的会合处,其等高线由一对山脊和一对山谷的等高线组成。山脊是由数个山顶、山背、鞍部相连所形成的凸棱部分。山脊的最高棱线叫山脊线。

(4) 斜面

从山顶到山脚的倾斜面叫斜面,也叫斜坡或山坡。在地形图上明确斜面的具体形状,对定向越野有一定价值。斜面按其形状可分为如下几种:

① 等齐斜面:实地坡度基本一致的斜面叫等齐斜面,全部斜面均可通视。地形图上,从山顶到山脚,间隔基本相等的一组等高线对应的是等齐斜面。

② 凸形斜面:实地坡度为上缓、下陡的斜面叫凸形斜面,部分地段不能通视。地形图上,从山顶到山脚,间隔为上面稀、下面密的一组等高线对应的是凸形斜面。

③ 凹形斜面:实地坡度为上陡、下缓的斜面叫凹形斜面,全部斜面均可通视。地形图上,从山顶到山脚,间隔为上面密、下面稀的一组等高线对应的是凹形斜面。

④ 波状斜面:实地坡度交叉变换、陡缓不一、呈波状形的不规则斜面叫波状斜面,若干地段不能通视。地形图上,表示该类斜面的等高线间隔稀密不均,没有规律。

(5) 陡崖和悬崖

陡崖是坡度在70°以上的陡峭崖壁,有石质和土质之分。悬崖是上部突出、中间凹进的地貌。

8. 高程、高差、起伏、坡度和通视的判定

(1) 高程的判定。判定某点的高程主要是根据山顶及等高线上的高程注记和等高距进行推算。

(2) 高差的判定。判定两点高差时,可先判定两点的高程,然后相减即得高差。

(3) 起伏的判定。判定起伏就是在地图上判定哪儿是上坡,哪儿是下坡,哪儿是平地。判定起伏时,首先要对判定区域进行总的地势分析,在该区域内,找出明显的山顶,分析山顶间的联系,找出山脊以及主要分水线、集水线的走向;然后结合河流、溪沟的具体位置,判定出总的升降方向。对总的地势分析之后,进行具体分析时要注意基本的一点,即在地图上,

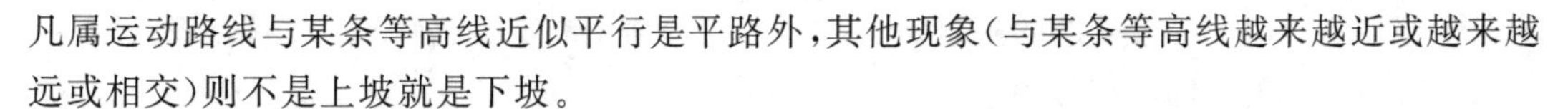

凡属运动路线与某条等高线近似平行是平路外，其他现象（与某条等高线越来越近或越来越远或相交）则不是上坡就是下坡。

（4）坡度的判定。坡度即斜面对水平面的倾斜程度，常以角度或倾斜百分率表示。判定坡度即判定运动路线的某一局部或山体某一斜面的坡度多少度，或是百分之几的坡度。根据等高线的间隔来判定坡度，也可以利用坡度尺量测。

（5）通视的判定。在图上判定两点间的通视情况主要是根据观察点、遮蔽点、目标点三者的关系位置和高程而定。

坐标：确定地面、空间和平面上某点相对位置的角度值和长度值称为该点的坐标。利用坐标能迅速而准确地确定点位，指示目标。军事上常用的有地理坐标和平面直角坐标。在不同比例尺地形图上分别绘有地理坐标网和平面直角坐标网。

地理坐标：确定地面某点位置的角度值称为该点的地理坐标。

平面直角：确定平面上某点相对位置的长度值称为该点的平面直角坐标。

7.4 地形图的分幅与编号

为了便于管理和使用地形图，需要将各种比例尺的地形图进行统一分幅和编号。有两类分幅方法：一类是按经纬线分幅的梯形分幅法（又称为国际分幅），适合于中小比例尺地形图；另一类是按坐标格网分幅的矩形分幅法，适合于大比例尺地形图。

7.4.1 地形图的梯形分幅与编号

地形图的梯形分幅和编号中，各个图幅之间的关系如图 7－13 所示。

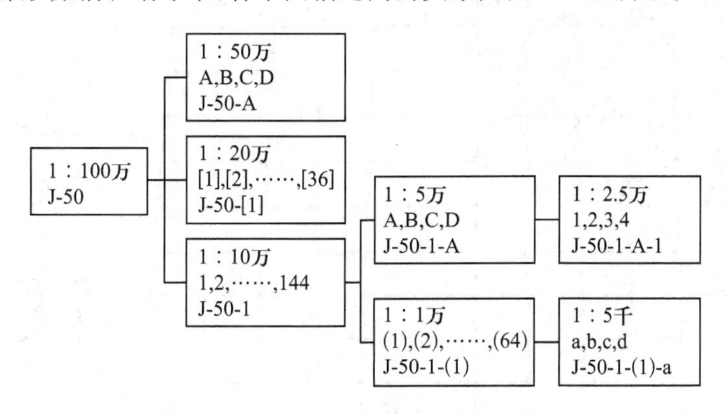

图 7－13 地形图梯形分幅和编号示例

（1）1∶1 000 000 比例尺图的分幅与编号（图 7－14）

按国际上规定，1∶1 000 000 的世界地图实行统一分幅和编号。即自赤道向北或向南分别按纬差 4°分成横列，各列依次用 A、B、…、V 表示。自经度 180°开始起算，自西向东按经差 6°分成纵行，各行依次用 1、2、…、60 表示。每一幅图的编号由其所在的“横列—纵行”

的代号组成。例如，北京某地的经度为东经 118°24′20″，纬度为北纬 39°56′30″，则所在的 1∶1 000 000 比例尺图的图号为 J－50。

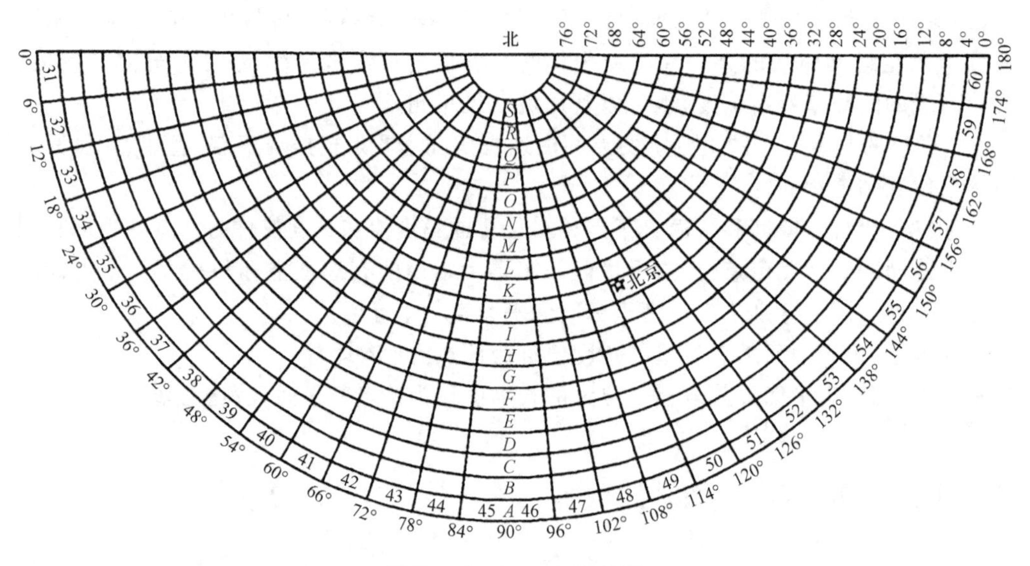

图 7－14　1∶100 万分幅

（2）1∶100 000 比例尺图的分幅与编号（图 7－15）

将一幅 1∶1 000 000 的图，按经差 30′、纬差 20′分为 144 幅 1∶100 000 的图。

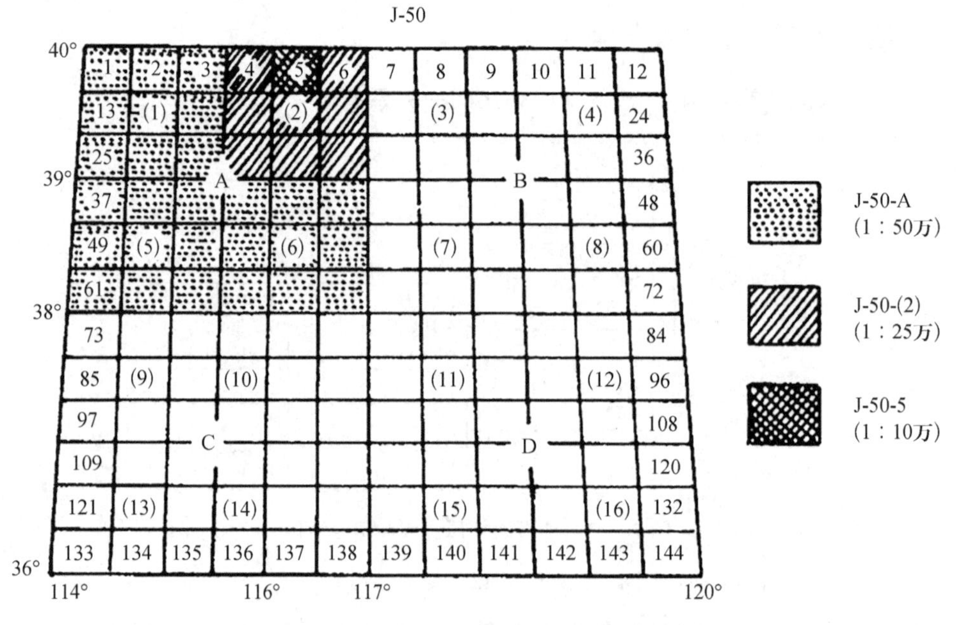

图 7－15　1∶50 万、1∶25 万、1∶10 万分幅与编号

（3）1∶50 000、1∶25 000、1∶10 000 比例尺图的分幅与编号（图 7－16）

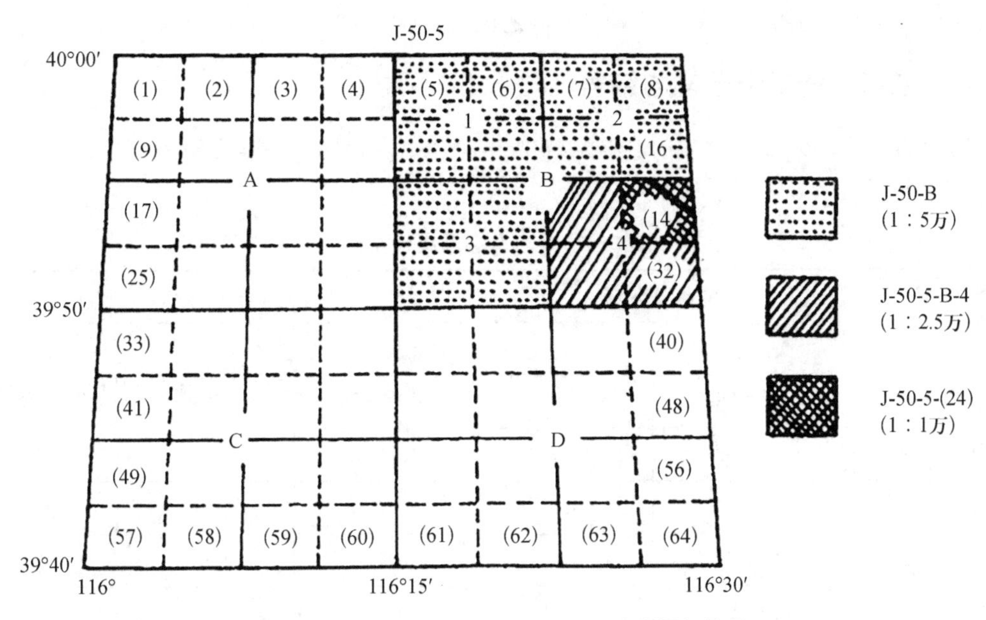

图 7-16　1∶5 万、1∶2.5 万、1∶1 万分幅与编号

这 3 种比例尺图的分幅编号都是以 1∶100 000 比例尺图为基础的。每幅 1∶100 000 的图划分成 4 幅 1∶50 000 的图，分别在 1∶100 000 的图号后写上各自的代号 A、B、C、D。每幅 1∶50 000 的图又可分为 4 幅 1∶25 000 的图，分别以 1、2、3、4 编号。每幅 1∶100 000 的图又可分为 64 幅 1∶10 000 的图，分别以(1)、(2)、…、(64)表示。

(4) 1∶5 000 和 1∶2 000 比例尺图的分幅与编号(图 7-17)

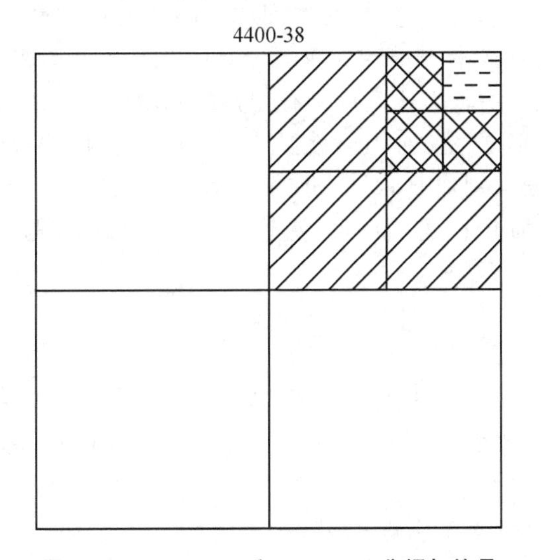

图 7-17　1∶5 000 和 1∶2 000 分幅与编号

1∶5 000 和 1∶2 000 比例尺图的分幅编号是在 1∶10 000 图的基础上进行的。每幅 1∶10 000 的图分为 4 幅 1∶5 000 的图，分别在 1∶10 000 的图号后面写上各自的代号 a、b、c、 d。每幅1∶5 000的图又分成9幅1∶2 000的图，分别以1、2、…、9表示。

7.4.2 地形图的矩形分幅与编号

图幅为矩形：50 cm×50 cm，40 cm×50 cm，40 cm×40 cm，基本方格为10 cm×10 cm，如表7-5所列。

表7-5 矩形分幅及实地面积

比例尺	40×50分幅		40×40、50×50分幅		
	图幅大小 cm×cm	实地面积/km^2	图幅大小 cm×cm	实地面积/km^2	1∶5 000的图所含幅数
1∶5 000	40×50	5	40×40	4	1
1∶2 000	40×50	0.8	50×50	1	4
1∶1 000	40×50	0.2	50×50	0.25	16
1∶500	40×50	0.05	50×50	0.625	64

大比例尺地形图大多采用矩形分幅法，它是按统一的直角坐标格网划分的。采用矩形分幅时，大比例尺地形图的编号一般采用图幅西南角坐标公里数编号法。其西南角的坐标 x＝3 530.0 km，y＝531.0 km，所以其编号为“3 530.0—531.0”。编号时，对于比例尺为1∶500的地形图，坐标值取至0.01 km，而对于1∶1 000、1∶2 000的地形图，坐标值取至0.1 km。

某些工矿企业和城镇的面积较大，并且测绘有几种不同比例尺的地形图，编号时以1∶5 000比例尺图为基础，并作为包括在本图幅中的较大比例尺图幅的基本图号。例如，某1∶5 000图幅西南角的坐标值 x＝20 km，y＝10 km，则其图幅编号为“20—10”。这个图幅编号将作为该图幅中的较大比例尺所有图幅的基本图号。也就是在1∶5 000图幅编号的末尾分别加上罗马字Ⅰ、Ⅱ、Ⅲ、Ⅳ，就是1∶2 000比例尺图幅的编号。同样，在1∶2 000图幅编号的末尾再分别加上Ⅰ、Ⅱ、Ⅲ、Ⅳ，就是1∶1 000图幅的编号；在1∶1 000比例尺的图幅编号末尾再加上Ⅰ、Ⅱ、Ⅲ、Ⅳ，就是1∶500图幅的编号。

思考练习题

1. 名词解释

(1) 比例尺　(2) 比例尺精度　(3) 地貌　(4) 等高线

(5) 等高距　(6) 等高线平距　(7) 山脊线　(8) 山谷线

2. 简答题

(1) 什么是地形图？什么是地物？

(2) 什么是地物符号？地物符号分为几种类型？它们分别是什么？

(3) 什么是等高线？等高线分几种？

(4) 等高线的特点有哪些？

第8章 大比例尺地形图测绘

大比例尺地形图测绘的特点是，测区范围小，测图比例尺大，精度要求高。对于1∶500～1∶5 000的大比例尺地形图测绘可采用传统方式进行模拟测图，也可以采用数字化测图方式进行测绘。

8.1 图根控制测量

在进行大比例尺地形图测量时，由于测区范围小，如果没有可以联测的国家已知控制点，则对整个测区建立独立平面直角坐标系统，根据测区范围合理选择控制点，布设图根控制导线。假设已知起始点坐标和起始边坐标方位角，利用导线外业和内业计算的方法，计算未知控制点的坐标，并作为测量碎部点的测站点。

为了将测区坐标与国家大地坐标相对应起来，采用RTK的方法测量控制点坐标，起始边坐标方位角能够直接根据控制点坐标计算而得，这样数据会更加精确。

8.2 测图前准备工作

测图前，做好仪器、工具及资料的准备工作，做好测图板的准备工作，包括准备图纸、绘制坐标格网及展绘控制点等工作。

1. 准备图纸

对于临时性测图，可将图纸直接固定在图板上进行测绘；对于需要长期保存的地形图，为了减小图纸变形，应将图纸裱糊在锌板、铝板或胶合板上。

目前，各测绘部门大多采用聚酯薄膜，其厚度为0.07～0.1 mm，表面经打毛后，便可代替图纸用来测图。

2. 绘制坐标格网

为了准确地将图根控制点展绘在图纸上，首先要在图纸上精确地绘制10 cm×10 cm的直角坐标格网。绘制坐标格网可用坐标仪或坐标格网尺等专用仪器工具。

3. 展绘控制点

展点前，要按图的分幅位置，将坐标格网线的坐标值注在相应格网边线的外侧。展点时，首先要根据控制点的坐标，确定所在的方格；然后将图幅内所有控制点展绘在图纸上，并在点的右侧以分数形式注明点号及高程；最后用比例尺量出各相邻控制点之间的距离，与相应的实地距离比较，其图上差值不应超过 0.3 mm，如表 8-1 所列。

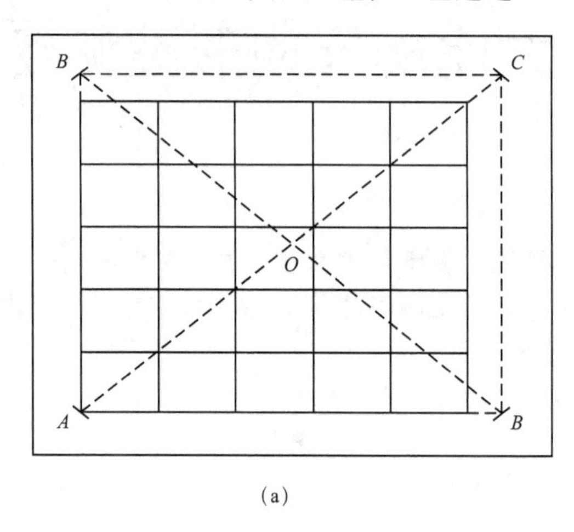

(a)

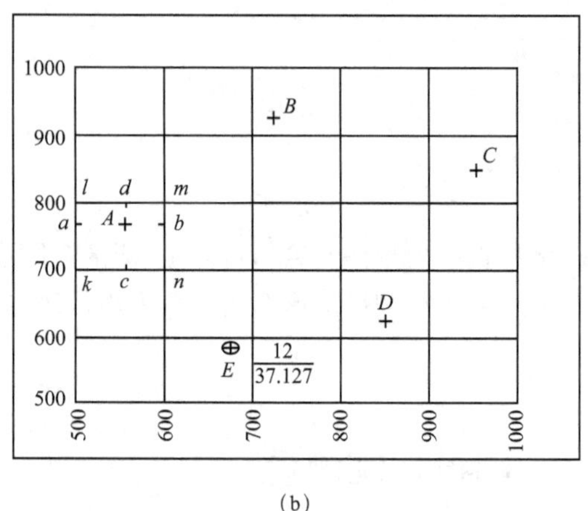

(b)

图 8-1 展绘控制点

8.3 碎部点测量

碎部点测量就是测定碎部点的平面位置和高程。

8.3.1 碎部点的选择

应选地物、地貌的特征点作为碎部点对于地物，碎部点应选在地物轮廓线的方向变化处，如房角点、道路转折点、交叉点、河岸线转弯点以及独立地物的中心点等。连接这些特征点便得到与实地相似的地物形状。由于地物形状极不规则，一般规定，主要地物凸凹部分在图上大于 0.4 mm 时均应表示出来，小于 0.4 mm 时可用直线连接。对于地貌来说，碎部点应选在最能反映地貌特征的山脊线、山谷线等地形线上，如山顶、鞍部、山脊、山谷、山坡、山脚等坡度变化及方向变化处。根据这些特征点的高程勾绘等高线，即可将地貌在图上表示出来。

8.3.2 碎部点测量方法

测定碎部点的方法有极坐标法、方向交会法和距离交会法。

1. 极坐标法

极坐标法是根据测站点上的一个已知方向，测量已知方向与所求方向间的角度和测站点至所求点的距离，以确定所求点位置的一种方法。当待测点与碎部点之间距离便于测量时，通常采用极坐标法。这种方法适用于通视良好的开阔地区，是一种非常灵活且最主要的测回碎部点的方法。

如图8-2所示，设A、B为地面上的两个已知点，欲测定碎部点(房角点)$1,2,\cdots,n$的坐标，可以将仪器安置在A点，以AB方向作为零方向，观测水平角$1,2,\cdots,n$，测定距离$S_1,S_2,\cdots,S_n$，然后利用极坐标计算公式计算碎部点i $(i=1,2,\cdots,n)$的坐标。

$$\begin{cases}X_i=X_A+S_{A1}\cdot\cos\alpha\\Y_i=Y_A+S_{A1}\cdot\sin\alpha\end{cases}$$

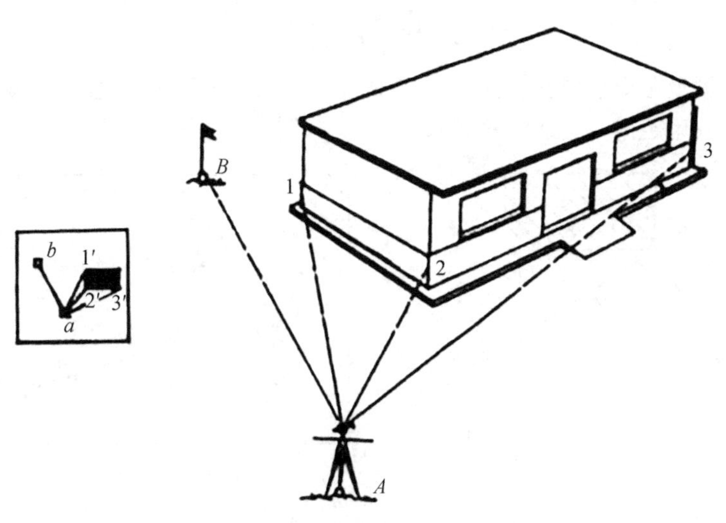

图8-2　极坐标法

测图时，可按碎部点坐标直接展绘在测图纸上，也可根据水平角和水平距离用图解法将碎部点直接展绘在图纸上。

碎部点的高程计算公式为

$$H_i=H_{测站}+D\cdot\tan\alpha+i-\nu$$

式中：D为测站点至碎部点的水平距离；α为仪器照准碎部点标尺视线的竖直角；i为仪器高；ν为标尺的中丝读数或棱镜高。

2. 方向交会法

方向交会法又称角度交会法，是分别在两个已知测点上对同一碎部点进行角度测量，并确定方向线进行方向交会以确定碎部点位置的一种方法。该方法适合于测绘目标明显、距离较远、易于瞄准的碎部点，如电杆、水塔、烟囱。如图8-3(a)所示，A、B为已知点，1、2为河流对岸的电杆。在A点测定水平角α_1、α_2，在B点测定水平角β_1、β_2，根据观测的水平角或方向线在图上交会出1、2点，如图8-3(b)所示。

3. 距离交会法

距离交会法是测量两个已知点到碎部点的距离来确定碎部点位置的一种方法。如图8-4(a)所示，A、B为已知点，P为待测点，测量距离S_1、S_2，利用距离交会公式或者图解

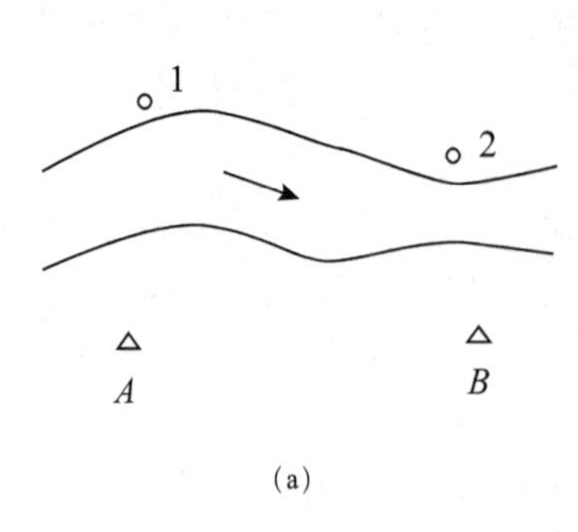

(a)

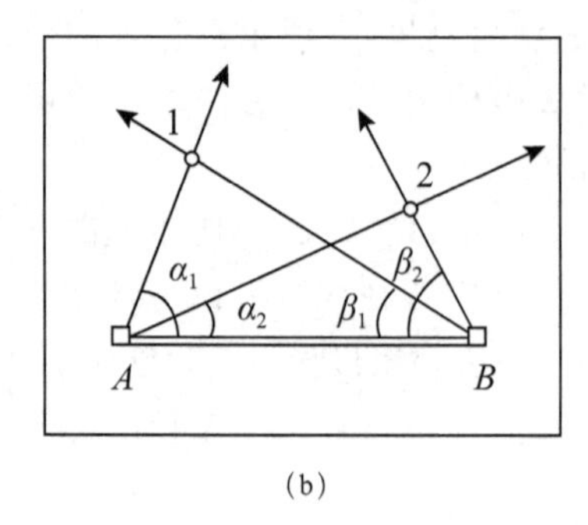

(b)

图 8-3 方向交会法

法,在图上根据测量距离绘出交会点。当碎部点到已知点的距离不超过一尺段且地势平坦便于量距时,可采用距离交会法测绘碎部点。

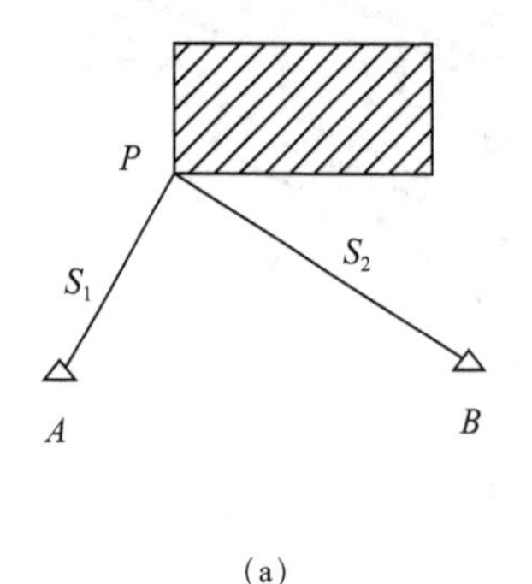

(a)

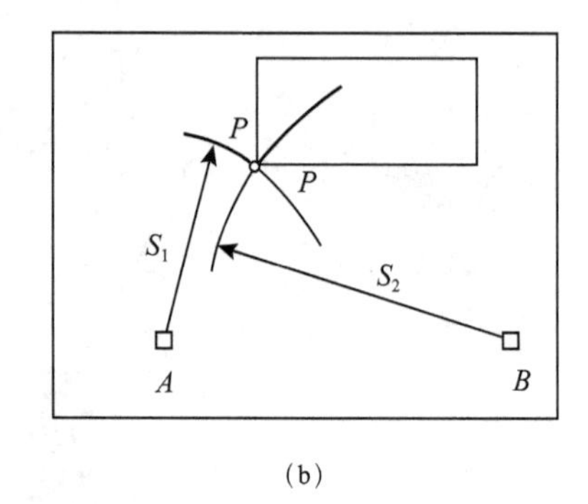

(b)

图 8-4 距离交会法

8.3.3 碎部点测量注意事项

(1) 观测人员在读取竖盘读数时,要注意检查竖盘指标水准管气泡是否居中。每观测20～30个碎部点,就应重新瞄准起始方向以检查其变化情况。经纬仪测绘法的起始方向度盘读数偏差不得超过4′。用小平板仪测绘时,起始方向偏差在图上不得大于0.3 mm。

(2) 立尺人员应将标尺竖直,并随时观察立尺点周围情况,弄清碎部点之间的关系。若地形复杂还需绘出草图,以协助绘图人员做好绘图工作。

(3) 绘图人员要注意图面正确整洁,注记清晰,并做到随测点,随展绘,随检查。

(4) 当每站工作结束后,应进行检查,在确认地物、地貌无错测或漏测后,方可迁站。

8.4 模拟测图方法

在实地测量碎部点数据,在纸质介质上绘制地形图,称为模拟测图。模拟地形图测绘的方法有经纬仪测绘法、平板仪测绘法及小平板仪与经纬仪联合测图法。

8.4.1　经纬仪测绘法

经纬仪测绘法的操作步骤如下(图 8-5)：

(1) 安置仪器于测站点 A(控制点),量取仪器高 I 填入手簿。

(2) 定向：置水平度盘读数为 $0°00'00''$,后视另一控制点 B。

(3) 立尺：立尺员依次将尺立在地物、地貌特征点上。在立尺前,立尺员应弄清实测范围和实地情况,选定立尺点,并与观测员、绘图员共同商定跑尺路线。

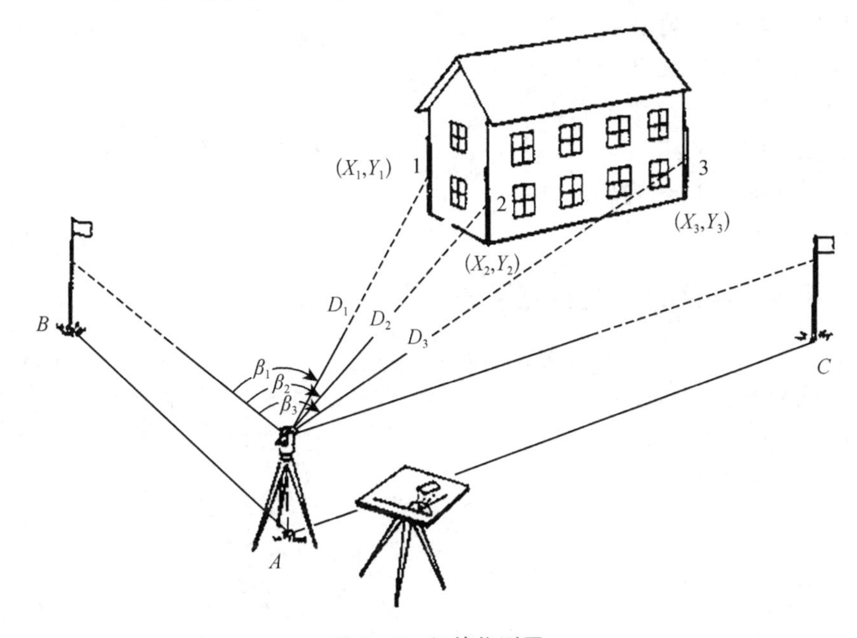

图 8-5　经纬仪测图

(4) 观测：转动照准部,瞄准标尺,获取视距间隔、中丝读数、竖盘读数及水平角。

(5) 记录：将测得的视距间隔、中丝读数、竖盘读数及水平角依次填入手簿。对于有特殊作用的碎部点,如房角、山头、鞍部等,应在备注中加以说明。

(6) 计算：依视距,竖盘读数或竖直角度,用计算器计算出碎部点的水平距离和高程。

(7) 展绘碎部点：用细针将量角器的圆心插在图 8-5 中测站点 A 处,转动量角器,将量角器上等于水平角值的刻划线对准起始方向线,此时量角器的零方向便是碎部点方向;然后用测图比例尺按测得的水平距离在该方向上定出点的位置,并在点的右侧注明其高程。

同法测出其余各碎部点的平面位置与高程,绘于图上,并随测、随绘等高线和地物。

当将仪器搬到下一测站时,应先观测前一站所测的某些明显碎部点。若测区面积较大,可分成若干图幅分别测绘,最后拼接成全区地形图。为了相邻图幅的拼接,每幅图应测出图廓外 5 mm。

8.4.2 平板仪测绘法

平板仪测图法主要应用于小面积大比例尺的地形图或平面图测绘。

平板仪测绘原理如图 8-6 所示，设地面上有 A、B、C 三点，欲将这三点测绘于图上，可在 A 点水平安置一个固定有图纸的图板，将地面点 A 沿铅垂方向投影到图纸上；定出 AB 方向线，并量取距离，在方向线上截取按比例尺缩绘的距离，确定 B 点在图上的位置；C 点在图上的位置确定方法与 B 点相同。

图 8-6 平板仪测绘

8.4.3 小平板仪与经纬仪联合测图法

如图 8-7 所示，将小平板仪安置在测站上，以描绘测站至碎部点的方向；而将经纬仪安置在测站旁边，以测定经纬仪至碎部点的距离和高差；最后用方向与距离交会的方法定出碎部点在图上的位置。

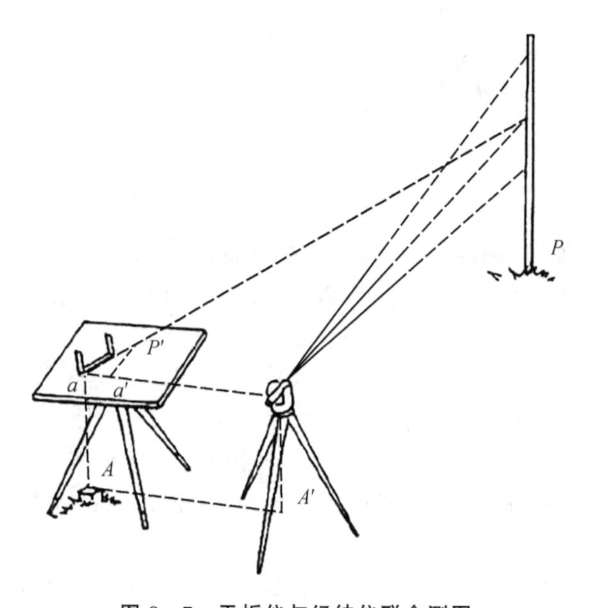

图 8-7 平板仪与经纬仪联合测图

8.5 地物及地貌绘制

8.5.1 地物描绘

地物包括自然地物(如河流、湖泊、森林、草地、独立岩石等)和人工地物(如房屋、铁路、公路、水渠、桥梁等)。凡是能以比例尺表示的地物,均应将它们的水平投影位置按相似的几何形状描绘在地形图上。而不能以比例尺表示的地物,如水塔、烟囱、纪念碑等,则以相应的地物符号表示在地物的中心位置上。地物测绘主要是测定地物形状的特征点,如地物的转折点、交叉点和中心点等,连接这些特征点,可得与实地相似的地物形状。

地物要按地形图图式规定的符号表示。房屋轮廓需要用直线连接起来,而道路、河流的弯曲部分则要逐点连成光滑的曲线。注意不能依比例描绘的地物应按规定的非比例符号表示。

8.5.2 等高线勾绘

地貌的测绘主要是等高线的测绘。首先要测定地貌的特征点,如山顶和鞍部、山脊和山谷的地形变换点,山坡倾斜变换点,山脚地形变换点等。用测图方法测定这些变换点的位置,并在图上标定出来,然后根据等高线特点勾绘等高线。

勾绘等高线时,首先用铅笔轻轻描绘出山脊线、山谷线等地形线,再根据碎部点的高程勾绘等高线。不能用等高线表示的地貌,如悬崖、峭壁、土堆、冲沟、雨裂等,应按规定的符号表示。将高程相等的相邻点连成光滑的曲线,这种曲线即为等高线。

勾绘等高线时,要对照实地情况,并注意等高线通过山脊线、山谷线的走向。地形图等高距的选择与测图比例尺与地面坡度有关,如图 8-8 所示。

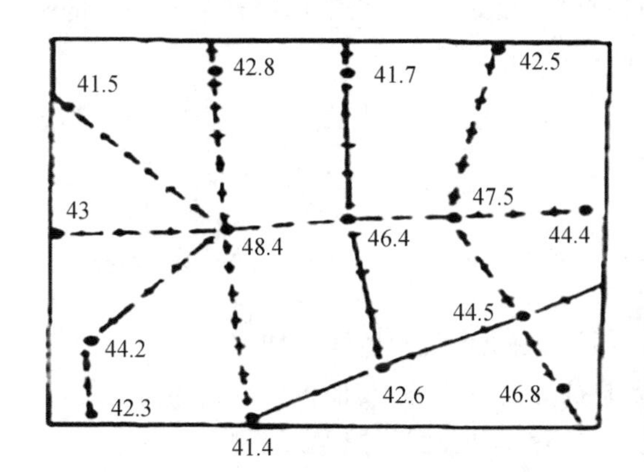

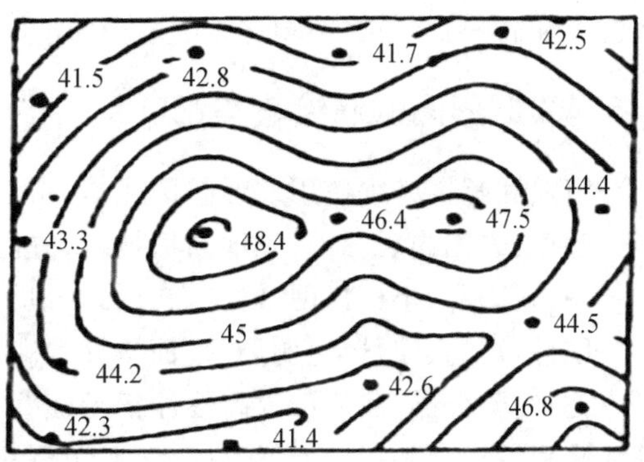

图 8-8 等高线绘制

8.5.3 地形图的拼接、检查、清绘与整饰

1. 地形图的拼接

在绘制地形图时，若测区面积较大、按照确定的比例尺在一幅图内无法测绘整个测区，则需要分幅测绘。由于测量和绘图误差的影响，在相邻图幅交接处，常出现同一地物错位、同一条等高线错开而使得绘制出的地物与地貌不吻合的现象，如图 8-9 所示。

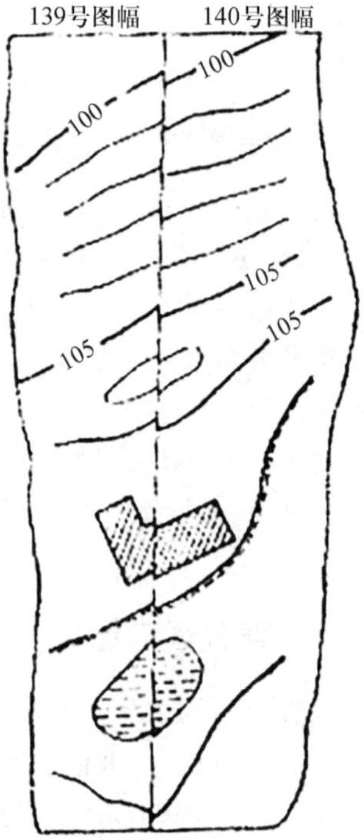

为了图幅拼接的需要，规定测绘时应测出图廓外 0.5 cm 以上；拼接时用 3～5 cm 宽的透明纸带蒙在接图边上，把靠近图边的图廓线、格网线、地物、等高线描绘在纸带上，然后将相邻图幅与同一图边进行拼接。当误差在允许范围内时，可将相邻图幅按平均位置进行改正。

图 8-9 图幅的拼接

2. 地形图的检查

地形图的检查方法一般可分为室内检查、巡视检查和使用仪器设站检查。

(1) 室内检查

主要检查记录、计算有无错误，图根点的数量和地貌点的密度等是否符合要求，综合取舍是否恰当以及接边是否符合要求等。

(2) 巡视检查

沿拟定的路线将原图与实地进行对照，查看地物有无遗漏，地貌是否与实地相符，符号、注记等是否正确，发现问题及时改正。

(3) 使用仪器设站检查

采用与测图时同样的方法在原已知点(图根点)上设站，重新测定周围部分碎部点的平面位置和高程；再与原图相比，误差不得超过规定数据的 2 倍。

8.5.4 地形图的清绘与整饰

清绘和整饰必须使用地形图图式。

顺序：先图内后图外，先地物后地貌，先注记后符号。

图内：图廓、坐标格网、控制点、地物、地貌、符号等。

图外：图名、图号、比例尺、平面坐标和高程系统、测绘单位和测绘日期等。

注记：除公路、河流和等高线注记是随着各自的方向变化外，其他各种注记字向朝北，等高线高程注记字头指向上坡方向，要避免倒置。等高线不能通过注记和地物。

经过清绘和整饰后，图上内容齐全，线条清晰，取舍合理，注记正确。清绘原图是地形图的最后成果。

8.5.5　地形图的复制

复制的方法有：制版印刷、静电复印、晒图法等。

思考练习题

1. 名词解释

(1) 极坐标法　　(2) 地物特征点　　(3) 地貌特征点　　(4) 方向交会法

2. 简答题

(1) 测图前的准备工作有哪些？

(2) 经纬仪测绘法的步骤是什么？

(3) 表示地貌的等高线勾绘原理是什么？

(4) 如何进行地形图拼接、检查、清绘与整饰？

第 9 章

数字测图

随着测量仪器的不断发展和进步，全站仪、GPS－RTK 等先进测量仪器和技术的广泛应用，地形图测绘逐渐向自动化和数字化方向发展。与传统模拟地形图测绘方法相比，数字测图具有高自动化、全数字化、高精度的优点，是目前大比例尺测图的主要方法。

9.1　数字测绘的概念

9.1.1　数字测绘的概念

(1) 自动化数字测绘系统：指以计算机为核心，在外接输入、输出硬件设备和相应软件的支持下，对地形空间数据进行采集、传输、处理、编辑、入库管理和成图输出的整个系统。

(2) 数字测图：指利用电子全站仪在野外进行数字化地形数据采集，并利用计算机绘制大比例尺地形图的工作。

9.1.2　数字测图的发展过程

美国国防部制图局早在 20 世纪 50 年代就开始研究制图自动化的问题，50 年代末美国出现了数控绘图仪，与此同时出现了第二代、第三代计算机，这极大地促进了机助制图的发展。1964 年，第一次用数控绘图仪绘制了地图；1965—1970 年，第一批计算机地图制图系统开始运行，用模拟手工制图的方法绘制了一些地图产品；20 世纪 70 年代，欧美国家制图自动化已经形成规模化。

大比例尺数字测图是 20 世纪 70 年代随着轻小型、自动化、多功能的电子速测仪的出现而发展起来的，1970—1980 年，在新技术条件下，人们对机助制图的理论和应用问题（如地图图形的数字表示和数学描述、地图资料的数字化和数据处理方法、地图数据库、制图综合和图形输出等方面的问题）进行了深入的研究，许多国家建立了软硬件结合的交互式计算机地图制图系统，进一步推动了地理信息的发展。

20 世纪 80 年代数字测图进入推广应用阶段，各种类型的地图数据库和地理信息系统相继建立起来，计算机地图制图，尤其是机助专题地图制图得到极大的发展和广泛的应用。

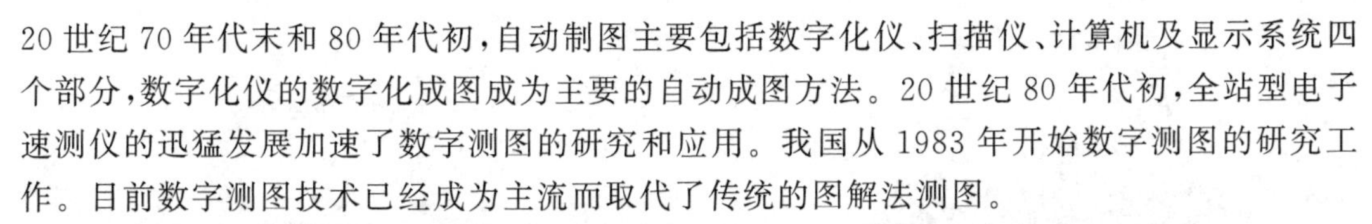

20世纪70年代末和80年代初，自动制图主要包括数字化仪、扫描仪、计算机及显示系统四个部分，数字化仪的数字化成图成为主要的自动成图方法。20世纪80年代初，全站型电子速测仪的迅猛发展加速了数字测图的研究和应用。我国从1983年开始数字测图的研究工作。目前数字测图技术已经成为主流而取代了传统的图解法测图。

数字测图的过程主要是：利用全站仪采集数据，人工画草图标记地面控制点位置，通过数据接口将坐标点由记录器传输到计算机，再由人工按草图编辑图形文件，并键入计算机中自动成图，经过编辑和修改，最终生成数字地形图。

数字地形图成图会随着成图软件的发展而发展，目前已经开发了智能化数据采集软件。另外计算机成图软件能够直接对接收的地形信息数据进行处理。

9.1.3　数字测图的特点

(1) 自动化程度高：模拟测图通常是在地图现场使用测量工具绘制，在图上手工计算需要的坐标、距离、角度等数据；而数字测图能够自动记录、自动解算、自动存储，效率高，绘制的图纸精确、规范。

(2) 精度高：数字测图记录的是观测数据或坐标，在记录、存储、处理、成图过程中，数据自动传输并由计算机处理，不受测图比例尺和绘制过程中人为加点、划线等的影响，精度高。

(3) 使用方便：使用测图软件成图的地形图，可使信息全面保存，有利于成果的使用和加工，便于传输、处理和用户共享等。数字地图不仅可以自动提取坐标、距离、面积和方位等信息，还可以供工程、规划使用，也可以作为数据源方便地输入地理信息系统中供建数据库使用。

9.2　全站仪的构造与使用

9.2.1　全站仪的构造

全站仪包括基座、望远镜、竖盘、电子屏幕和键盘，其各部分的名称如图9-1、图9-2所示。

(1) 基座：基座的构造和作用与光学经纬仪一致。

(2) 望远镜：分成物镜和目镜。目镜端的望远镜把手外侧是物镜调光螺旋，用于调节目标物的清晰度。

(3) 竖盘：在望远镜一侧，作用与光学经纬仪一致。

(4) 电子屏和键盘：如图9-3所示，电子屏能够读数，通过键盘操作电子屏幕，实现所需功能，如表9-1所列。

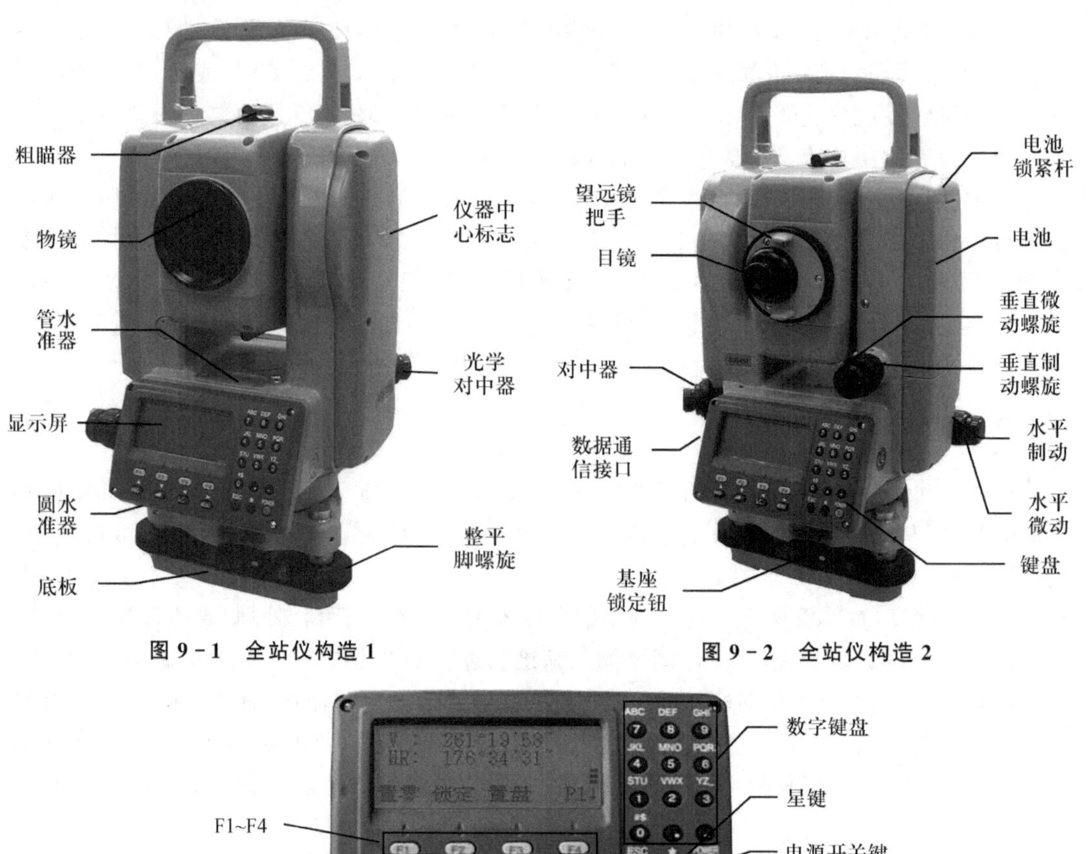

图 9－1　全站仪构造 1

图 9－2　全站仪构造 2

图 9－3　电子屏和键盘

表 9－1　键盘功能

按键符号	名　称	功　能
ANG	角度测量键	进入角度测量模式（▲上移键）
	距离测量键	进入距离测量模式（▼下移键）
	坐标测量键	进入坐标测量模式（◀左移键）
MENU	菜单键	进入菜单模式（▶右移键）
ESC	退出键	返回上一级状态或返回测量模式
POWER	电源开关键	电源开关
F1 ～ F4	软键（功能键）	对应于显示的软键信息
0 ～ 9	数字键	输入数字和字母、小数点、负号
★	星键	进入星键模式

9.2.2　全站仪的使用

全站仪的安置步骤与光学经纬仪基本一致。

不同的地方有：在全站仪光学对中器对中过程中，能够调节出激光红点，对准地面，调整仪器使激光点对准控制点即可完成仪器对中；用全站仪的望远镜瞄准目标时，会自动出现激光，使激光点对准对中棱镜即可，如图9-4所示。

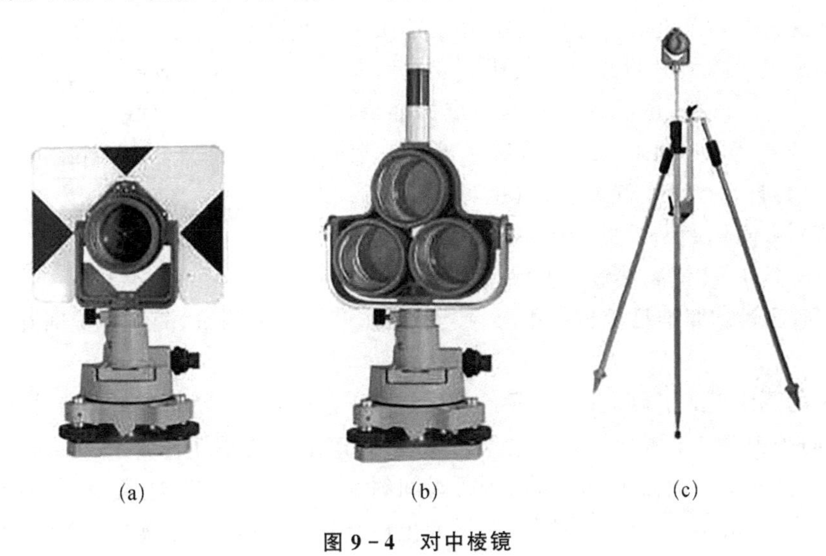

(a)　(b)　(c)

图9-4　对中棱镜

9.3　全站仪的基本功能

全站仪具有角度测量、距离（斜距、平距、高差）测量、坐标测量、导线测量、交会定点测量和放样测量等多种用途。内置专用软件后，其功能还可进一步拓展。

9.3.1　角度测量

角度测量模式如图9-5所示。

角度测量的步骤如下：

（1）按角度测量键，使全站仪处于角度测量模式，照准第一个目标A。

（2）设置A方向的水平度盘读数为$0°00'00''$。

（3）照准第二个目标B，此时显示的水平度盘读数即为两个方向间的水平夹角。

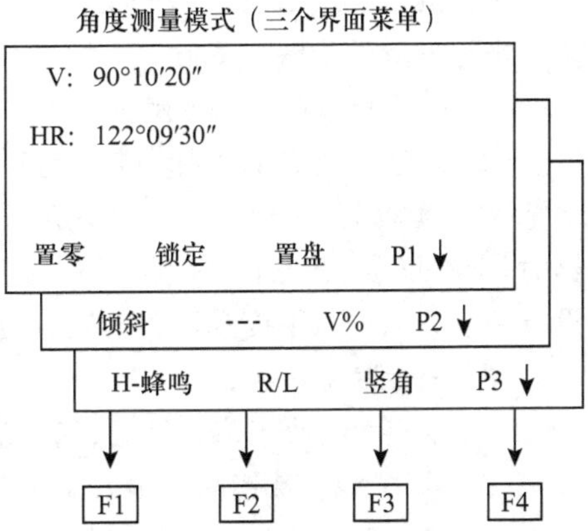

角度测量模式（三个界面菜单）

V: 90°10′20″

HR: 122°09′30″

置零　锁定　置盘　P1↓

倾斜　---　V%　P2↓

H-蜂鸣　R/L　竖角　P3↓

F1　F2　F3　F4

图9-5　角度测量模式

9.3.2 距离测量

距离测量模式如图 9－6 所示。

距离测量的步骤如下：

（1）设置棱镜常数。测距前须将棱镜常数输入仪器中，仪器会自动对所测距离进行改正。

（2）设置大气改正值或气温、气压值。光在大气中的传播速度会随大气的温度和气压的变化而变化，15 ℃和 760 mmHg 是仪器设置的一个标准值，此时的大气改正为 0 ppm。实测时，输入温度和气压值，全站仪会自动计算大气改正值（也可直接输入大气改正值），并对测距结果进行改正。

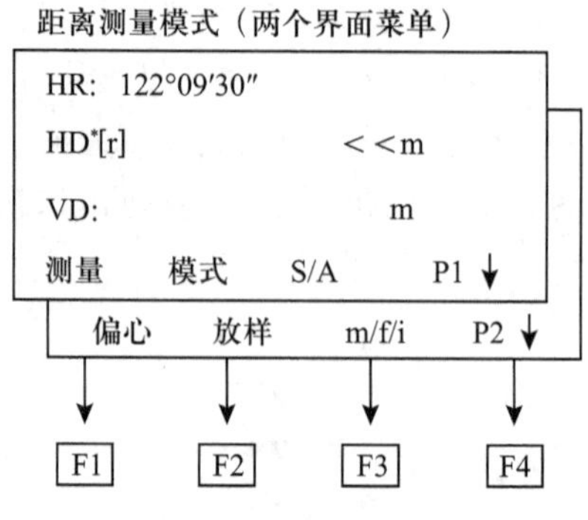

图 9－6 距离测量模式

（3）量仪器高、棱镜高并输入全站仪。

（4）距离测量。照准目标棱镜中心，按测距键，开始距离测量，测距完成时显示斜距、平距、高差。

全站仪的测距模式有精测模式、跟踪模式、粗测模式 3 种。精测模式是最常用的测距模式，测量时间约为 2.5 s，最小显示单位为 1 mm；跟踪模式常用于跟踪移动目标，或放样时连续测距，最小显示一般为 1 cm，每次测距时间约为 0.3 s；粗测模式，测量时间约 0.7 s，最小显示单位为 1 cm 或 1 mm。在距离测量或坐标测量时，可按测距模式（MODE）键选择不同的测距模式。

应注意，有些型号的全站仪在距离测量时不能设定仪器高和棱镜高，显示的高差值是全站仪横轴中心与棱镜中心的高差值。

9.3.3 坐标测量

坐标测量模式如图 9－7 所示。

坐标测量的步骤如下：

（1）设定测站点的三维坐标。

（2）设定后视点的坐标，或设定后视方向的水平度盘读数为其方位角。当设定后视点的坐标时，全站仪会自动计算后视方向的方位角，并设定后视方向的水平度盘读数为其方位角。

（3）设置棱镜常数。

（4）设置大气改正值或气温、气压值。

（5）量仪器高、棱镜高并输入全站仪。

（6）照准目标棱镜，按坐标测量键，全站仪开始测距并计算显示测点的三维坐标。

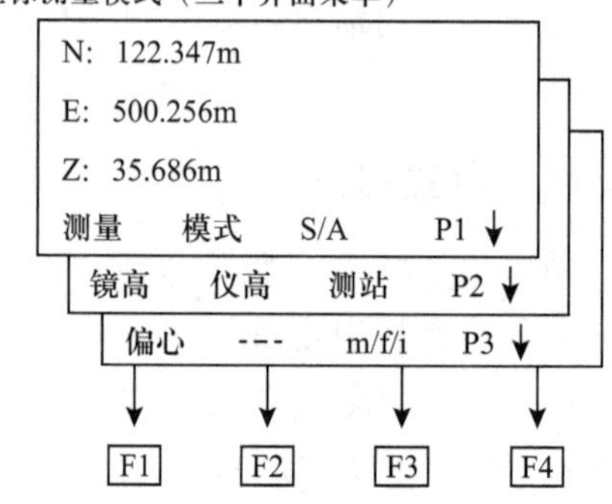

图 9－7 坐标测量模式

9.3.4 坐标放样

1. 测站点设置

使用方位键选择“坐标放样”后，按 F2 键进入“坐标放样”选择界面（会出现“选择一个文件”坐标库存，若无库存坐标则可以按 ENT 键跳过）。选择“输入测站点”，按 F1 键，输入测站点名后进入坐标编辑界面（可放弃测站点名编辑，直接按“坐标”进入坐标编辑界面）。对应 N、E、Z 输入 X、Y、Z 数据（若未测量高程，Z 可以为 0.000）。每输入完一排数据，可以按方位键跳至下一行（仪器高、目标高可默认为 0.000），数据输入完毕，按 ENT 键回到“坐标放样”选择界面。

再次使用方位键选择“输入后视点”后，按 F2 键，然后选择“坐标”，按 F4 键进入坐标编辑界面。输入相应坐标后按 ENT 键，出现“照准后视点”“是、否”照准。将仪器镜头内十字丝线中心照准后视棱镜中心（棱镜需要事前调置好），锁定照准方位，照准完毕按“是”（F4 键），则整个测站点设置完毕。

2. 坐标放样

测站点设置完毕，系统自动回到“坐标放样”选择界面。按 F3 键进入“输入放样点”（对放样点名可编辑也可不编辑，直接按 F4 键（选择“坐标”）进入坐标编辑界面）。对应 N、E、Z 输入相应的 X、Y、Z 坐标后，按 ENT 键确定所编辑的坐标（若无高程要求，则镜高可为默认值，然后按 ENT 键出现“放样参数计算”，再按 F4 键（选择“继续”）进入放样定位）。将角度 dHR 调置为 00°00′00″后即可放样。当棱镜设置好放样位置后，仪器照准棱镜镜头中心，锁定水平角度方位，再选择“距离”（F2 键）进行测量。当显示测量结果数据时，可调整棱镜远近（dH 为正数时棱镜应靠近仪器，dH 为负数时棱镜应远离仪器），直到将 dH 的测距为 0.000 m 即完成该点坐标放样。

9.4 全站仪测量

全站仪即全站型电子速测仪（Electronic Total Station，ETS），是一种集光、机、电为一体的高技术测量仪器，是集水平角、垂直角、距离（斜距、平距）、高差测量功能于一体的测绘仪器系统。因其在某测站上一次安置仪器就可完成该测站上全部测量工作，所以称为全站仪，广泛用于地上大型建筑和地下隧道施工等精密工程测量或变形监测领域。

9.4.1 数据采集的作业模式

全站仪成图过程实际是采集地面点坐标的过程，因此数据采集工作主要应用全站仪坐标测量的功能模块。全站仪作业模式如图 9-8 所示。

对于大比例尺地形图测绘，前面章节已经讲述了如何布设导线。在测量区域布设导线时，利用全站仪可以根据布设的导线控制点，量取导线边长距离，测量导线转折角，然后根据已知点坐标方位角和坐标值，计算未知控制点坐标。导线控制点坐标计算完成以后，将全站仪布置在这些控制点上，进行碎部测量。

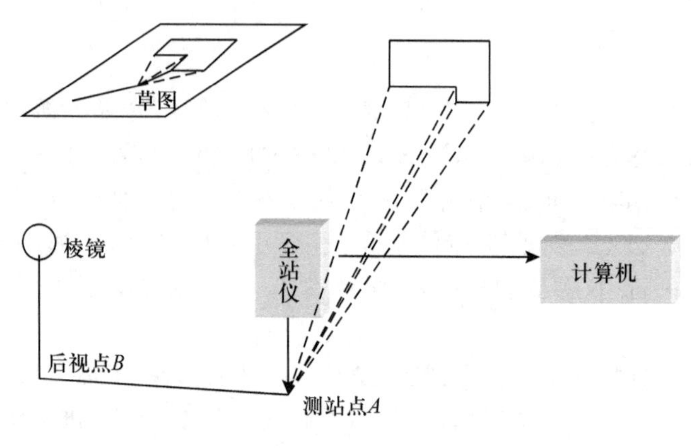

图 9-8　全站仪作业模式

9.4.2　碎部测量步骤

1. 测图准备工作

将全站仪安置在已知坐标的控制点上，打开全站仪电子屏幕开关，利用对中器进行对中。旋转基座上的螺旋调节管水准器，整平仪器，安置步骤与光学经纬仪相同。同时将对中棱镜安置在另一个已知控制点上。

2. 测站设置与验核

开启全站仪的坐标测量模式，在全站仪电子系统中找到测站点坐标输入位置，输入已知点坐标；然后输入目标高度和仪器高度，确认后找到后视点，输入棱镜所在的已知控制点坐标（作为后视点），单击进行确认。用望远镜精确瞄准棱镜，单击“测量”按钮，得到后视点坐标。将仪器测得的后视点坐标与输入的已知后视点坐标进行对比，如果二者相等或近似相等（若有差值，在厘米级即可），则测站检核完成。

3. 碎部点测量

将全站仪设置在导线已知控制点，后视点检校通过后，将对中棱镜放置在碎部点的位置，利用全站仪单击测量坐标即可得到其坐标值。碎部点应依据测量地物的形状进行选择，尽量选择在拐点、角点、转折点等特征突出的点位，地貌应选择在山脊线、山谷线、山顶、山底等部位。

4. 草图的绘制

如图 9-9 所示，利用全站仪将地物的特征点坐标测量出来，在 CAD 或 CASS 成图软件中将地物特征点展绘出来，将这些特征点连接即形成地物形状。地貌不仅需要测量特征点的平面位置，还需要测量特征点的高程值。利用内插

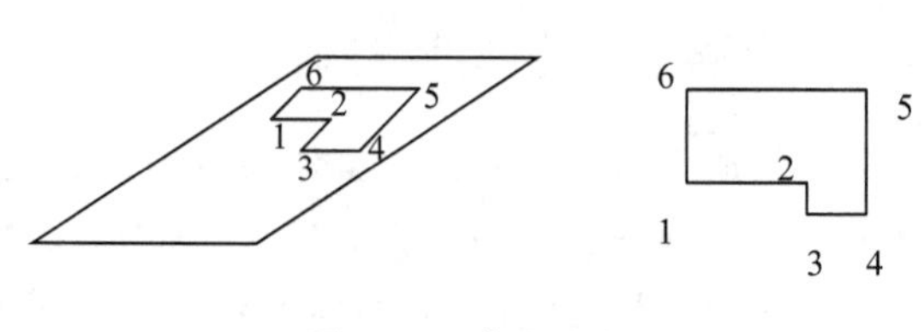

图 9-9　草图绘制

方法绘制等高线，以表示地面起伏状态。

9.5 GPS RTK 测量

9.5.1 GPS RTK 测量原理

GPS RTK 是一种实时动态测量技术，是以载波相位观测为根据的实时差分技术。它是测量技术发展里程中的一个突破，由基准站接收机、数据链、流动站接收机 3 部分组成。在基准站上安置一台接收机为参考站，对卫星进行连续观测，并将其观测数据和测站信息，通过无线电传输设备实时地发送给流动站。流动站接收机在接收卫星信号的同时，通过无线接收设备接收基准站传输的数据，然后根据相对定位的原理，实时解算出流动站的三维坐标及其精度。

利用 GPS RTK 进行地形图测绘可以不进行图根控制测量，利用分布在测区的基本控制点（至少 2 个）的坐标数据来校正 RTK 流动站测得的 WGS84 坐标，从而获取各碎部点的测量坐标。RTK 的基准站可同时向一定范围内的多个流动站发送差分信号。因此，RTK 的多个流动站可同时进行碎部测量。

9.5.2 RTK 测量工具

RTK 测量工具如图 9-10 所示。

基准站仪器：华测 X90 基准站接收机、DL3 电台、蓄电池、加长杆、电台天线、电台数传线、电台电源线、三脚架（2 个）、基座、加长杆铝盘。

流动站仪器：华测 GPS 流动站接收机、棒状天线、碳纤对中杆、手簿、托架、华测 Recon 电子手簿。

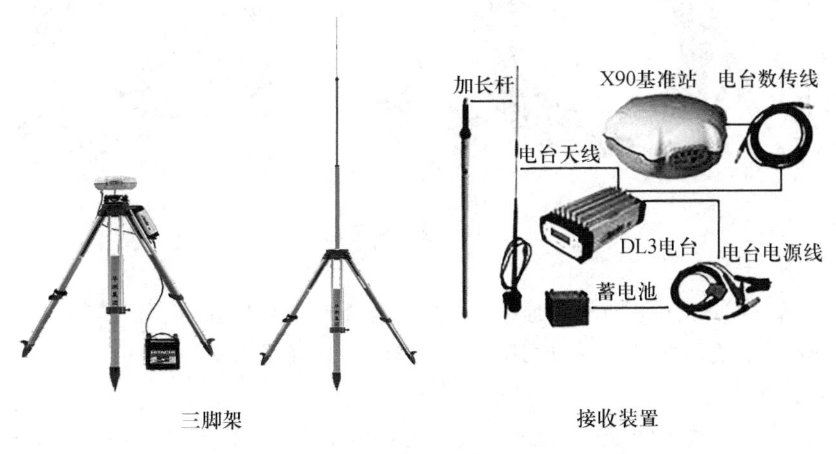

图 9-10 RTK 测量工具

9.5.3 测量步骤

基准站应当选择视野开阔的地方，这样有利于卫星信号的接收。

基准站应架设在地势较高的地方，以利于 UHF 无线信号的传送。若移动站距离较远，还需要增设电台天线加长杆。

1. 架设基准站

(1) 连接接收机、电台、电台天线

GPS 接收机接收卫星信号，将接收到的差分信号通过电台发射给流动站。电台数据发射的距离取决于电台天线架设的高度与电台发射功率。

(2) 连接基准站接收机与 DL3 电台

如图 9－11 和图 9－12 所示，DL3 电台由蓄电池供电，使用电台电源线接蓄电池时一定要注意正负极(红色接正极，黑色接负极)。当基准站启动后，把电台与基准站主机连接，电台通过无线电天线发射差分数据。一般情况下，电台应设置每秒发射一次。也就是说，电台的红灯每秒闪一次，电台的电压每秒变化一次。每次工作时根据以上现象判断电台工作是否正常。按下电源键即可开机(接入电源为 11～16 V)。电源键具有开机与回退的功能，要短按，长按即起到关机的效果。可设置电台当前的波特率、模式、功频、液晶等相关信息，用向上或向下按钮选择，按回车键确认后，即完成相应设置。

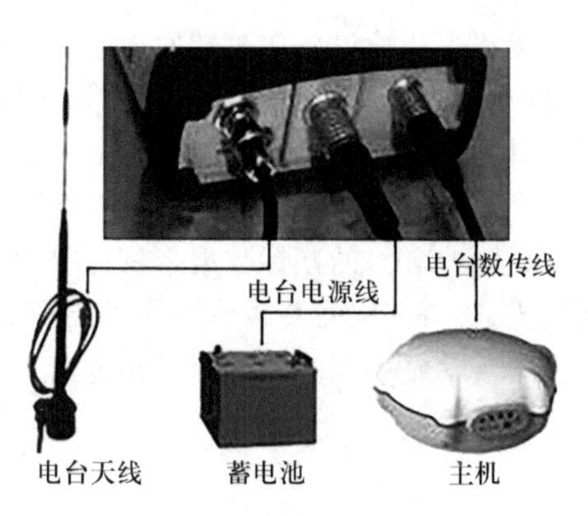

图 9－11 电源及天线

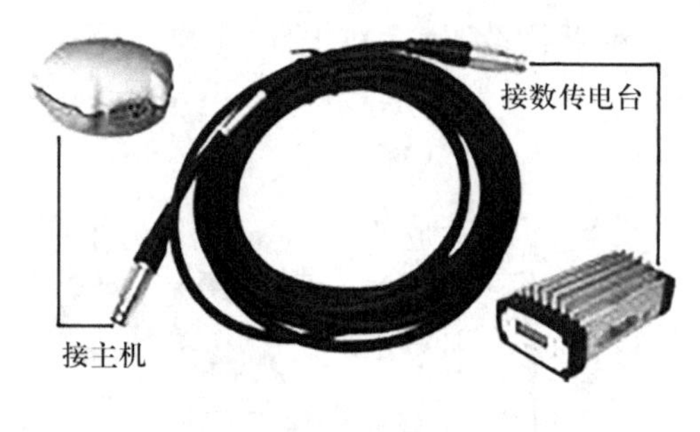

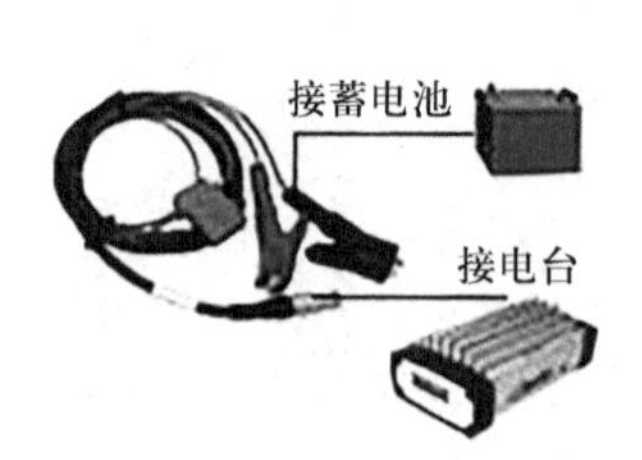

图 9－12 接收机与电台

(3) 架设电台天线

电台天线转接头一边与加长杆连接，一边与电台天线底部连接，如图 9－13 左图所示。加长杆铝盘接三脚架顶部，加长杆插到中间，如图 9－13 右图所示。

2. 架设流动站

把棒状无线电接收天线插入 GSP 接收机无线电接口，如图 9－14 左图所示。安装 GPS 接收机到碳纤对中杆上，固定手簿及托架到对中杆上，将手簿放入托架内，如图 9－14 右图所示。这样流动站架设完成。

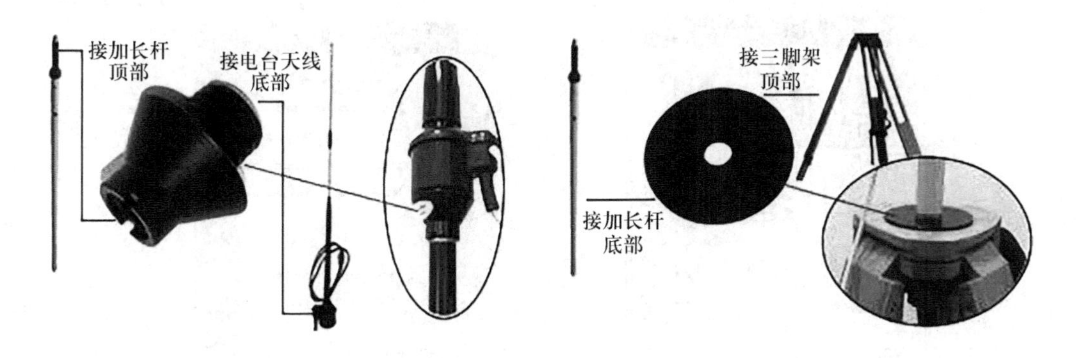

图 9-13　电台天线

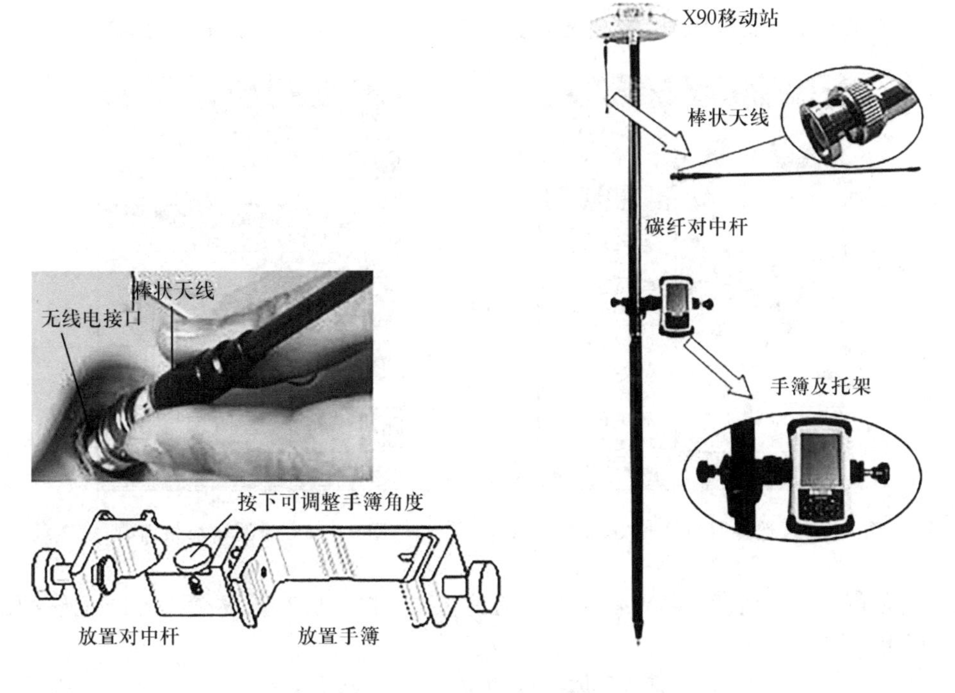

图 9-14　流动站设置

以华测 RTK 为例，手簿内置蓝牙，可不用插蓝牙卡来建立蓝牙连接，使用蓝牙连接基准站 GPS 接收机。

3. 新建任务

如图 9-15 所示，运行手簿测地通软件，执行"文件"→"新建任务"，打开如图 9-16 所示对话框，输入任务名称，选择坐标系统，其他为附加信息，可留空。新建任务完成后，执行"文件"→"保存任务"，保存新建的任务。

4. 设置基准站

(1) 如图 9-17 所示，执行"配置"→"基准站选项"，打开如图 9-18 所示对话框，设置基准站选项。

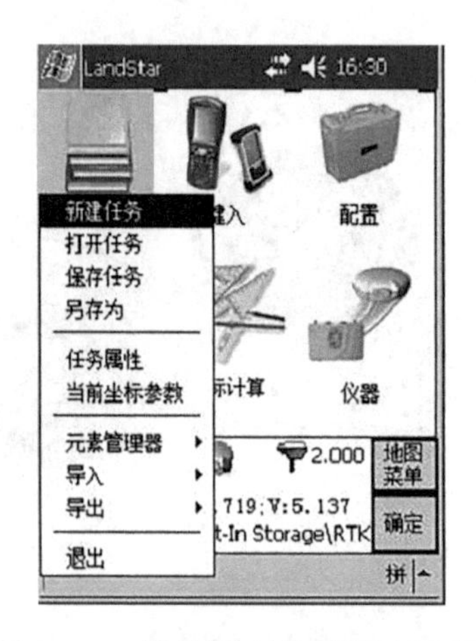

图 9－15　选择“文件”→“新建任务”

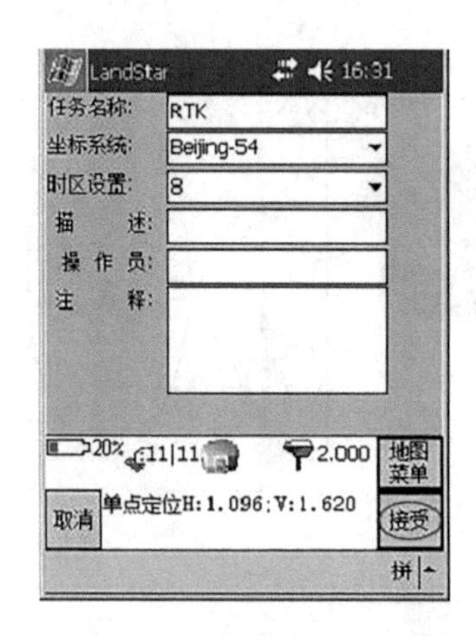

图 9－16　设置新建任务选项

图 9－17　选择“配置”→“基准站选项”

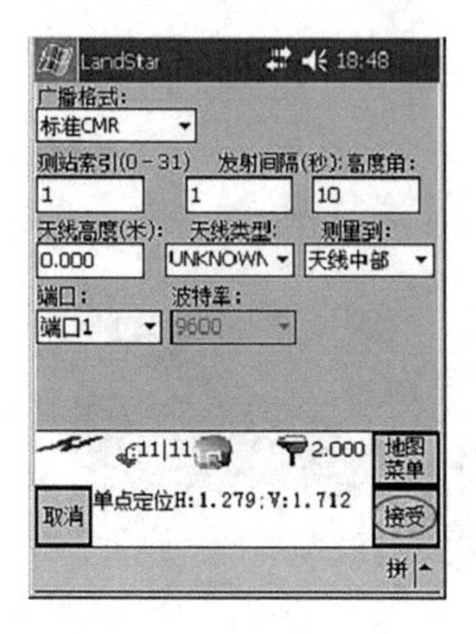

图 9－18　设置基准站选项

(2) 如图 9－19 所示，执行“测量”→“启动基准站接收机”(若没有与接收机连接则为灰色，不可用)，打开如图 9－20 所示对话框，设置。

基准站的启动方式与基准站具体架设的位置有关，基准站可以架设在已知坐标的点上，也可以架设在未知点上。具体的启动方式参照表 9－2。

可以在输入点号后选择“此处”功能，用单点定位的值来启动基准站，也可以从列表里选择先前输入的已知点来启动。一般来说，在一个工作区第一次工作时，用单点定位来启动，然后进行点校正；下一次工作时用上一次工作点校正求得转换参数，仪器必须架设在已知点，用此点的已知坐标启动基准站。

5. 配置流动站

(1) 如图 9－21 所示，执行“配置”→“移动站参数”→“移动站选项”打开如图 9－22 所示对话框，设置移动站选项。

(2) 执行“测量”→“启动移动站接收机”

如果无线电和卫星接收正常，则移动站开始初始化。软件的显示顺序为：串口无数据→

正在搜星→单点定位→浮动→固定。如图 9－23 所示，固定后方可开始测量工作，否则测量精度较低。

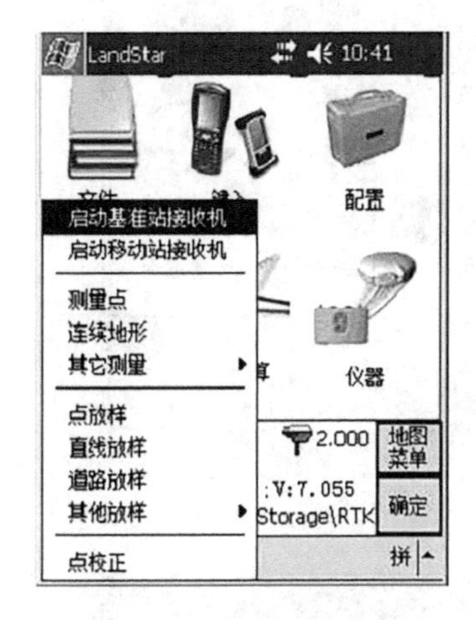

图 9－19　选择“测量”→“启动基准站接收机”

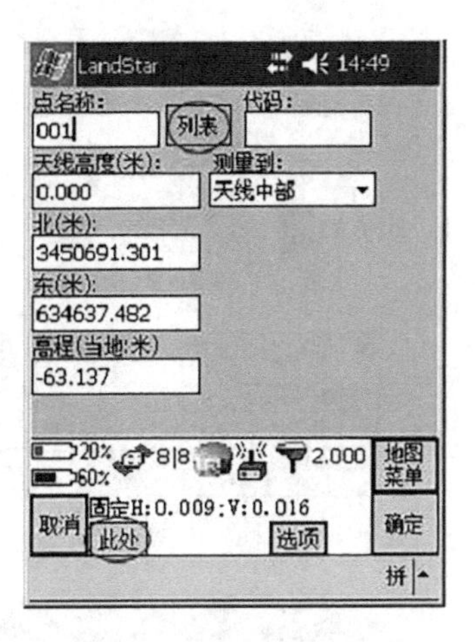

图 9－20　接收机对话框

表 9－2　基准站启动方式

架设方式	启动方式	
已知点	有校正参数	用该已知点直接启动基准站
	无校正参数	在此位置用“此处”功能单点定位启动基准站
未知点	在此位置用“此处”功能单点定位启动基准站	

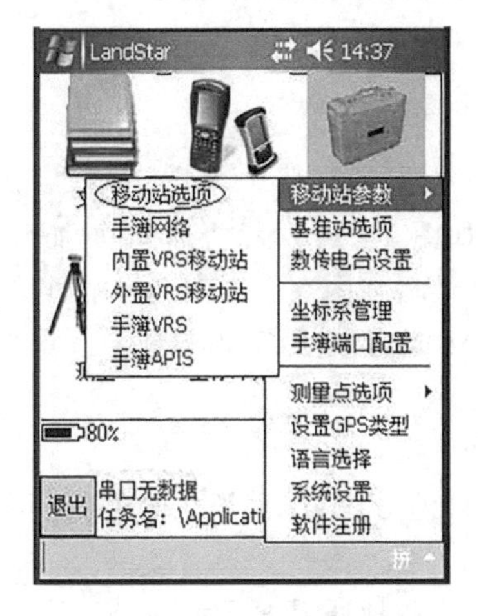

图 9－21　选择“配置”→“移动站参数”→“移动站选项”

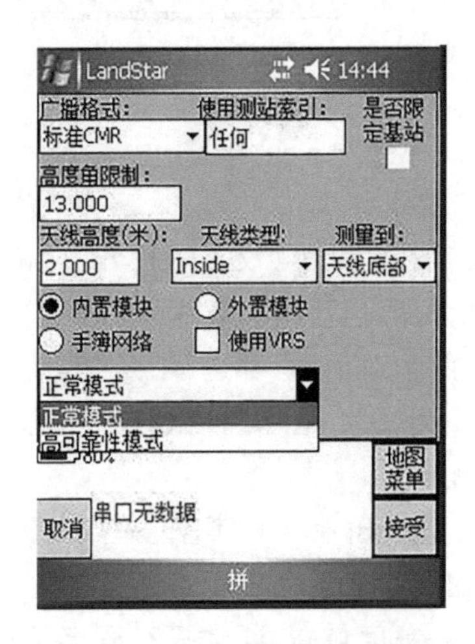

图 9－22　设置移动站选项

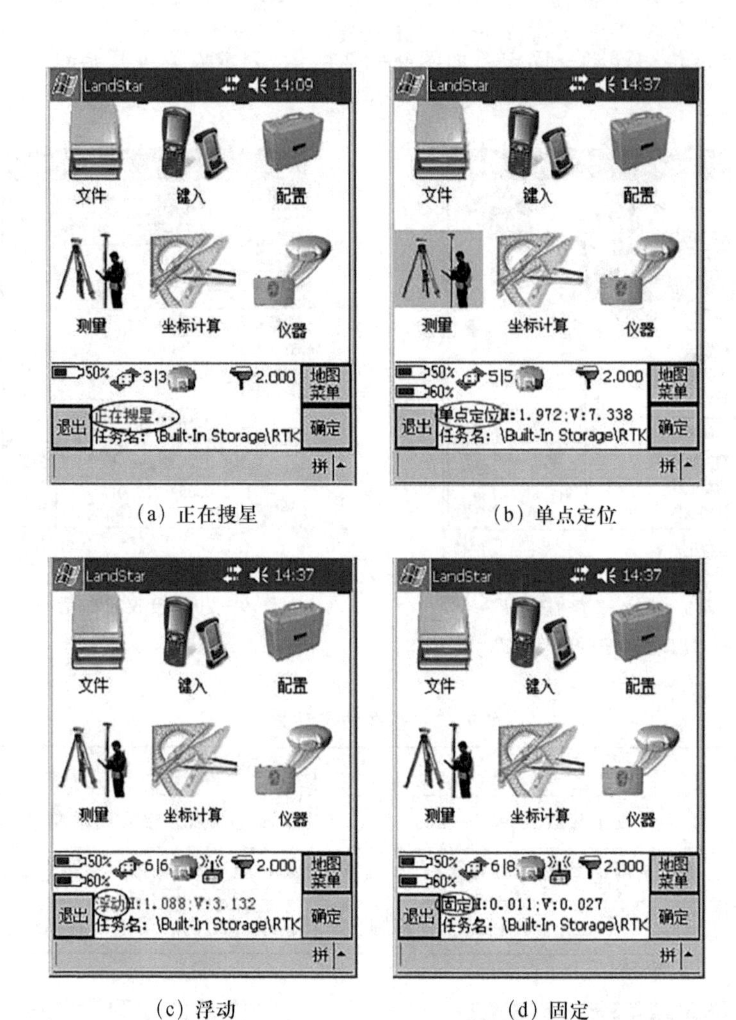

(a) 正在搜星　　(b) 单点定位

(c) 浮动　　(d) 固定

图 9－23　软件的显示顺序

6. 点校正

执行“测量”→“点校正”，打开“点校正”对话框，如图 9－24 所示。选择“增加”。

用几个点进行校正，就用同样的方法增加几次。最后在图 9－25 中选择“计算”，软件会先后弹出两个对话框，都选择“是”就把点校正后所得的参数应用于当前任务。点校正的目的就是求 WGS84 坐标到当地坐标的转换参数。

7. 测量

RTK 差分解有几种类型：单点定位表示没有进行差分解；浮动解表示整周模糊度还没有固定；固定解表示固定了整周模糊度。

固定解精度最高，通常只有固定解可用于测量。当测地通界面显示“固定”后，就可以进行测量了。选择“测量”→“测量点”，输入点名称，如图 9－26 所示。单击“测量”，该点位信息即被存储；单击“选项”，可对观测时间和允许误差进行修改，如图 9－27 所示。

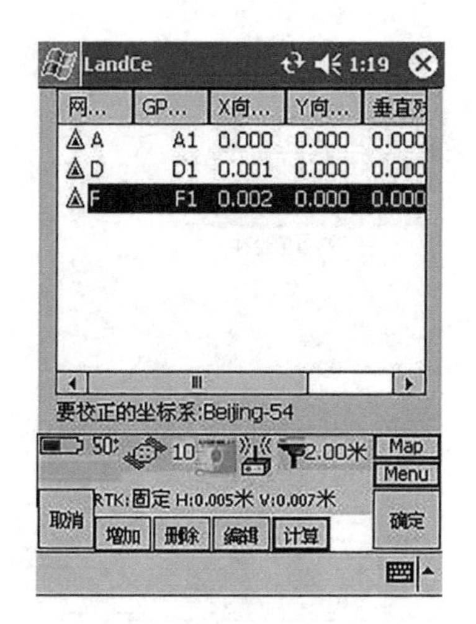

图 9-24　“点校正”对话框

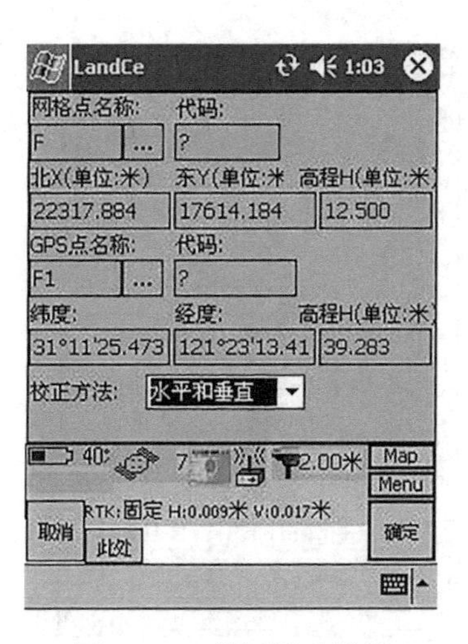

图 9-25　“计算”对话框

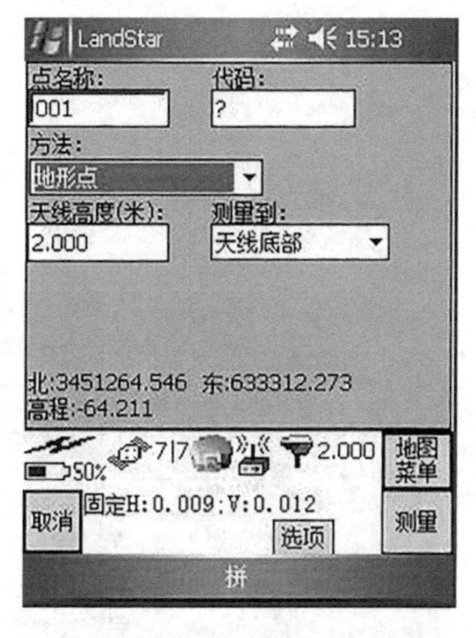

图 9-26　“测量点”对话框

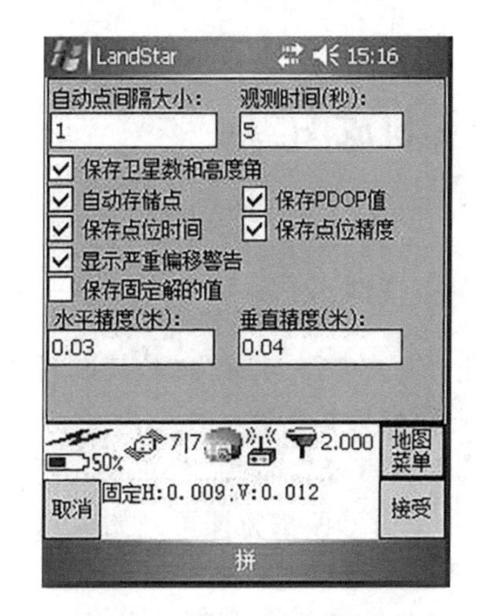

图 9-27　“修改”对话框

8. 查看已测点位信息

选择“文件”→“元素管理器”→“点管理器”，打开“点管理器”对话框，如图 9-28 所示。

可查看输入点和测量点的坐标，首行为已知点(此处只是提示下面的坐标是输入的已知数据，无其他含义)，其下面的坐标点即为输入的点；接下来为“基准站 1”，其下面是在此任务下第一次设置基准站的测量结果，如果在此任务下再重新设置基准站，那么在下面出现基准站 2，依次类推。第 n 次设置基准站后的测量结果就在基准站 n 下。

“选项”按钮用于选择显示坐标的坐标系统和格式；“删除”按钮用于删除不需要的点。

9. 导出碎部点数据

选择“文件”→“导出”→“点坐标导出”，导出的文件类型选为 CASS 格式类型。上交仪器前及时将碎部点数据传到计算机上，如图 9-28、图 9-29 所示。

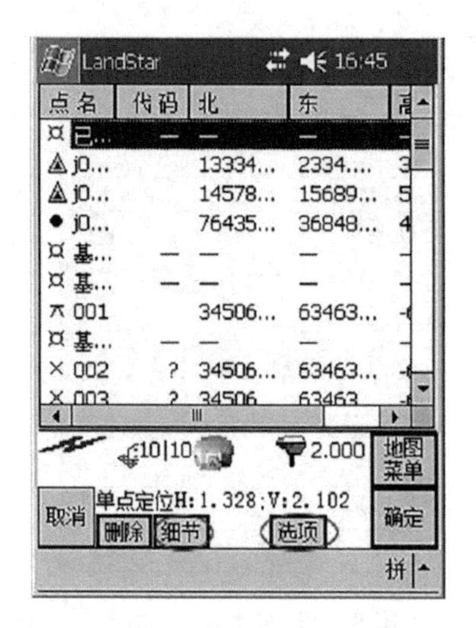

图 9-28 “点管理器”对话框 1

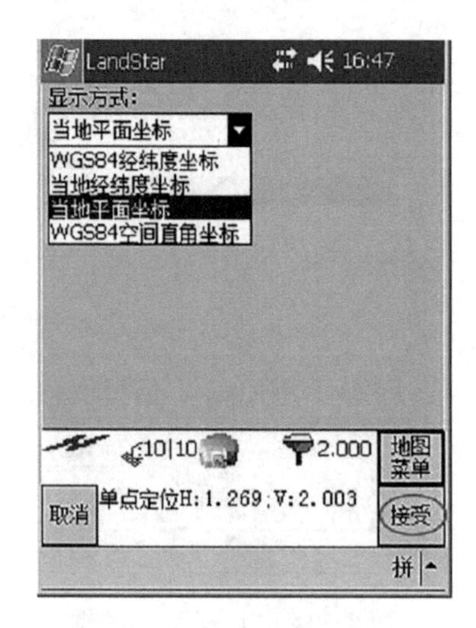

图 9-29 “点管理器”对话框 2

9.6 计算机成图

9.6.1 GIS 软件成图

以广州开思 SCAS 软件为例，其成图步骤如下。

1. 外业采集数据传输

打开通信口设置界面，如图 9-30 所示，界面的值为默认值，单击 OK 按钮即可开始数据传输。

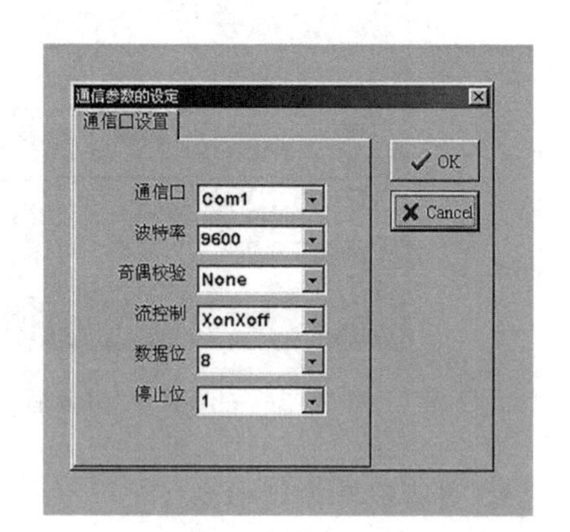

图 9-30 通信口设置界面

2. 数据格式转换

(1) 对下载数据进行转换，文件格式为 DAT；

(2) 进行万能转换，点号属性栏分别为 1～6，第二行最后一个加序号不选，常数都乘以 0.001 即可，保存格式同上，如图 9-31 所示。

3. 选定显示区

如图 9-32 所示，根据界面提示信息输入分幅范围，根据左下角点坐标值和右上角点坐标值，确定显示区域范围。

4. 展绘控制点

如图 9-33 所示，根据界面提示设置展点密度，单击“数据文件名”进行选择，单击“确认”，完成展绘工作。

5. 绘制平面图

将控制点平面坐标值展绘到平面上，绘制平面图形，如图 9-34 所示。

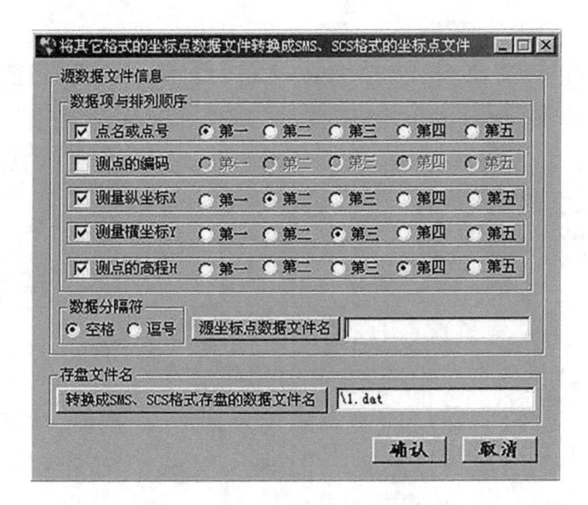

图 9－31　数据格式转换界面

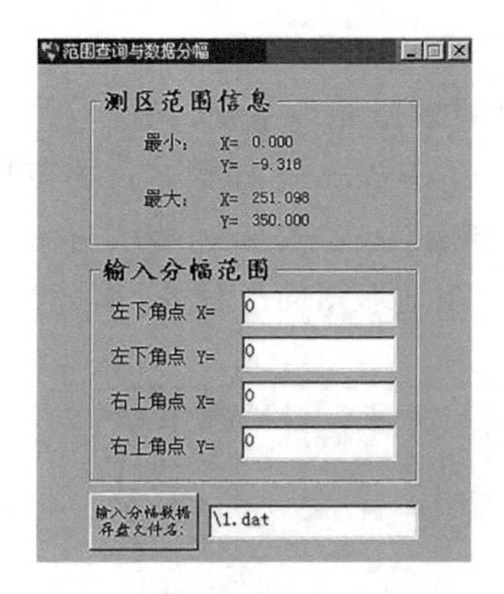

图 9－32　“范围查询与数据分幅”对话框

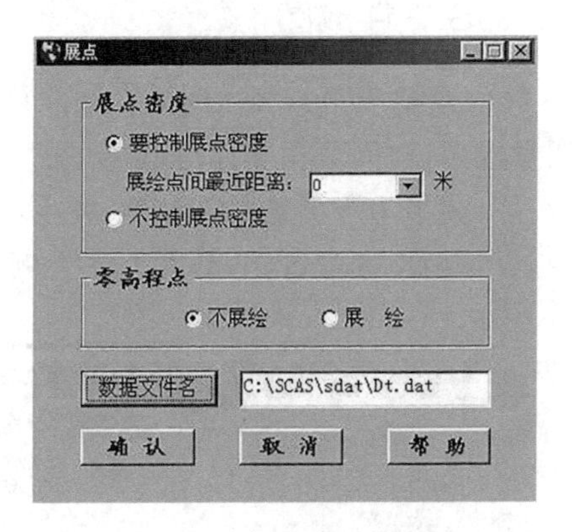

图 9－33　“展点”对话框

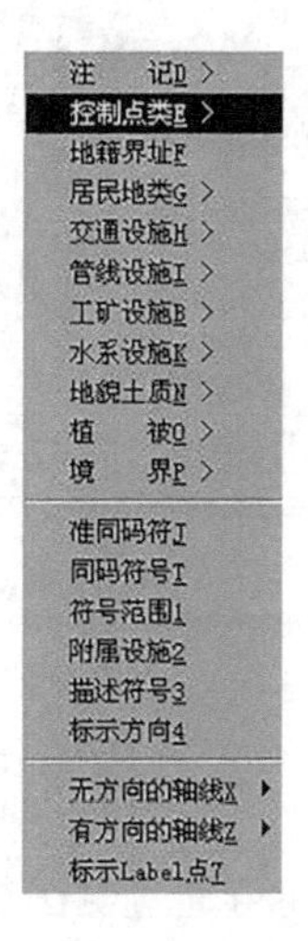

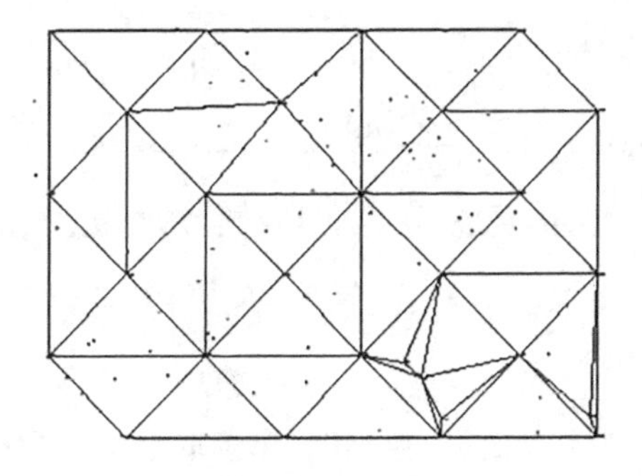

图 9－34　绘制平面图

6. 绘制等高线

如图 9-35 所示，根据界面提示，输入等高距，单击“确认”按钮，即可完成绘制等高线。

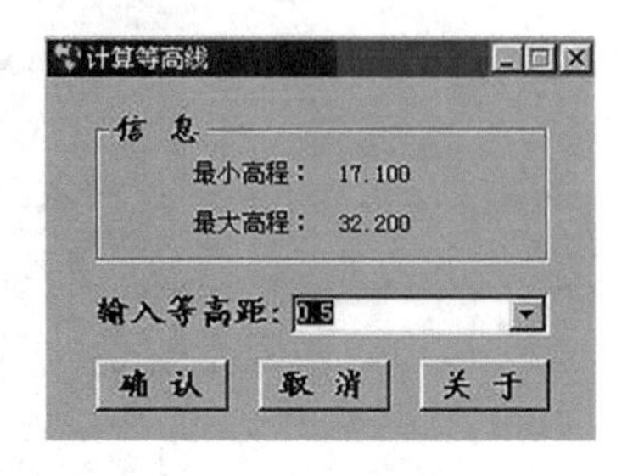

图 9-35 “计算等高线”对话框

7. 图幅整饰

图幅整饰包括图面修饰、分幅。

图面修饰主要考虑图面的整洁、文字压盖、避让等的图幅整修。

“标定图幅网格”目的是在测区(当前绘图区)形成矩形分幅网格，以便用“编”下拉菜单中的“窗口内的图形存盘”功能截取各图幅(给定该图幅的左下角和右上角即可)。选择“标定图幅网格”菜单，屏幕命令行提示依次输入图幅长度、图幅宽度。用鼠标指定需要加图幅网格区域的左下角和右上角，依次输入后，将在测区自动生成分幅网格。

9.6.2 CASS 软件成图

CASS 软件是基于 AutoCAD 平台技术的 GIS 前端数据处理系统，广泛应用于地形成图、工程测量应用、空间数据建库等领域。图 9-36 为 CASS7.0 主界面。目前市场上数字测图软件较多，其中南方测绘的 CASS(数字地形地籍成图系统)在目前数字化测图中得到广泛的应用。下面以 CASS7.0 作图方法为例来说明绘制地形图的过程(图 9-37)。

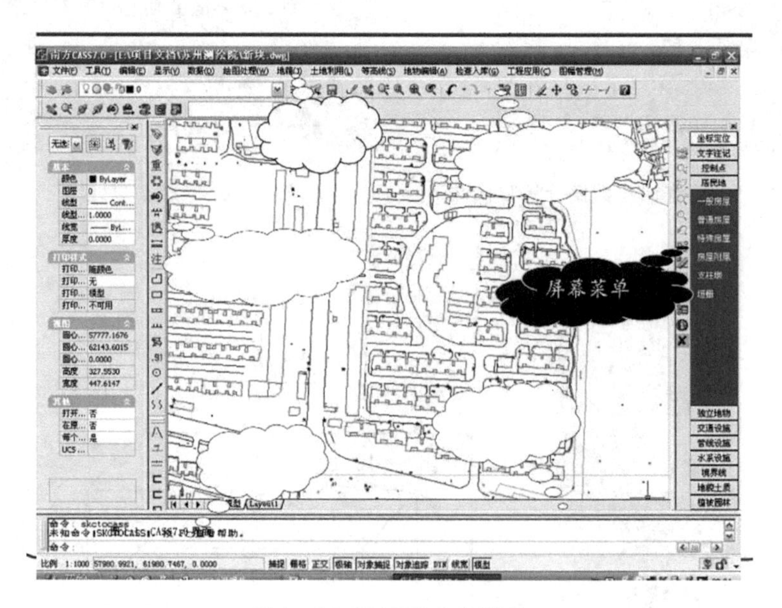

图 9-36 CASS7.0 主界面

1. 数据输入

通过 CASS7.0 主界面的“数据”菜单读取全站仪数据，还可通过测图精灵和手工输入原始数据。

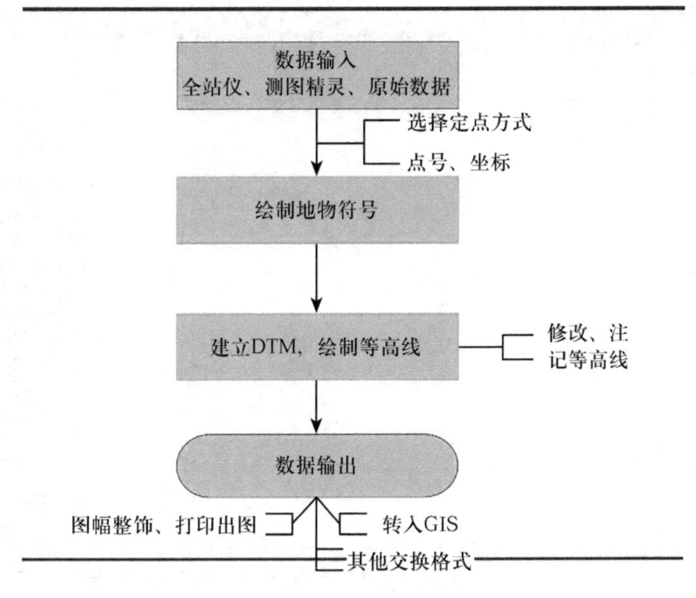

图 9－37　地形图的基本绘制流程

2. 读取全站仪数据

将全站仪与计算机连接后，如图 9－38 所示，在 CASS7.0 主界面中选择“数据”→“读取全站仪数据”，打开如图 9－39 所示对话框。选择正确的仪器类型，选择“CASS 坐标文件”并输入文件名，单击“转换”，即可将全站仪里的数据转换成标准的 CASS 坐标数据。

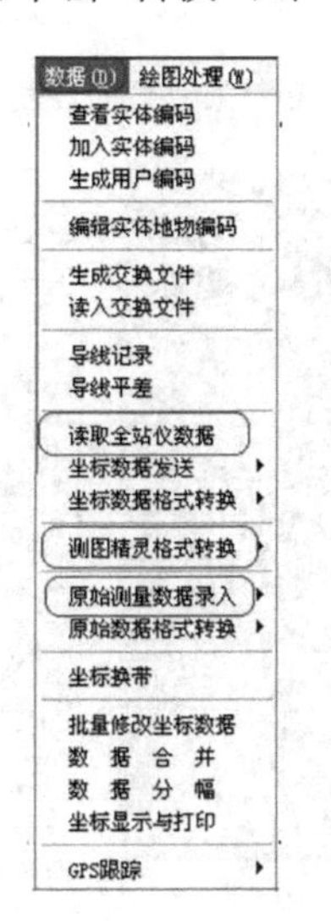

图 9－38　“数据”下拉菜单

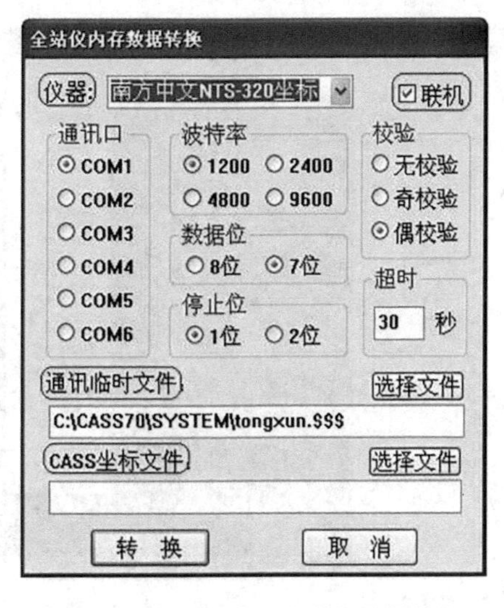

图 9－39　“全站仪内存数据转换”

3. 绘制地物符号

对各类地物选择相应的地物符号，标定在地物相应的位置，如图 9－40 所示。

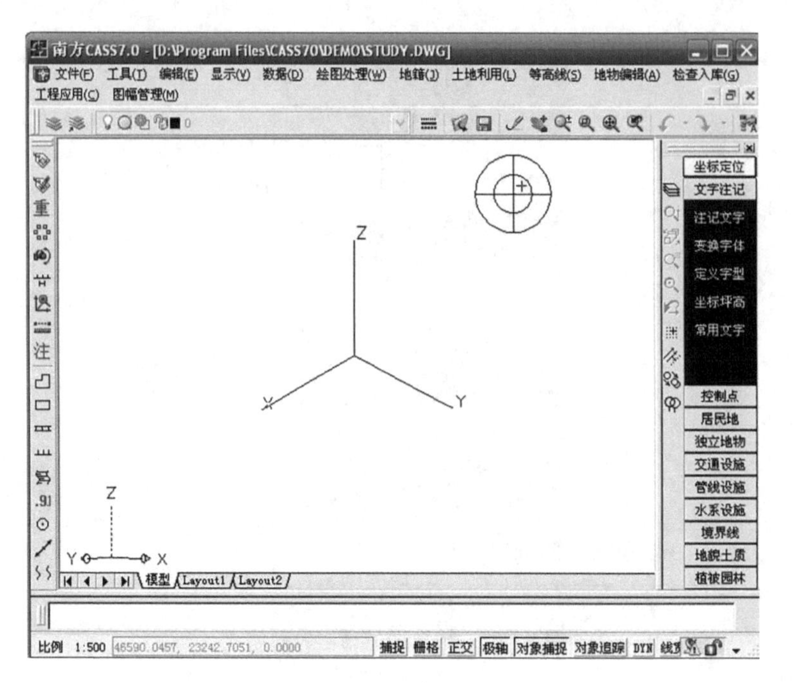

图 9－40　绘制地物符号

4. 绘制等高线

建立 DTM 模型，编辑修改 DTM 模型，绘制等高线，修改、注记等高线，如图 9－41 所示。

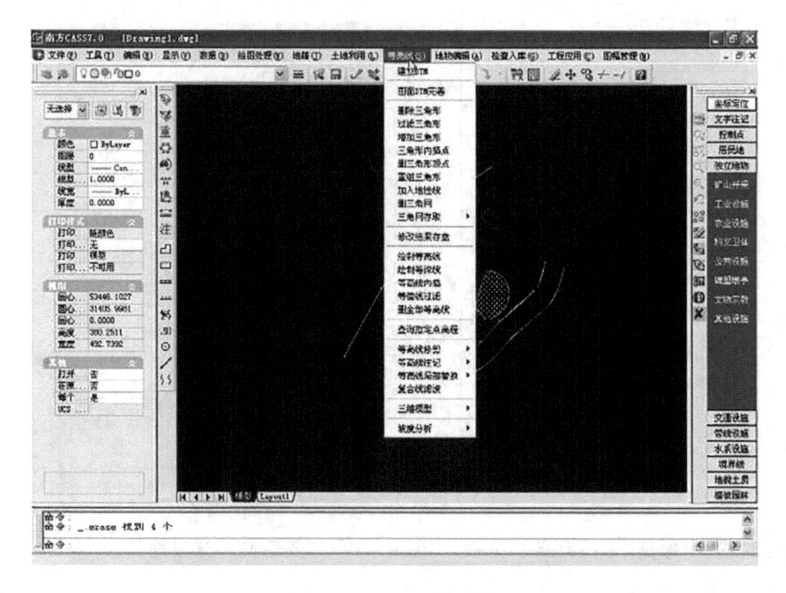

图 9－41　绘制等高线

5. 数据图形输出

地形图绘制完毕，经过图幅整饰后，连接输入设备，输出地形图，如图 9-42 所示。

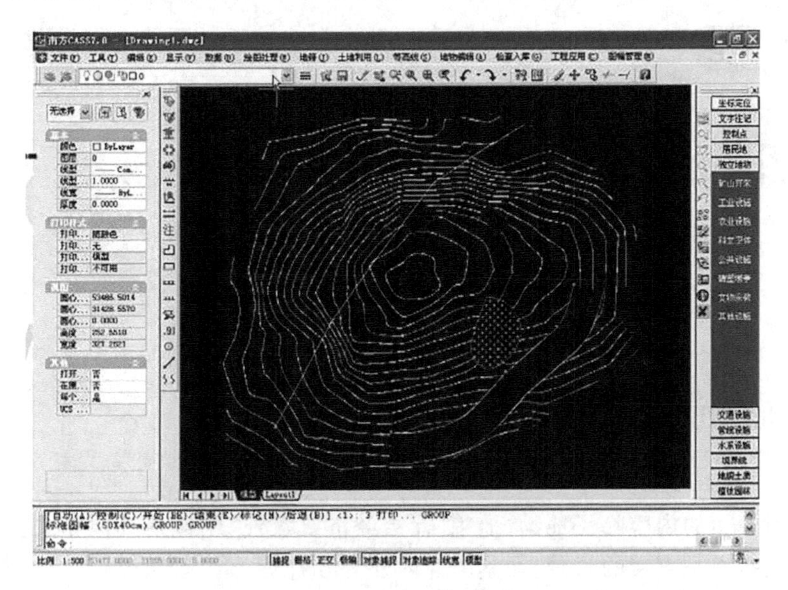

图 9-42　数据图形输出

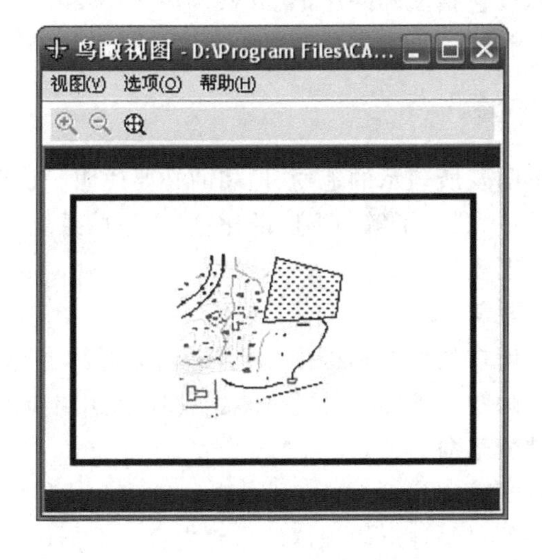

思考练习题

1. 简述数字化测图的作业流程。
2. 简述用全站仪进行野外数据采集的工作程序。
3. 简述用 GPS RTK 进行野外数据采集的方法和步骤。
4. 简述用 CASS 编辑地形图的方法和步骤。

第10章

地形图的识读与应用

10.1 地形图的阅读

地形图所表达的内容除了地物、地貌、社会经济要素外，还包括其他相关注记。地形图上的地物和地貌不是直接的景观，在其图廓内外有各种标志和注记说明。只有熟悉这些标志和注记说明，正确判断其相互关系和所表示的形态，掌握识读地形图的基本方法，才能正确使用地形图。地形图识读包括图廓外注记(或要素)的阅读和图廓内要素的阅读。

阅读的一般原则：先图外后图内，先地物后地貌，先注记后符号，先主要后次要。

10.1.1 图廓外注记识读

图廓外注记是对地形图及所表示的地物、地貌的必要说明。识别地形图时，应首先了解地形图测图日期和测绘单位，然后了解地形图的比例尺、坐标系统、高程系统和基本等高距、坡度以及图幅范围和邻接图表。

1. 图号、图名和邻接图表

为了区别各幅地形图所在的位置和拼接关系，每幅地形图上都编有图号。图号是根据统一的分幅进行编制的。除图号外，还要注明图名。图名是用本地形图内最著名的地名，最大的村庄，突出的地物、地貌来命名的。

2. 比例尺、图幅范围

直线比例尺或数字比例尺是地形图识读的重要内容。根据比例尺可以利用图解法确定图上直线距离对应的实地距离。地形图中的地物和地貌是按照实地位置和大小，以一定比例尺缩绘到地形图上的。比例尺越大，表示地面情况越详细，表示地物、地貌的精度越高。

图幅范围是地形图的图廓，有内、外廓之分。内图廓是一幅图的测图边界线。对于梯形图幅，四周边界是上下两条纬线和左右两条经线所构成的，经纬线长度由经纬差和比例尺决定。对于矩形图幅，内图廓边界由平行于 x 轴的两条直线和平行于 y 轴的两条直线构成。外图廓线平行于内图廓线，没有数学意义，只是为了整个图幅美观而绘制。

3. 测图日期和测绘单位

测图日期和测绘单位一般注在南图廓的左下方或右下方。

4. 坐标系统和高程系统

国家基本地形图平面位置采用2000年国家大地坐标系；高程采用1985年国家高程基准。城市大比例尺地形图常采用各城市独立坐标系统。一些小范围测图还采用假定坐标系统。

10.1.2　地物识读

地物识读主要依靠各种地物符号和注记符号。在地物符号中，依比例尺符号用于表示某些轮廓较大的地物，如房屋、运动场、湖泊等；如独立树、电线杆、三角点、导线点、水准点等地物，无法表示形状和大小，只能用不依比例尺符号表示；半依比例尺符号用于表示一些带状延伸的地物，如道路、管道等，长度可按比例缩绘，宽度无法按比例缩绘，地物符号的中心线即为地物的中心线。

10.1.3　地貌识读

地貌识读主要依靠地形图上的等高线，由山脊线看出山脉连绵，由山谷线了解水系分布，由山峰鞍部、洼地和其他特殊地貌看出地貌变化。通过等高线疏密度了解山地、平原、盆地、丘陵的分布和坡度变化，地势起伏的大体趋势，是否有山头、鞍部、山脊、山谷及其大致走向等。如山地等高线数量多且密集；丘陵等高线间距较大；平原等高线平直、稀疏；盆地等高线外面高，中间低等。通过研究山脊线、山谷线的形态特征，山坡的坡形和坡度等，可分析地形的起伏特征及分布规律。

10.1.4　社会经济要素识读

社会经济要素是地形图上的重要内容之一，一般包括居民地、交通线、境界线等。

1. 居民地

图10-1为居民地符号，图10-2为居民地的行政等级表示方法。

由于比例尺大小变化和居民地规模及其集中、分散程度不同，普通地图上既可以用依比例尺的真形面状符号表示居民地分布（如大、中比例尺地形图上的城市、集镇以及乡村），也可以用不依比例尺的定点符号位置表示居民地分布（如比例尺小于1∶100万的普通地图上的圈形符号）。

城市、集镇和村庄3种居民地类型在地图上以本身图形来区分，以名称注记的字体、字级来辅助表示，如粗等线体（黑体）、中等线体、细等线体分别表示城市、集镇和村庄。特殊居民地如窑洞、蒙古包、工棚等，在地图上以黑色定位定状符号表示。

2. 交通线

交通线包括陆地交通、水上交通和管线运输等，是重要的社会经济要素。普通地图上主要用（半依比例）线状符号的形状、尺寸、颜色和注记表示交通线的分布、类型和等级、形态特征、通行状况等。

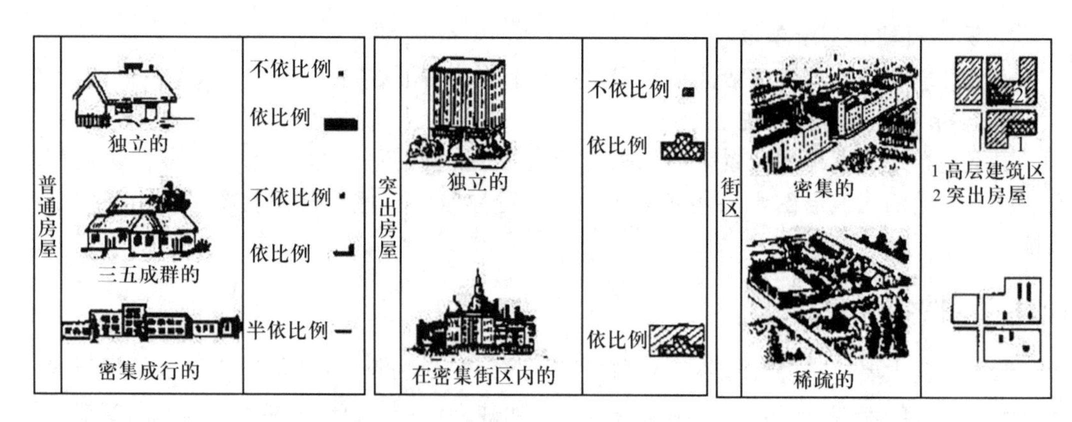

图 10-1　居民地符号

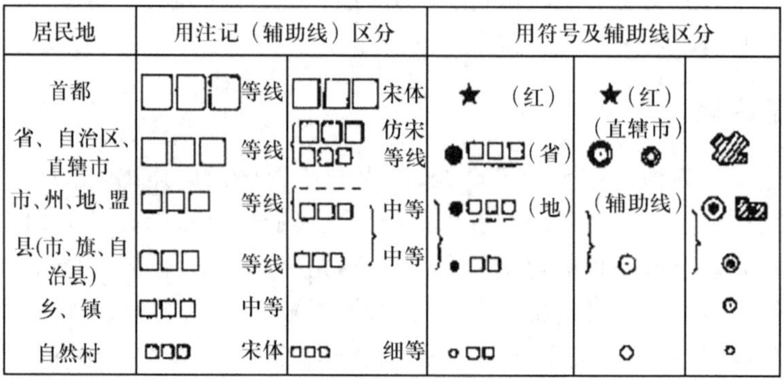

居民地	用注记（辅助线）区分		用符号及辅助线区分		
首都	等线	宋体	★　（红）	★（红）（直辖市）	
省、自治区、直辖市	等线	仿宋等线	（省）		
市、州、地、盟	等线	中等	（地）	（辅助线）	
县(市、旗、自治县)	等线	中等			
乡、镇	中等				
自然村	宋体	细等			

图 10-2　居民地的行政等级表示方法

3. 境界线

境界线是区域范围的分界线，包括行政区界和其他地域界。在图上用不同粗细的短虚线结合不同大小的点线来反映境界线的等级、位置及其与其他要素的关系。境界线有两种类型：一是国家各行政区域的划分界线；二是国境线。

境界线、界碑和界标的表示如图 10-3 所示。各种境界线符号如图 10-4 所示。

国界的表示必须根据国家正式签订的边界条约或边界议定书及附图，按实地位置在图上准确绘出，并在出版前按规定履行审批手续，审批通过后才能印刷出版。我国地图上的国界用“工”字形短粗线加点的连续线状符号表示，未界定的仅用粗虚线表示。当国界以河流或其他线状地物中心线为界，且该地物为单线符号时，国界要沿地物两侧间断交错绘出，每段绘 3～4 节。

省、自治区、中央直辖市的界用一短线、两点的连续线表示；地区、地级市、自治州、盟省辖市的界用两短线、一点的连续线表示；县、自治县、旗、县级市的界用一短线、一点的连接线表示；自然保护区的界用带齿的虚线符号表示。

主要地物符号如图 10-5、图 10-6 所示。

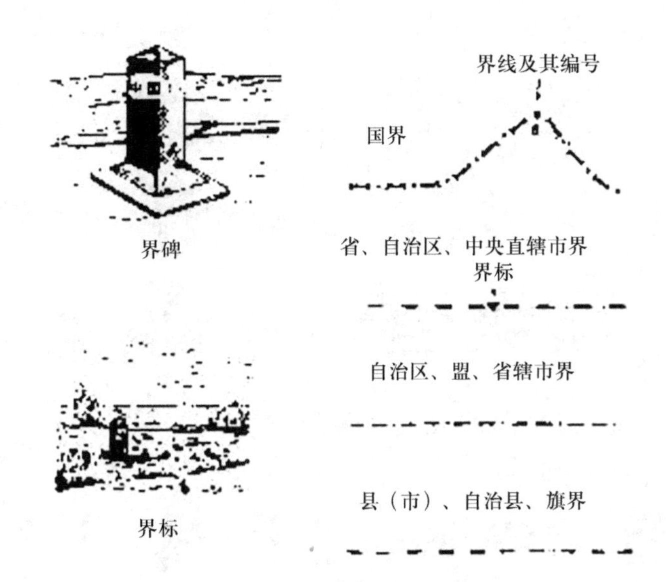

图 10－3 境界线、界碑和界标

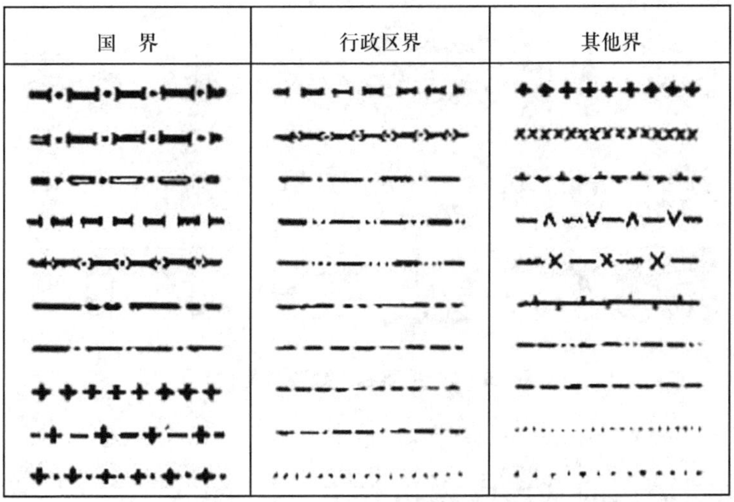

国　界	行政区界	其他界

图 10－4 境界线符号

图 10-5 主要独立地物符号(1)

图 10-6 主要独立地物符号(2)

10.2 地形图应用的基本内容和方法

1. 点位的坐标量测

如图 10-7 所示,求 A 点坐标 x_A、y_A:

$$\begin{cases} x_A = x_0 + \overline{mA} \times M \\ y_A = y_0 + \overline{pA} \times M \end{cases}$$

式中：x_0、y_0 为 A 点所在方格的西南角坐标；M 为比例尺分母。

考虑图纸伸缩（l 为格网理论长度 10 cm），则有：

$$\begin{cases} x_A = x_0 + \dfrac{l}{\overline{mn}} \overline{mA} \times M \\ y_A = y_0 + \dfrac{l}{\overline{pq}} \overline{pA} \times M \end{cases}$$

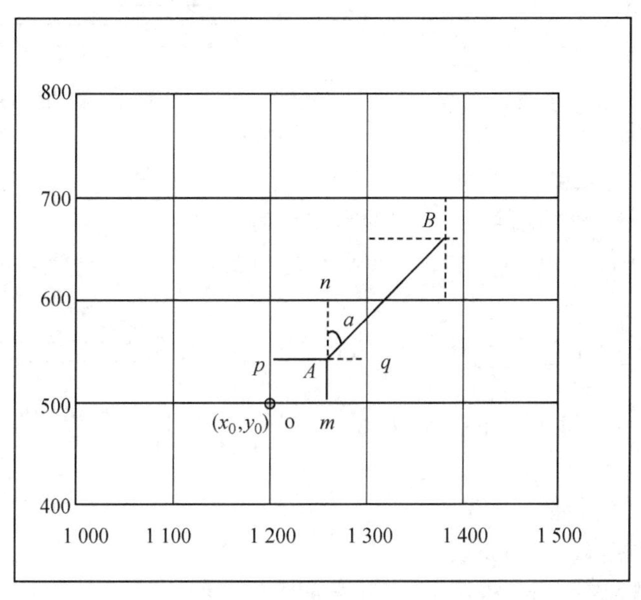

1 : 1 000

图 10－7　坐标量测

2. 确定 A、B 两点间的水平距离

(1) 图解法（直接量测）：$D = dM$。

(2) 量测坐标计算（解析法）：$D_{AB} = \sqrt{(x_B - x_A)^2 + (y_B - y_A)^2}$。

3. 确定直线的坐标方位角

(1) 直接量测：例如，图上量得 $\alpha_{AB} = 45°$。

(2) 量测坐标计算 $\alpha_{AB} = \arctan \dfrac{(y_B - y_A)}{(x_B - x_A)}$。

4. 确定点的高程

等高线上点的高程等于该等高线的高程；不在等高线上点的高程用内插方法求得。

如图 10－8 所示，m、n 分别为两条等高线上的点，F 为该两条等高线之间一点，则如图 10－9 所示，用内插方法求得 F 点的高程 H_F 为

$$H_F = H_m + h_F = H_m + h\frac{d_1}{d}$$

式中：H_m 为 m 点的高程；$\overline{mF}=d_1$；$\overline{mn}=d$；h 为等高距。

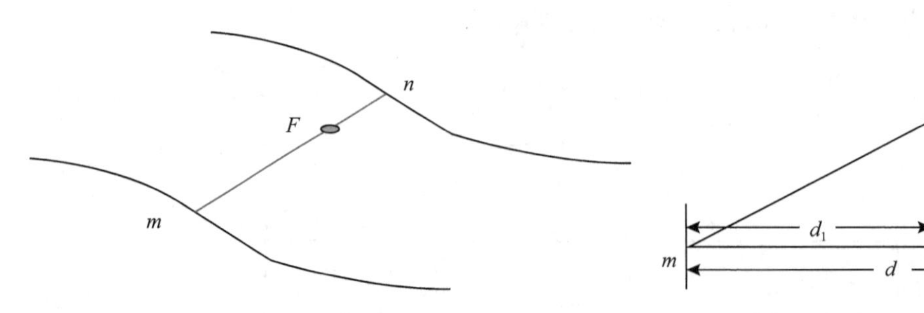

图 10-8　不在等高线上的点 F

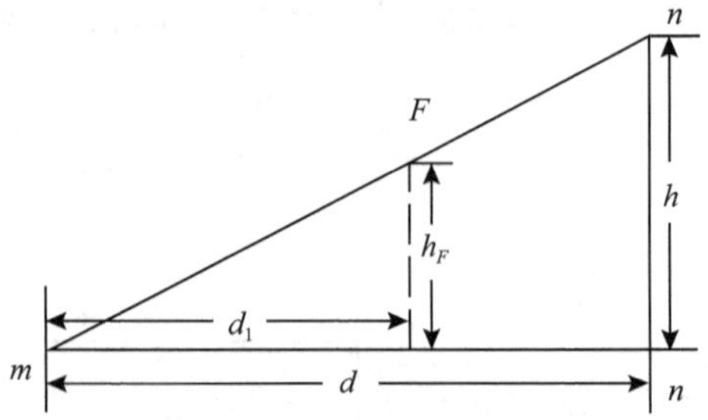

图 10-9　用内插法计算高程

5. 确定两点间的坡度

直线的坡度是指直线两端点 A、B 间的高差与其平距之比。以 i 表示坡度，如图 10-10 所示，则 A、B 两点直线的坡度为

$$i=\frac{h_{AB}}{d_{AB}}=\frac{H_B-H_A}{d_{AB}}$$

式中：h_{AB} 为 A、B 两点间的高差；d_{AB} 为 A、B 两点间的实际水平距离。

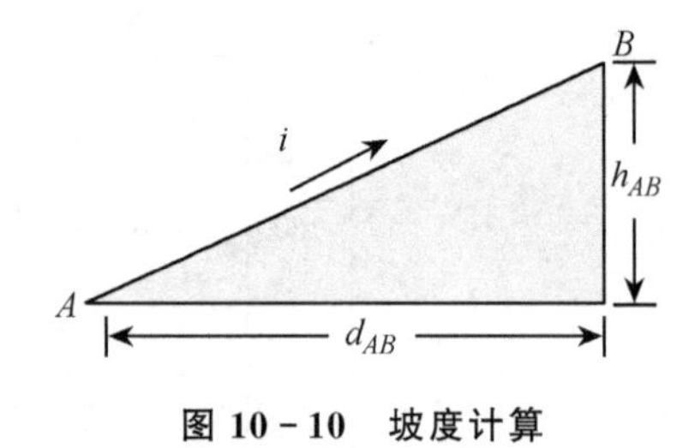

图 10-10　坡度计算

6. 在图上设计等坡线

等坡线为坡度相等的方向路线。

例：设 $i=3.3\%$，$h=1$ m，求图中 A、B 之间的等坡线。

解：由 $i=\frac{h}{d}$ 得，$d=\frac{h}{i}=\frac{1}{0.033}=30$ m。使圆规两脚尖的距离为图上 30 m（相当于实际 30 m 的图上长度），在图上从 A 点出发与等高线交点至 B 点。

10.3　面积的测量和计算

在工程设计和土地管理等工作中，经常会遇到平面图形的面积测量和计算问题。诸如：城市和工程建设中的征用土地面积、建筑面积、绿化面积的断面面积；地籍管理中的宗地面积、用地分类面积等。

面积测量的方法分为野外实地测定和在地形图上量测，计算方法基本相同。计算方法分为有规则的几何图形和不规则的任意图形两类。根据目的和用途的不同，各种面积量算的精度要求也不同。

10.3.1 有规则的几何图形面积量算

1. 几何图形法

如图 10－11 所示，把图形分解成简单的几何形状，计算所有简单几何图形的面积之和。

$$A=A_1+A_2+A_3$$

常用几何图形有三角形、长方形、梯形、正方形、扇形、圆形。

2. 坐标计算法(解析法)

方法：(1) 借助于坐标格网图解界址点的坐标。(2) 再按公式(解析)计算图形的面积。

如图 10－12 所示，1、2、3、4 点所连图形的面积为

$$P=P_{12y_2y_1}+P_{23y_3y_2}-P_{14y_4y_1}-P_{43y_3y_4}$$

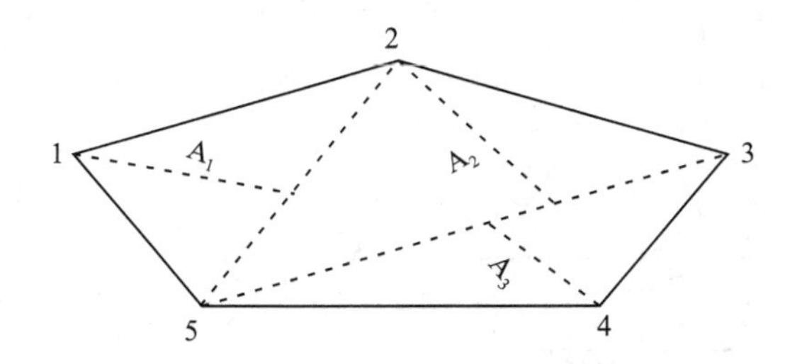

图 10－11　几何面积量算

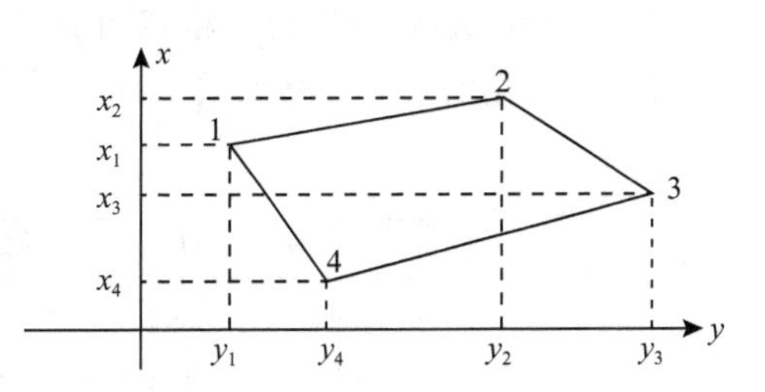

图 10－12　坐标解析法计算面积

采用坐标计算法公式(解析法)，得

$$P=\frac{1}{2}(x_1+x_2)(y_2-y_1)+\frac{1}{2}(x_2+x_3)(y_3-y_2)-\frac{1}{2}(x_1+x_4)(y_4-y_1)-\frac{1}{2}(x_4+x_3)(y_3-y_4)$$

经整理后得：

$$P=\frac{1}{2}[x_1(y_2-y_4)+x_2(y_3-y_1)+x_3(y_4-y_2)+x_4(y_1-y_3)]$$

对于任意 n 边形则有：

$$P=\frac{1}{2}\sum_{i=1}^{n}x_i(y_{i+1}-y_{i-1}) \qquad (10-1)$$

$$P=\frac{1}{2}\sum_{i=1}^{n}y_i(x_{i+1}-x_{i-1}) \qquad (10-2)$$

$$P=\frac{1}{2}\sum_{i=1}^{n}(x_i+x_{i+1})(y_{i+1}-y_i) \qquad (10-3)$$

$$P=\frac{1}{2}\sum_{i=1}^{n}(x_iy_{i+1}-x_{i+1}y_i) \qquad (10-4)$$

式(10－1)、式(10－2)适合手工计算；式(10－3)、式(10－4)适合编程计算。

式中循环参数 $i=1\sim n$，当 $i=1$ 或 $i=n$ 时，公式中出现 x_0，y_0 或 x_{n+1}，y_{n+1}，按下式调用：

$$\begin{cases} x_0 = x_n, x_{n+1} = x_1 \\ y_0 = y_n, y_{n+1} = y_1 \end{cases}$$

10.3.2 不规则的任意图形面积量算

不规则的任意图形面积量算方法如图 10－13 所示。

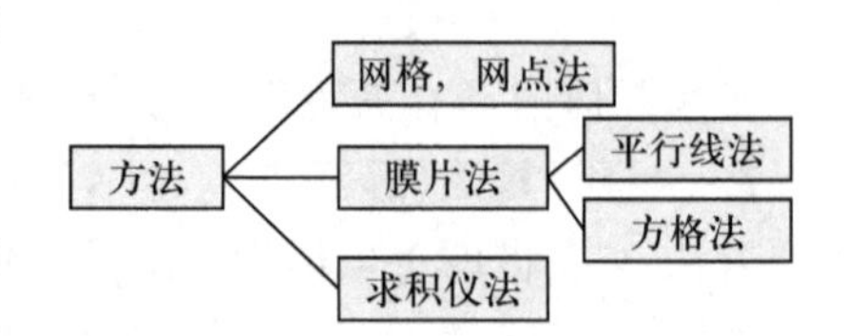

图 10－13 不规则的任意图形面积量算方法

1. 网格,网点法

如图 10－14 所示,要计算曲线内的面积,则将毫米透明方格纸覆盖在图形上(方格边长一般为 1 mm、2 mm、5 mm 或 1 cm)。先数出图形内完整的方格数,然后将不完整的方格用目估法折合成整方格数,两者相加乘以每格所代表的面积值,即为所量图形面积。

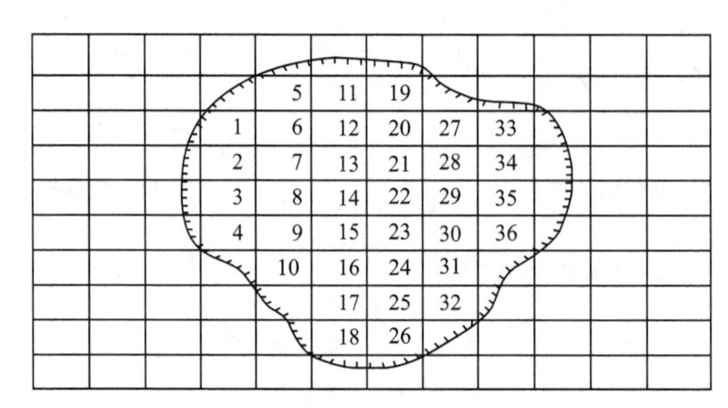

图 10－14 网格,网点法

2. 平行线法

如图 10－15 所示,在量算面积时,将绘有等间距平行线(1 mm 或 2 mm)的透明纸覆盖在图形上,并使两条平行线与图形的上下边缘相切,则相邻两条平行线间截割的图形面积可近似为梯形,梯形的高为平行线间距。图中平行虚线是梯形的中线。量出各中线的长度,就可以求出图形的总面积。

3. 求积仪法

求积仪法即使用求积仪器算面积。

求积仪有以下特点:自动读数、自动计算面积、自动换算面积单位;动极式求积仪可以扩大求积的范围;跟踪放大镜比描迹针使用方便。

求积仪的使用方法:

(1) 固定预测面积的地形图,并将其放在图形轮廓的中间偏左处,动极轴与跟踪臂大致垂直,放大镜大致放在图形中央。

(2) 在图形轮廓线上标记起点。

(3) 打开电源,手握描迹放大镜,使放大镜中心对准起点,按下 START 键后沿图形轮

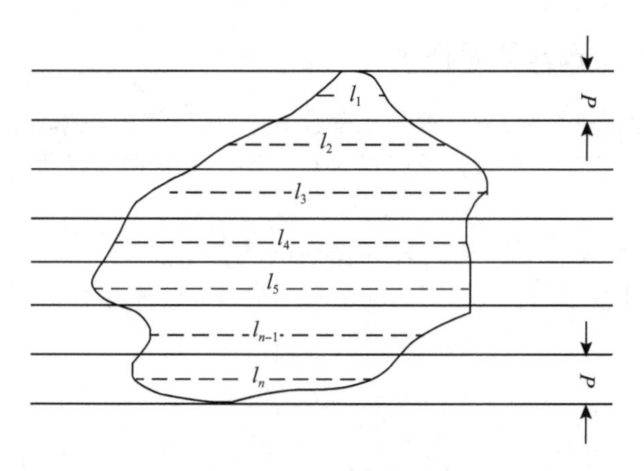

图 10-15 平行线法

廓线顺时针方向移动。

(4) 准确跟踪一周后回到起点,再按 OVER 键,此时显示器上显示的数值即为所测量的面积。

注意:开始测量前,应选择单位:m^2 或 km^2。将比例尺分母输入计算器。

10.4 工程建设中的地形图应用

10.4.1 绘制地形纵断面图

纵断面图是显示沿指定方向地表面起伏变化的剖面图。

为了概算填挖土(石)方量,以及合理地确定线路的纵坡等,都需要了解沿线路方向的地面起伏情况,而利用地形图绘制沿指定方向的纵断面图最为简便,因而得到广泛应用。

如图 10-16 所示,AB 方向的纵断面图的绘制方法:

(1) 定义一坐标系,以高程 H 为纵轴,距离 D 为横轴。

(2) 连 AB 直线。

(3) AB 与诸等高线交点的位置垂直投影到下面的图上。

(4) 垂直投影线与下图的高度线的交点。

(5) 连相邻的交点即得断面图。

注意:高程比例尺一般比平距比例尺大 10~20 倍。

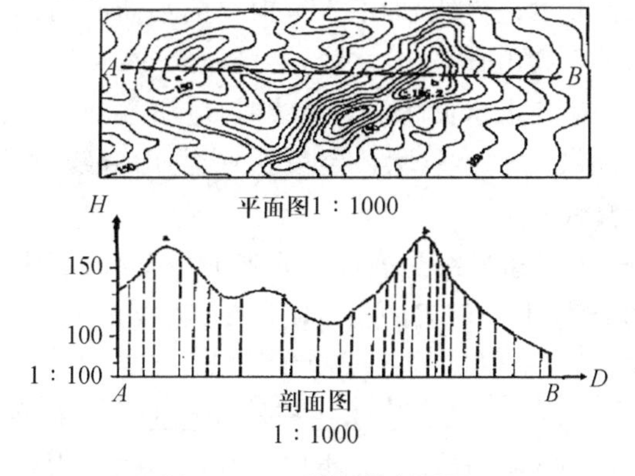

图 10-16 绘制纵断面图

10.4.2 按限制坡度选择最短路线

在山地或丘陵地区进行道路、管线等工程设计中，常常需要根据设计要求先在地形图上按一定坡度选择路线，选定一条最短路线或等坡度路线。按限制坡度选择最短路线的方法如下（图 10 - 17）：

(1) 根据限制坡度求出相邻等高线之间的最小平距 d_{min}；

(2) 以 A 点为圆心，以 d_{min} 为半径，找出与相邻等高线的交点；

(3) 依次类推，直到终点，依次连接各点。

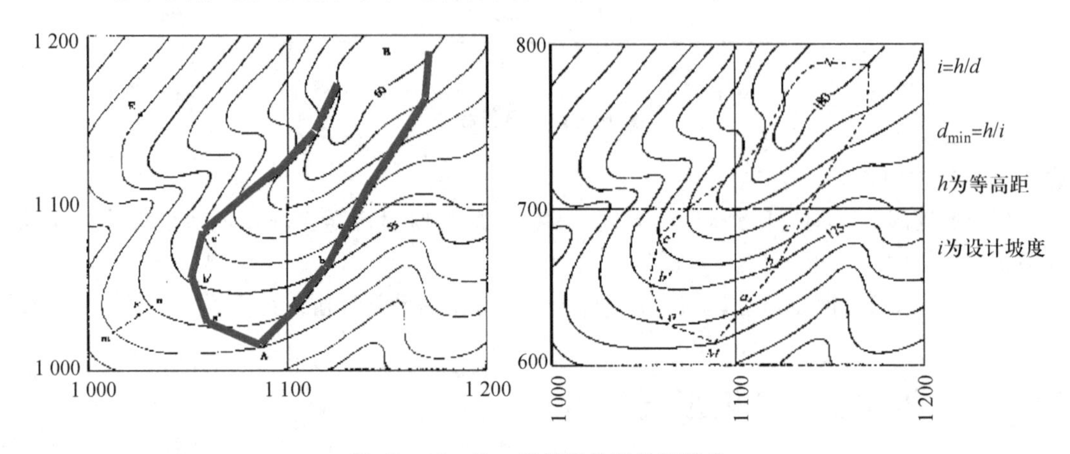

图 10 - 17 按一定坡度绘制最短路线

10.4.3 确定汇水范围

在兴修水库时筑坝拦水、道路跨越河流或山谷时修建桥梁或涵洞排水等工程设计中，都需要确定汇水面积。地面上某区域内雨水注入同一山谷或河流，并通过某一断面，这个区域的面积称为汇水面积。确定汇水面积首先要确定汇水面积的边界线，即汇水范围。汇水面积的边界线是由一系列山脊线（分水线）连接而成的。

确定汇水面积的边界线时，应注意以下几点：

(1) 边界线（除公路段外）应与山脊线一致，且与等高线垂直；

(2) 边界线是经过一系列的山脊线、山头和鞍部的曲线，并与河谷的指定断面（公路或水坝的中心线）闭合。

图 10 - 18 确定汇水范围

如图 10 - 18 所示，一条公路经过山谷，拟在此处架桥或修涵洞，其孔径大小应根据流经该处水的流量决定，而水的流量与山谷的汇水面积有关。由图 10 - 18 可以看出，由山脊线 bc、cd、de、ef、fg、ga 与公路上

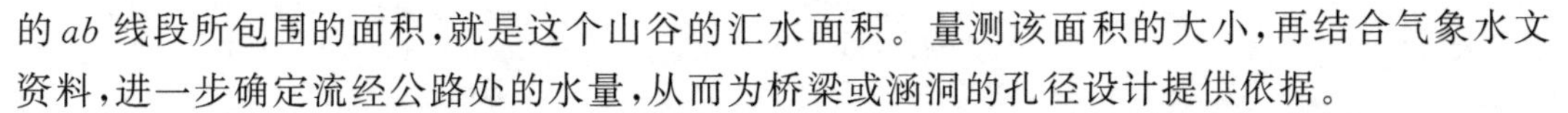

的 ab 线段所包围的面积，就是这个山谷的汇水面积。量测该面积的大小，再结合气象水文资料，进一步确定流经公路处的水量，从而为桥梁或涵洞的孔径设计提供依据。

(1) 确定汇水面积的边界线。汇水面积的边界线是由一系列山脊线和道路、堤坝连接而成，如图 10－18 所示，即由山脊线 bc、cd、de、ef、fg、ga 与公路上的 ab 线段连接而成。该边界线所包围的区域就是雨水汇集范围。

(2) 利用地形图应用中不规则的任意图形面积量测方法，确定汇水面积。

(3) 根据汇水面积、最大降雨量计算最大流水量 Q。

(4) 根据最大流水量 Q 设计桥涵断面。

思考练习题

1. 地形图识读内容包括哪些？
2. 在地形图上如何量算图形面积？
3. 如何绘制纵断面图？
4. 如何根据一定坡度在地形图上选择最短路线？

第11章

GPS定位测量

11.1 GPS系统的构成

GPS是基于卫星的定位系统，它利用24颗卫星协同工作，为用户提供高精度的定位信息。“精确”的概念对于不同的场合有着不同的意义，对于旅行来说，15 m即可满足需要；对于海洋中的船只，5 m的精度即可视为精确；而对于陆地测量员来说，“精确”是指要有1 cm甚至更高的精度。GPS可满足上述不同应用场合的要求，其差别在于所使用的设备和技术不同。

GPS的设计初衷是应用于军事上的，要求能在地球上任何时间、任何地点快速定位。随着这一设计目标的实现，人们发现除在军事中应用外，GPS在民用行业中也可以得到广泛的应用。GPS最先应用的民用行业是航海和测量，如今其应用的领域已经从汽车营运管理到工业自动化等诸多领域。

GPS系统的构成可以概括为3个部分：

(1) 空间部分：人造地球卫星。

(2) 监控部分：分布在地球赤道上的若干个卫星监控站。

(3) 用户部分：用于接收卫星信号的设备。

1. 空间部分

如图11-1所示，空间部分设计由24颗卫星组成，其运行轨道的高度约为20 200 km，环绕地球运行的周期约为12 h。当前实际投入使用的卫星为26颗。空间部分这样的设计，可以使得在地球上任何时间、任何地点均可观测到高度角在15°以上的卫星，且数量不少于4颗。4颗卫星可见是大多数应用场合的最低要求。实践表明，在绝大多数情况下，最少有5颗卫星在15°高度角以上，可见卫星数通常为6～7颗。

在每一个卫星上都安装有高精度的原子钟，在原子钟的控制下，卫星产生10.23 MHz的基准频率，用于产生卫星对地发送的各种信号。卫星信号通常由两个不同频率的载波信号L1和L2组成，它们位于L波段(该波段用于收音机)，以光速向地球传播。L1载波信号的频率为1 575.42 MHz(由基准频率经154倍频得到，即10.23 MHz×154=1 575.42 MHz)；L2载

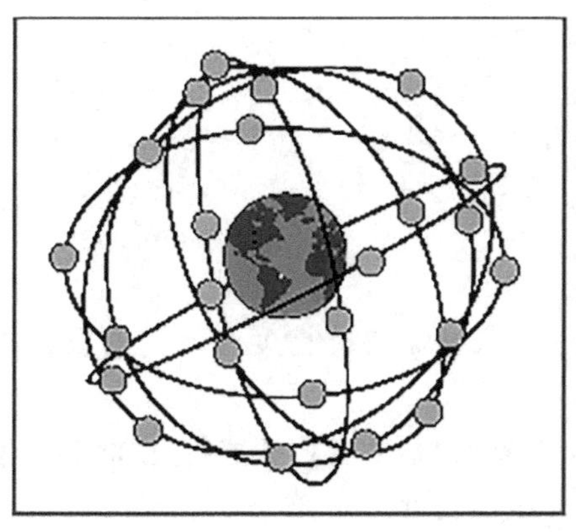

图 11－1 GPS 卫星分布

波信号的频率为 1 227.60 MHz(由基准频率经 120 倍频得到,即(10.23 MHz×120＝1 227.60 MHz)。在 L1 载波信号上调制有 C/A 码,也称粗码/捕捉码,码的传输频率为 1.023 MHz,由基准频率经 10 倍分频得到(即 10.23 MHz÷10＝1.023 MHz)。

2. 监控部分

监控部分由 5 个监控站组成,其中一个为主控站,另外 4 个安装有地面天线。5 个监控站分布在接近赤道的 5 个不同位置,如图 11－2 所示。

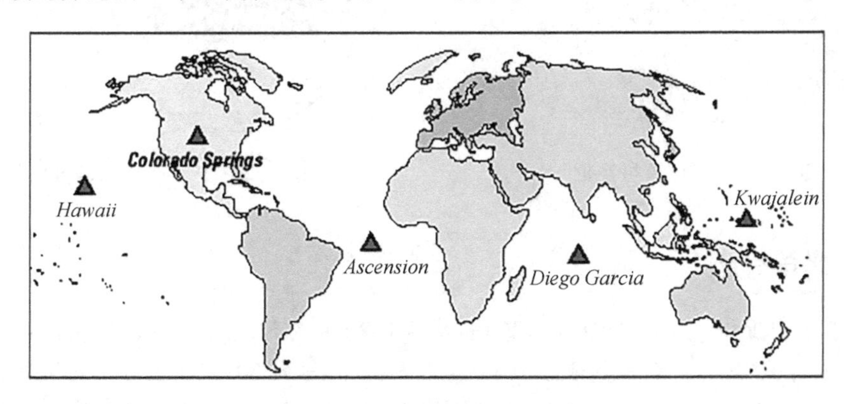

图 11－2 地面监控站

监控部分的功能为监控卫星的轨道位置,修正和同步卫星原子钟;另外一个很重要的功能是确定每颗卫星的轨道,并对其进行 24 h 预报,将这些信息上载到卫星,再由卫星对地广播,这样地面用户接收机就能知道每颗的可见时间。

卫星信号由设在阿森松岛、第哥岛、加西亚和夸贾林环礁的监控站测量,测量数据传送到设在科罗拉多州的主控站,通过计算处理确定每颗卫星的误差,再发送回 4 个监控站,由监控站天线发送到卫星。

3. 用户部分

用户部分由任何接收 GPS 信号,从而确定位置和时间的设备组成。典型的应用有旅游、交通导航、测量、航海、航空和机械控制等。

11.2 GPS定位的基本原理

11.2.1 GPS定位分类

应用GPS定位可由几种不同的方法实现，主要依据需要的精度和使用的设备类型而定。大体来说，这些方法可以分为三类：

(1) 单机定位：如图11-3所示，使用一台GPS接收机，主要用于旅行、航海和军事。对于民用目的定位精度优于100 m，而对于军队用户定位精度可达20 m。

(2) 修正差分定位：也常称为DGPS，其定位精度可达0.5～5 m，多用于近海导航、GIS数据采集和农业生产等。

(3) 相位差分定位：定位精度可达0.5～20 mm，常应用于测量工作和机械控制等，如图11-4所示。

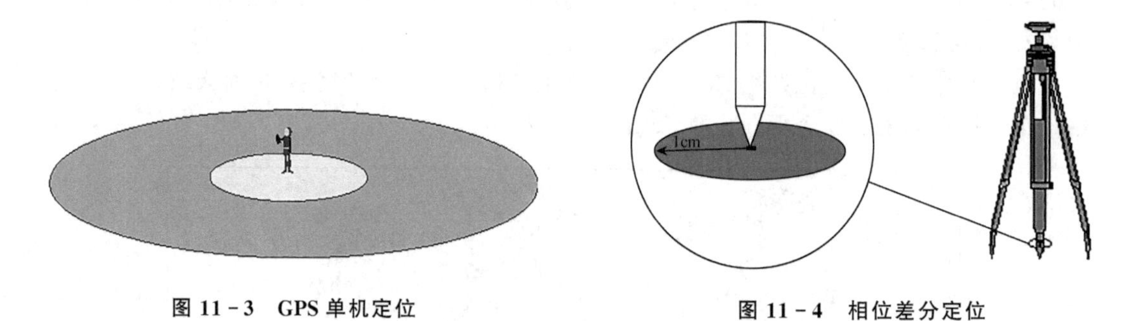

图11-3　GPS单机定位　　图11-4　相位差分定位

11.2.2 简单导航

瞬间给用户提供一个点的位置和高程，或提供精密的时间，是GPS接收机最基本的功能，其精度对于民用用户来说优于100 m(通常标称精度为30～50 m)，而对于军方用户精度为5～15 m。此类接收机的典型特点是体积小，便于携带，且价格低廉。图11-5所示为手持GPS接收机。

1. 卫星测距

所有GPS定位方法都是基于测量卫星与接收机之间的距离而实现的。接收机与各个卫星间的距离由接收机确定后，按照常用的空间后方交会原理，便可计算出接收机的位置。

其基本思想是：测定了接收机与某一卫星的距离后，便可确定接收机位置一定处于以该卫星为球心所测距离为半径的某一假定球面上。当同时测定接收机到3个卫星的距离，3个假定球面的交点即为接收机的位置，如图11-6所示。

然而，由于GPS定位系统采用的是单程测距原理，要准确测定卫星与接收机间的距离，就必须使卫星钟与接收机钟保持严格同步，这在实践中难以实现。因此，实际上通过码相位

图 11-5 手持 GPS 接收机

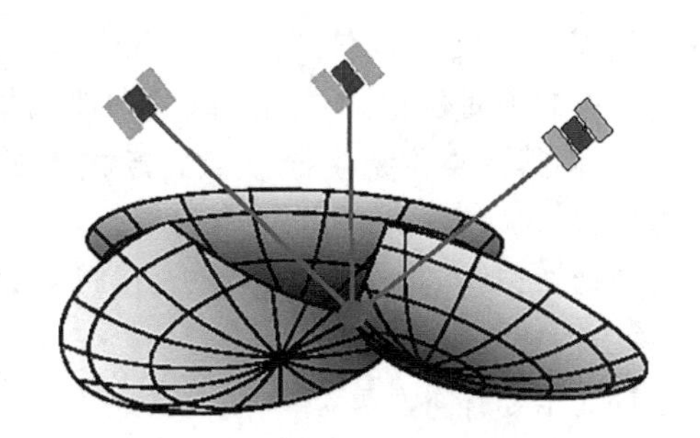

图 11-6 3个假定球面的交点

观测或载波相位观测所确定的卫星至接收机的距离，都不可避免地存在卫星钟和接收机钟非同步误差的影响，这种包含钟误差的距离称为伪距。因而 GPS 定位测量中，具有 4 个未知数：接收机位置（X，Y，Z）和接收机钟与卫星钟的钟差 Dt。同时观测 4 颗卫星便可得到 4 个观测方程，解算出 4 个未知数，如图 11-7 所示。

图 11-7 GPS 单机定位

为了计算接收机与各卫星间的距离，应用牛顿运动定律：

距离＝速度×时间

通常，在已知列车运行速度和运行时间的情况下，

2. 卫星信号传播时间的测定

在卫星信号上调制有 C/A 码和 P 码，C/A 码是由高精度原子钟控制产生的。在接收机中，也有一个时钟用于产生与卫星钟相匹配的 C/A 码。将接收机的 C/A 码通过电子线路移位一次，然后计算两个 C/A 码的相关系数，并反复进行移位。当相关系数等于或接近 1 时，读取电子线路的移位计数，从而计算出卫星信号的传播时间（包含钟差）。C/A 码是“伪随机”数字编码，表面上看是随机的，实际上它具有周期性，在一秒之内循环可高达上千次。

11.3 GPS 在大地测量中的应用

随着 GPS 逐步成为测量与导航的普及仪器，测量员和导航员需要了解 GPS 定位系统与标准制图系统的关系，GPS 测量中多数错误都是因对两者关系理解错误造成的。

11.3.1 概述

采用 GPS 定位确定点的位置可以实现大地测量的基本目标——用相同的精度确定地球表面上所有点的绝对位置。采用传统的大地测量方法和技术,点位的确定通常是相对于测量的起始点,测得的点位精度与该点到起始点的距离有关。显然,GPS 测量相对于传统的测量方法具有明显的优势。

大地测量学知识是 GPS 测量的基础;反过来,GPS 又是大地测量的主要工具。从大地测量的目的来看,这一点显而易见。

大地测量的主要任务如下:

(1) 陆地上建立和维护国家和全球的三维大地控制网,研究控制网随板块运动的时间变化特性,如图 11-8 左图所示。

(2) 测量和确定如太阳运动、地球潮汐和地壳运动的规律,如图 11-8 中图所示。

(3) 确定地球的重力场及其随时间的变化规律,如图 11-8 右图所示。

虽然多数 GPS 用户从不涉及上述的大地测量学研究内容,但对大地测量学有一般的了解是非常必要的。

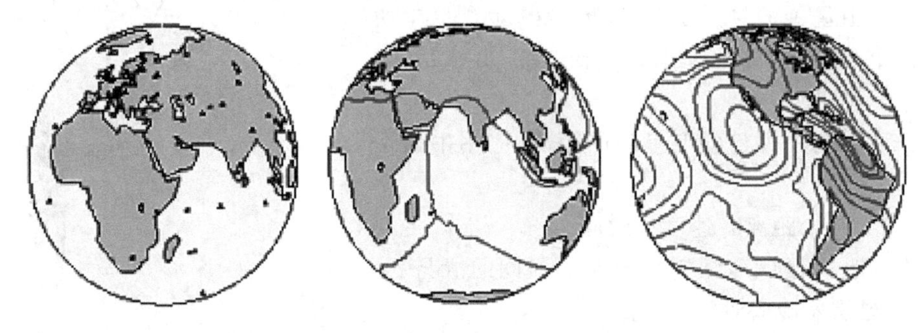

图 11-8 大地测量的主要任务

11.3.2 GPS 的坐标系统

虽然从太空中看地球是一个表面规则的圆球,但实际上其表面是非常不规则的。而 GPS 所测定的地球表面点的坐标属于大地测量坐标系,它是一个球面坐标系。该球面是一个椭球面,也称为参考椭球面,如图 11-9 所示。参考椭球面十分接近地球的表面,它不是一个客观存在的物理面,而是一个定义的数学曲面。

这样的参考椭球面或数学曲面有很多个,GPS 定位系统使用的参考椭球面所建立的坐标系统称为 WGS84 或 1984 年世界大地测量坐标系,如图 11-10 所示。

地球表面上点的坐标由经度、纬度和椭球高定义。另一种表示点位置的方法是应用空间直角坐标系,坐标系的原点在椭球的中心,点至 3 个坐标轴的距离 X、Y 和 Z 即为点的空间直角坐标,这是 GPS 最初表示点的空间位置的方法。

11.3.3　地方坐标系统

与 GPS 坐标系统一样，地方坐标系统或一个国家的地图所使用的坐标系统建立在一个地方椭球面上。该参考椭球面与其国家的大地水准面拟合最佳。通常这些坐标还要投影到平面上，以便提供地方格网坐标。

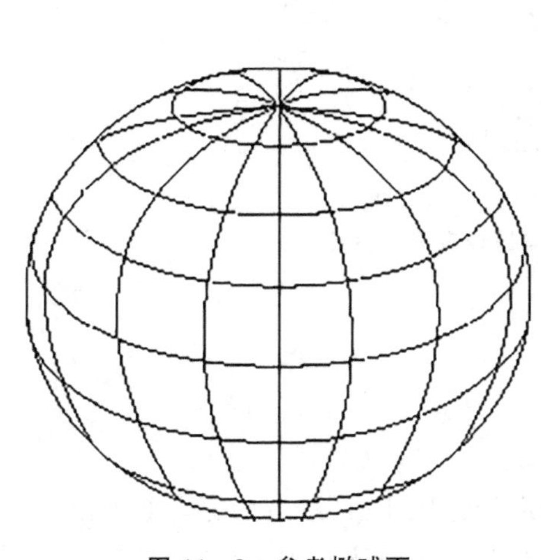

图 11－9　参考椭球面

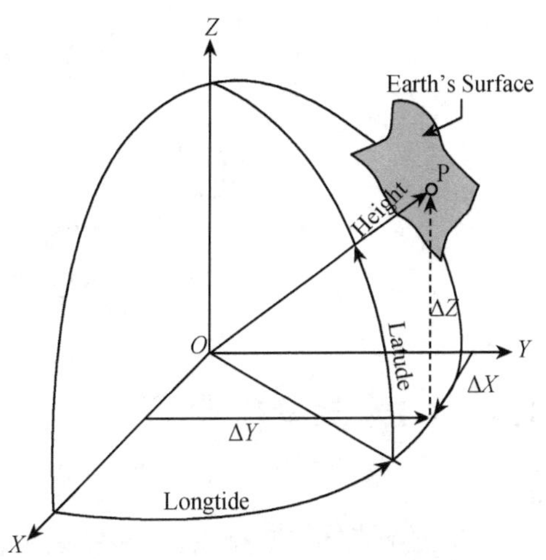

图 11－10　大地测量坐标系与空间直角坐标系

在空间技术兴起前许多年，大多数地方坐标系统使用的参考椭球面就已经定义，这些参考椭球面仅使用于某个国家或地区，而对其他地区不适合，因而各个国家都建立了基于本地参考椭球面的地图系统或参考系。

11.3.4　GPS 高程测量

GPS 对高程测量也有着重要的意义。

GPS 所测定的高程为椭球高，也称大地高，其基准面是 WGS84 椭球面。而实际应用中通常使用的高程为正高或海拔高，其基准面是海平面。

平均海水面称为大地水准面，它被定义为一个等位面，如大地水准面上所有点的重力值相等。大地水准面与椭球面不相似，是一个不规则的曲面，其形状受地球内部物质密度的影响，密度较大地区的大地水准面呈现上凸，密度较小地区的大地水准面呈现下凹。

大地水准面、椭球面和地球表面三者的关系可用图 11－11 表示。

所有地图都使用正高（相对于大地水准面的高程），而 GPS 测定的高程为椭球高，这个问题可以采用大地水准面模型实现椭球高与正高之间的转换。在相对平坦的地区，地球内部的密度可以认为是均匀的，大地水准面是规则的。采用一定的转换技术，利用 GPS 测定的数据可内插计算出点的正高。

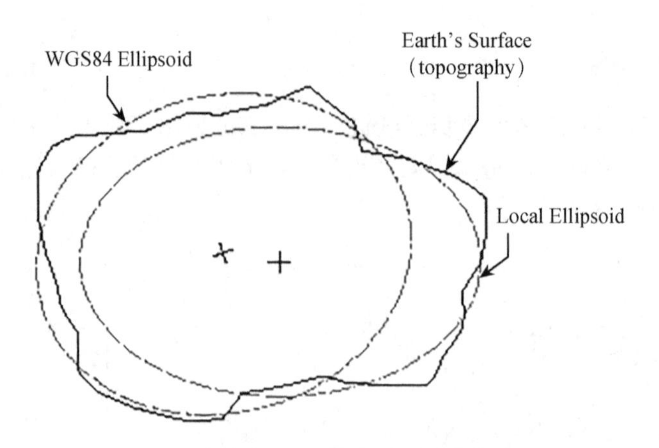

图 11-11　大地水准面、椭球面与地球表面的关系

11.4　GPS 测量作业

对于测量员和工程师来说，能有效地使用 GPS 进行工作比研究 GPS 的内部理论显得更重要。与所有工具一样，GPS 能否充分地发挥其效率，取决于人们对 GPS 的操作。同认识 GPS 的功能和局限性一样，合理地安排工作计划也是非常必要的。

与传统的测量方法相比，GPS 有着巨大的优越性：无须点间通视；可以全天候使用；可以获得非常高的大地测量精度；消费的人力、物力较少。

GPS 测量的局限性：采用 GPS 测量时，天空视野要求开阔，保证至少可以观测到 4 颗卫星，如图 11-12 所示；有时卫星可能被建筑物或树木遮挡，如图 11-13 所示；GPS 无法在室内使用，在闹市中心或森林中使用也很困难。

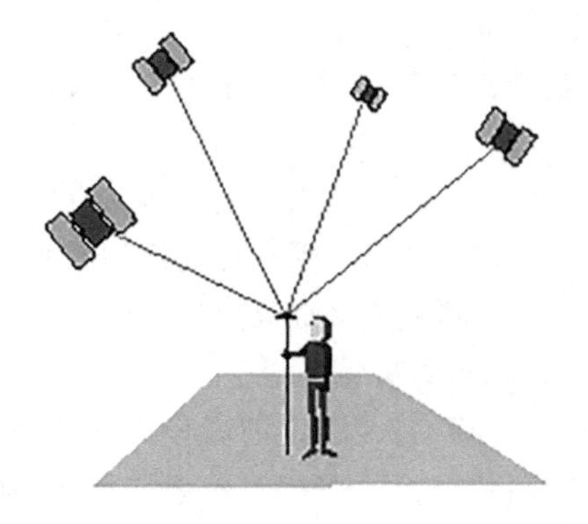

图 11-12　保持 4 颗以上卫星可见

图 11-13　障碍物对卫星信号的遮挡

由于有这些限制，实践证明，对于某些工程来说，将 GPS 和光学全站仪结合使用是比较经济有效的方案。

11.4.1　GPS测量作业模式

多数GPS接收机可以用几个不同的测量工作模式，测量员应依据实际情况选择工作模式。

静态测量(Static)：应用于长距离线路测量、大地控制网测量、板块结构研究等。在长距离场合可提供高精度测量，但作业速度相对较慢。

快速静态测量(Rapid Static)：应用于地方控制网测量、控制网加密等。当基线长度在20 km以内时，该方法可以获得很高的测量精度，而作业速度比静态测量要高得多。

动态测量(Kinematic)：用于局部区域的碎部测量，可在较短时间内测定许多个点。当点比较集中时，这种方法非常高效。但是，当有树木、建筑物或桥涵等障碍遮挡天空时，若跟踪观测卫星数小于4个，必须重新初始化，初始化需要5～10 min。当前，一种称为OTF(On the-Fly)的动态初始化技术使得这一初始化时间大大缩短。

实时动态测量(Real Time Kinematic，RTK)：通过无线电数据链将参考站的观测数据传输到流动站，在流动站上可实时计算得到测量点的坐标。与动态测量类似，该方法适用场合为局部区域的碎部测量，是一种实时获取点坐标的有效方法。但这种测量方法依赖于无线电数据链，当受到其他无线电信号干扰时，通信将会阻塞。

1. 静态测量

这是GPS发展过程中出现的最早的测量方法，常用于测量20 km或更长的基线。

一台接收机安置于一个WGS84坐标已知的点上，称之为参考站。其他接收机安置在基线的另一端，称之为流动站。

在参考站和流动站上，观测数据同步记录。要注意，各站上的数据采集速率须相同，数据采集的典型速率每15、30或60 s为一个历元。

接收机必须连续采集数据达到一定的时间段，时间段的长度取决于基线长度、卫星数目及卫星的几何精度因子GDOP(Geometrical Dilution of Precision)等因素。通常，当基线长度为20 km，跟踪5颗卫星，GDOP值小于8，观测时间不应小于1 h。基线愈长，观测时间也愈长。

当采集了足够的观测数据后，接收机便可关机。流动站接收机便可迁站到其他基线端点，继续其他基线的测量。

需要指出的是，控制网应当有一定量的多余观测，对一个点应至少观测两次，以便对观测数据粗差进行检核。

仅使用两台接收机便可进行静态测量。若增加一台接收机，则可以有效地提高作业效率，同时要合理地调度三台接收机的作业过程。

2. 快速静态测量

在快速静态测量中，选择一个点设为参考站，其他流动站(一个和多个)与参考站配合进行测量。

快速静态测量常用于控制网的加密和控制点的测定等场合。

在一个从未进行过GPS测量的区域作业时，首先要测定一定数量的已知地方控制点的

WGS84 坐标，以便计算该区域的转换参数，供后续测量结果的转换使用。

测定的地方控制点不应少于 4 个，所计算的转换参数只可应用于控制点构成的区域之内。

参考站应架设在计算转换参数的某一控制点上。如果控制网中没有控制点可以架设仪器，则可将参考站设定在控制网中任意位置。流动站逐个测定控制点，观测时应依照流动站到参考站的距离和 GDOP 值的大小而定。数据采集完成后，在室内进行计算处理。

为了检查数据是否存在粗差，可以对各点进行第二次观测，产生多余观测量。

当使用两台或多台接收机作业时，要保证每个站上的接收机同步观测。内业处理时，任意一站既可作为参考站也可作为流动站，这是一种非常高效的作业方法，但要保证多台接收机同步难度很大。

另一种产生多余观测量的方法为：将两台接收机作为参考站，而另一台接收机作为流动站，逐个测量各点。下面为两种产生多余观测量的方法的示例。

(1) 1 个参考站的情况(图 11－14)

① 控制网由点 1、2、3、4、5 组成，参考站为 R，使用 3 台接收机，如(1)图所示。

② 参考站架设在点 R，另外两台接收机分别架设在点 1、3，如(2)图所示。

③ 观测完一个时间段后，两台接收机分别迁站到点 2、4，如(3)图所示。

④ 再观测完一个时间段后，一台接收机收工，另一台迁至点 5 测量，如(4)图所示。

⑤ 最后的测量结果如图 11－14 的(5)图所示。

⑥ 第二天再按上述工作过程重复测量一次，以便比较检查粗差。

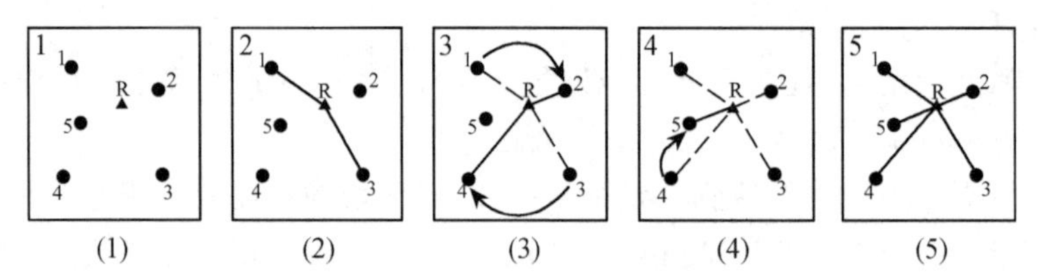

图 11－14　1 个参考站的快速静态测量

(2) 2 个参考站的情况

① 参考站设置在点 R 和点 1，流动站设置在点 2，如(1)图所示。

② 观测完一个时段后，流动站迁至点 3，如(2)图所示。

③ 同样，流动站依次迁站到点 4、5，分别如(3)和(4)如图 11－15 所示。

④ 最后的测量结果如(5)图所示，网中含有多余观测量。

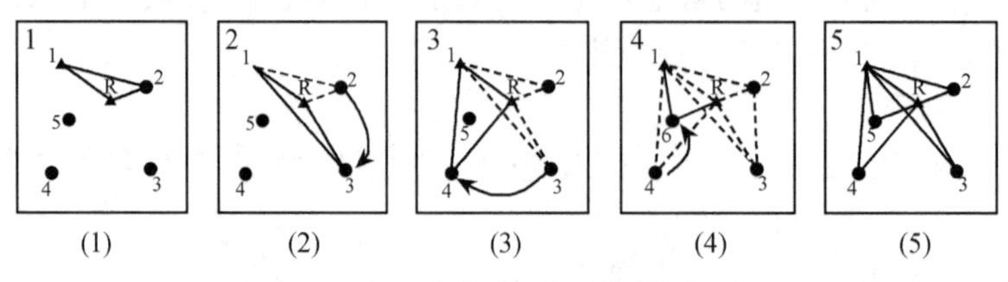

图 11－15　2 个参考站的快速静态测量

3. 动态测量

动态测量如图 11-16 所示,常用于局部区域的碎部测量、记录运动轨迹等场合。随着 RTK 技术的应用,其优越性有所减弱。

这种技术包括一个流动站,其相对于参考站的位置可以计算得到。

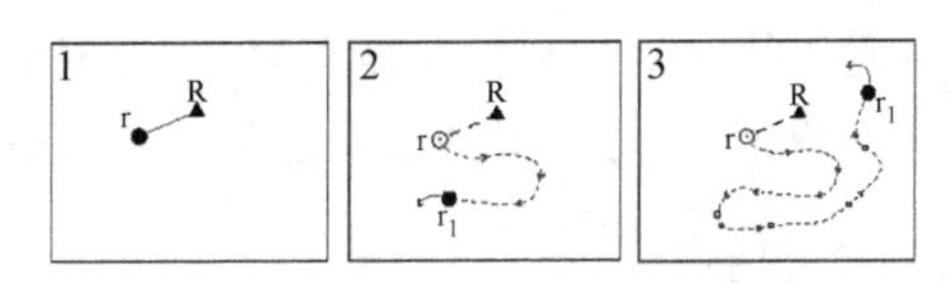

图 11-16 动态测量

4. 实时动态测量

在实时动态测量 RTK 中,参考站接收机连接无线电数据链设备,实时地将参考站的观测数据发送到流动站。流动站接收机也连接一个无线电数据链设备,用于接收参考站发送的观测数据,流动站本身也采集观测数据。在流动站中对两台接收机的观测数据进行实时处理,便可得到流动站相对于参考站的精确位置。

当参考站架设完成后,通过无线电数据链开始发送数据,流动站便可开始使用。

当流动站开始接收参考站数据并跟踪卫星时,初始化过程便开始,这与后处理动态初始化一样,区别在于这一过程是实时进行的。

初始化完成后,解算出整周模糊度,流动站便可测定点位,此时基线的精度常在 1～5 cm 的范围。

测量中保持数据链的畅通是至关重要的,一旦数据链中断,整周模糊度就会丢失,此时计算的点位结果精度将大大降低。

RTK 是一种高效、快速、高精度的 GPS 测量方法,可以像全站仪一样在小区域进行碎部测量、放洋、几何应用等工作。

RTK GPS 系统通常都使用小型的 UTF(Unicode Transformation Format)无线调制解调器作为数据链设备,多数用户缺乏使用经验。下面是使用中几个需要注意的事项:

(1) 发射功率:一般来说发射功率愈大愈好,但多数国家对此有限制,一般为 0.5～2 W。

(2) 天线高度:天线愈高,通信距离和效果就愈好。

11.4.2 GPS 测量作业的准备工作

在 GPS 作业开始前,应做以下几项准备工作。

(1) 办理无线电使用许可证。

(2) 电池充电。

(3) 准备好各种电缆。

(4) 准备好各小组间联络的通信工具。

(5) 确定参考站的坐标。

(6) 确认接收机的数据存储卡是否有足够大的存储空间。

(7) 编排观测进度表,并要考虑计算坐标转换参数所需要的观测量。

11.4.3 观测中的注意事项

对于静态测量和快速静态测量,要及时填写观测手簿,并在观测前后正确量取天线高,这是 GPS 作业中最易出错的环节。对于 RTK 测量，天线安置在对中杆上，其高度是常数。

对于静态测量和快速静态测量，观测中天线要保持稳定。同样在动态测量中，使用快速静态初始化时，也应保持天线稳定。若天线出现移动或抖动，将对测量结果产生影响。

思考练习题

1. 什么是全球定位系统？
2. GPS 的工作原理是什么？
3. GPS 作业模式有哪些？分别是什么？
4. 地理信息系统有哪些功能？

第12章 工程施工放样

工程施工放样的原则与测图工作的原则相同，也是“先整体，后局部”，“先控制测量，后碎部测量”。在用地现场，根据工程的定位精度要求，进行相应精度等级的控制网布设。如果我们进行工程施工的区域不是特别大，而且在施工现场仍有过去测绘地形图时的测量控制点可以利用，那么没有特殊情况时就可直接进行工程施工的各项测量工作。

12.1 测设的基本工作

12.1.1 水平角测设

水平角测设就是根据给定角的顶点和起始方向，将设计的水平角的另一方向标定出来。根据精度要求不同，水平角测设有两种方法。

1. 水平角测设的一般方法

该方法用于水平角测设精度要求不高时。如图 12－1 所示，测设步骤如下：

(1) O 为给定的角顶，OA 为已知方向，将经纬仪安置于 O 点，用盘左后视 A 点，并使水平度盘读数为 $0°00'00''$。

(2) 顺时针转动照准部，使水平度盘读数准确定在要测设的水平角值 β，在望远镜视准轴方向标定一点 B'。

(3) 松开照准部制动螺旋，倒镜，用盘右后视 A 点，读取水平度盘读数为 α；顺时针转动照准部，使水平度盘读数为 $(\alpha+\beta)$。同法在地面上定出 B''点，并使 $\overline{OB''}=\overline{OB'}$。

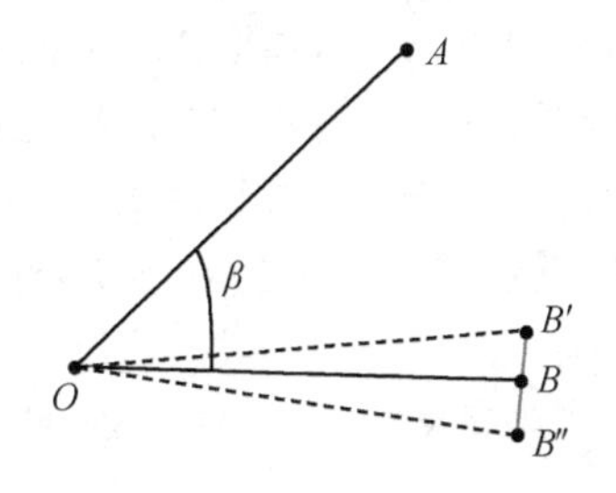

图 12－1 水平角测设一般方法

(4) 如果 B'与 B 重合，则$\angle AOB'$即为欲测设的 β 角；若 B'与 B''不重合，取 B'与 B''连线的中点 B，则$\angle AOB$ 为欲测设的 β 角。

2. 水平角测设的精密方法

该方法用于测设精度要求较高时。如图 12－2 所示，测设步骤如下：

(1) 先用一般方法测设出欲测设的 β 角。

(2) 用测回法测出$\angle AOB'$的角值为β'。

(3) 过B'作OB'的垂线，在垂线方向精确量取$\overline{BB'}=\overline{OB'}\tan(\beta-\beta')$，则$\angle AOB$为欲测设的$\beta$角。若$(\beta-\beta')<0$，则$B$点的位置与图相反。

另外，当要测设的角度为90°且测设的精度要求较低时，可根据勾股定理进行测设。测设方法如下：

如图12-3所示，欲在AB边上的A点定出垂直于AB的AD方向。先从A点沿AB方向量3 m得C点，将一把卷尺的5 m处置于C点，另一把卷尺的4 m处置于A点；然后拉平拉紧两把卷尺，两把卷尺在零点的交叉外即为欲测设的D点，此时$AD\perp AB$。

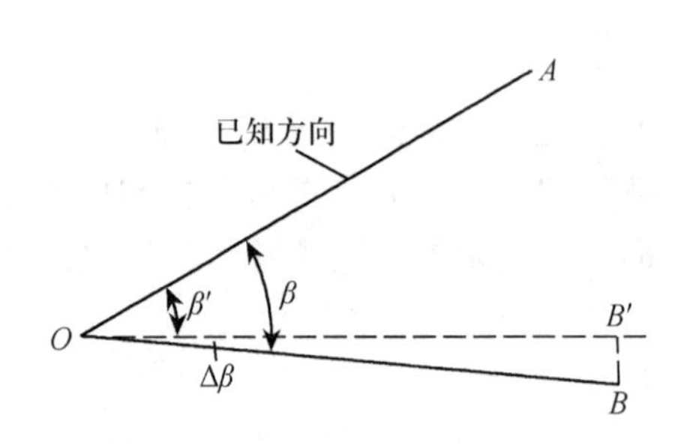

图12-2 水平角测设的精密方法

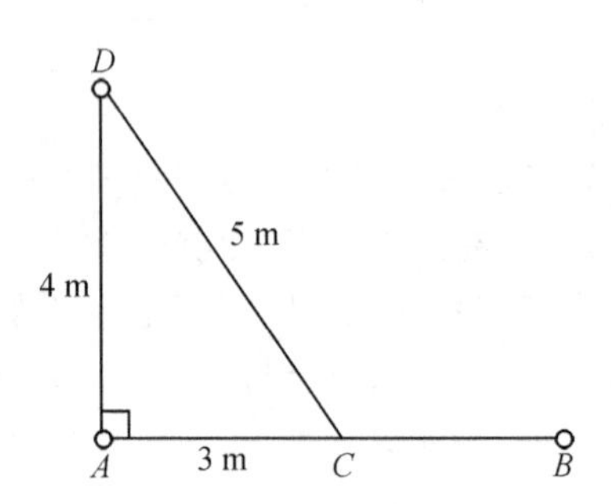

图12-3 测设角度精密方法

12.1.2 水平距离的测设

测设水平距离就是根据给定直线的起点和起始方向，将设计的长度(即直线的终点)标定出来。其方法如下：

在一般情况下，可根据现场已定的起点A和方向线，将需要测设的直线长度d'用钢尺量出，定出直线端点B'，如图12-4所示。如果测设的长度超过一个尺段长，应分段丈量。返测B'与A间的距离，若较差(或相对误差)在容许范围内，取往返丈量结果的平均值作为A与B'间的距离，并调整端点位置B'至B，并使$\overline{BB'}=d'-d'_{AB'}$。当$\overline{B'B}>0$时，$B'$往前移动；反之，往后移动。

图12-4 水平距离测设

当精度要求较高时，必须用经纬仪进行直线定线，并对距离进行尺长、温度和倾斜改正。

12.1.3 高程的测设

根据某水准点(或已知高程的点)测设一个点，使其高程为已知值。其方法如下：

(1) 如图12-5所示，A为水准点(或已知高程的点)，需要在B点处测设一点，使其高程h_B为设计高程。安置水准仪于A、B的等距离处，整平仪器后，后视A点上的水准尺，得水准尺读数为α。

(2) 在B点处钉一大木桩(或利用B点处牢靠物体)，转动水准仪的望远镜，前视B点上的水准尺，使水准尺缓缓上下移动，当水准尺的读数恰为

$$b=h_A+a-h_B$$

时,尺底的高程即为设计高程 h_B,用笔沿尺底画线标出。

(3) 施测时,若前视读数大于 b,说明尺底高程低于欲测设的设计高程,应将水准尺慢慢提高至符合要求为止;反之应降低尺底。

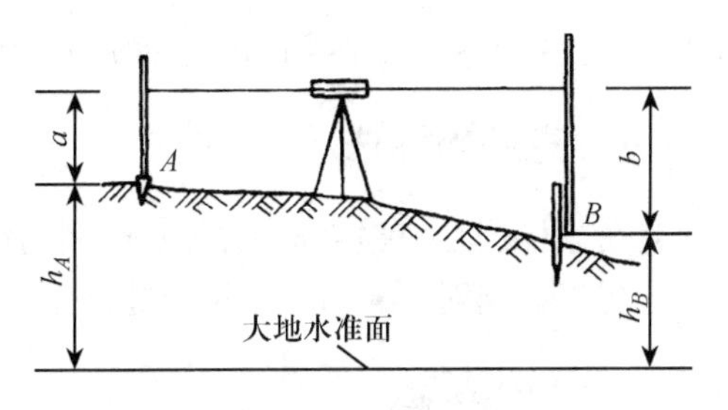

图 12-5　高程测设

如果不用移动水准尺的方法,也可将水准尺直接立于桩顶,读出桩顶读数 $b_{读}$,进而求出桩顶高程改正数 $h_{改}$,并标于木桩侧面。即

$$h_{改}=b_{读}-b$$

若 $h_{改}>0$,则说明应自桩顶上返 $h_{改}$ 才为设计标高;若 $h_{改}<0$,则应自桩顶下返 $h_{改}$ 即为设计标高。

例:设计给定±0 标高为 12.518 m,即 $h_B=12.518$ m。水准点 A 的高程为 12.106 m,即 $h_A=12.106$ m。水准仪置于二者之间,在 A 点尺上的读数为 1.402 m,则

$$b=h_A+a-h_B=(12.106+1.402-12.518)\text{m}=0.990\ \text{m}$$

若在 B 点桩顶立尺,设读数为 0.962 m,则

$$h_{改}=b_{读}-b=(0.962-0.990)\text{m}=-0.028\ \text{m}$$

这说明从桩顶下返 0.028 m 即为设计标高。

在施工过程中,常需要同时测设多个同一高程的点(即抄平工作)。为提高工作效率,应将水准仪精密整平,然后逐点测设。

现场施工测量人员多习惯用小木杆代替水准尺进行抄平工作,此时需由观测者指挥 A 点上的后尺手,用铅笔尖在木杆面上移动。当铅笔尖恰位于视线上时(水准仪同样需要精平),观测者喊"好",后尺手就据此在杆面上画一横线。此横线距杆底的距离即为后视读数 a,则仪器视线高 h 为

$$h=h_A+a$$

由杆底端向上量出应读的前视读数 b 为

$$b=h-h_B=h_A-h_B+a$$

据 b 值在杆上画出第二根铅笔线。此后再由观测者指挥立杆人员在 B 点外上下移动小木杆。当水准仪十字丝恰好对准小木杆上第二道铅笔线时,观测者喊"好",此时前尺的助手在小木杆底端平齐处画线标记,此线即为欲设计高程 h_B。

用小木杆代替水准尺进行抄平,工具简单、方便易行,但须注意:小木杆上下头须有明显标记,避免倒立;在进行下一次测量之前,必须清除小木杆上的标记,以免用错。

12.2　点的平面位置测设

园林工程的特征点测设可分为点的高程测设和点的平面位置测设。点的平面位置测设

常用以下几种方法，施工人员可根据实际情况选用。

12.2.1 直角坐标法

直角坐标法是根据直角坐标原理，利用纵横坐标之差，测设点的平面位置。直角坐标法适用于施工控制网为建筑方格网或建筑基线的形式，且量距方便的建筑施工场地。

12.2.2 极坐标法

当施工场地有导线网且量距较方便时常用此法。其步骤如下：

(1) 如图 12-6 所示，欲测设一点 A，现场控制点为 P、Q。在总平面图上查得 P、A 两点的坐标值分别为(x_P, y_P)、(x_A, y_A)，以及 PQ 的坐标方位角为 α_{PQ}。

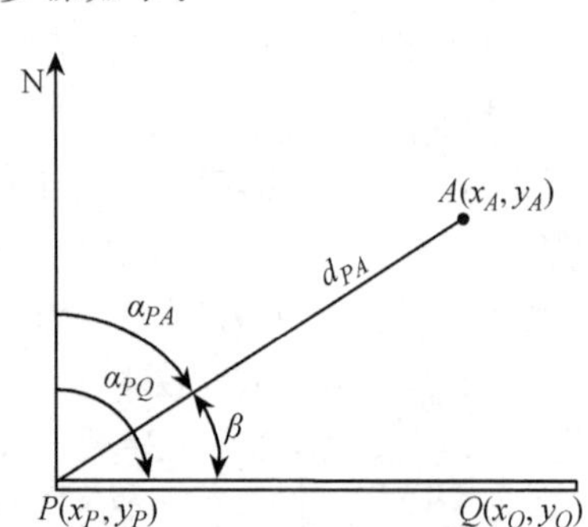

图 12-6 极坐标法

(2) 计算 PA 的坐标方位角 α_{PA}，即

$$\alpha_{PA} = \arctan\frac{y_A - y_P}{x_A - x_P}$$

计算 PA 与 PQ 的夹角 β，即

$$\beta = \alpha_{PQ} - \alpha_{PA}$$

计算 PA 的水平距离 d'_{PA}，即

$$d'_{PA} = \sqrt{(x_A - x_P)^2 + (y_A - y_P)^2}$$

当精度要求较低时，上述的 β、d'_{PA} 可以在图上直接量取。

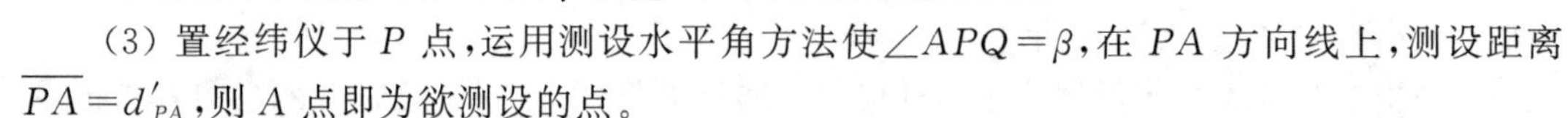

(3) 置经纬仪于 P 点，运用测设水平角方法使$\angle APQ = \beta$，在 PA 方向线上，测设距离 $\overline{PA} = d'_{PA}$，则 A 点即为欲测设的点。

12.2.3 角度交会法

当现场量距不便或待测点远离控制点时，可采用此法。其步骤如下：

(1) 如图 12-7 所示，欲测设 A 点，P、Q 为现场控制点，根据 A、P、Q 点的坐标值可计算 PA 与 PQ、QA 与 QP 的夹角 β_1、β_2。

(2) 两架经纬仪分别置于 P、Q 两点，各测设$\angle APQ = \beta_1$、$\angle AQP = \beta_2$。

(3) 指挥一人持一测钎，在两点方向线交会处移动。当两经纬仪同时看到测钎尖端，且均位于两经纬仪十字丝纵丝上时，测钎位置即为欲测设的点。

12.2.4 支距法

当欲测设的点位位于基线或某一已知线段附近，且测设点位精度要求较低时，可采用此法。其步骤如下：

(1) 如图 12-8 所示，欲测设点 P 在已知线段 AB 附近，在图上过 P 点作 AB 的垂线 PP_1，量取距离 d'_1 和 d'_2。

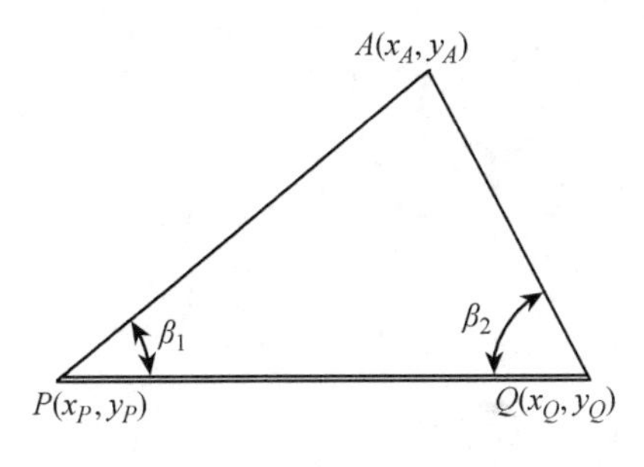

图 12－7 角度交会法

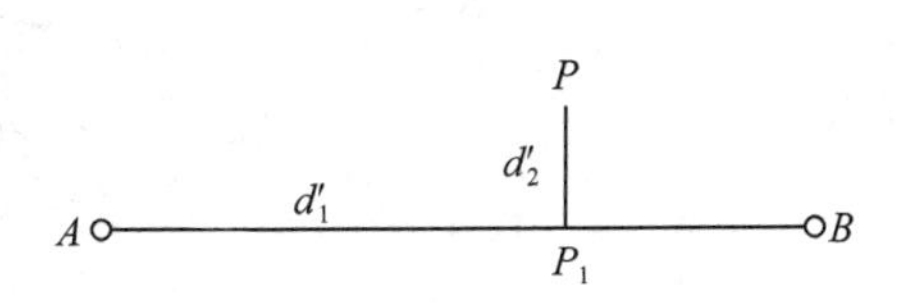

图 12－8 支距法

(2) 在现场找到 A、B 两点，从 A 点沿 AB 方向线测设水平距离 d'_1，得 P_1 点，过 P_1 点测设 AB 的垂直方向并在其方向线上从 P_1 测设水平距离 d'_2，得 P 点，即为欲测设的点位。

12.2.5 距离交会法

当欲测设的点靠近控制点，量距又较方便，测设精度要求较低时，可采用法。其步骤如下：

(1) 如图 12－9 所示，欲测设一点 A，现场控制点为 P、Q，根据 A、P、Q 点坐标值分别求出 P 点与 A 点及 Q 点与 A 点的水平距离 d'_{PA} 和 d'_{QA}。

(2) 以 P、Q 两点为圆心，d'_{PA} 及 d'_{QA} 为半径，分别在地面上画弧，并在两弧交点处打木桩，桩顶交会所得的点即为欲测设的 A 点。

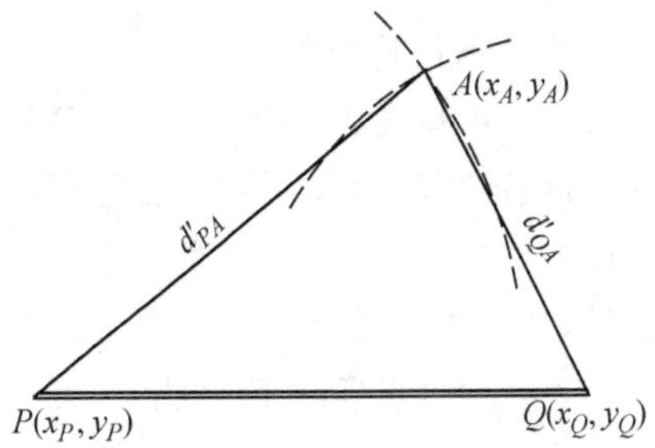

图 12－9 距离交会法

12.2.6 平板仪放射法

当施工现场欲测设的点位较多，通视条件良好，量距又较方便，测设精度要求较低时，可采用平板仪放射法测设点位。其步骤如下：

(1) 如图 12－10 所示，A、B 为地面控制点，a、b 为 A、B 在设计平面图上的相应点，欲将图上一绿地的特征点 m、n、p、q 测设在实地上，在 A 点安置平板仪(对中、整平、定向)，分别在图上量取 a 至 m、n、p、q 的实地距离 $\overline{AM}$、$\overline{AN}$、$\overline{AP}$、$\overline{AQ}$。

(2) 用照准仪直尺边切准图上 am 线并沿照准仪方向丈量出长度 $\overline{AM}$，打桩定出实地 M 点；同法定出实地 N、P、Q。

(3) M、N、P、Q 定出后，应用卷尺进行校核。校核时，以图上设计的长度和几何条件为准，若误差较大，应查明原因重测；若误差较小，应作适当调整。至此，完成该绿地平面位置的测设工作。

点位测设的方法很多，大家应根据现场实际情况和测设的精度要求，选择合适的方法和相应的仪器并灵活应用。

12.2.7 GPS RTK 定位法

GPS RTK(Real Time Kinematics，实时动态)的特点是以载波相位为观测值的实时动

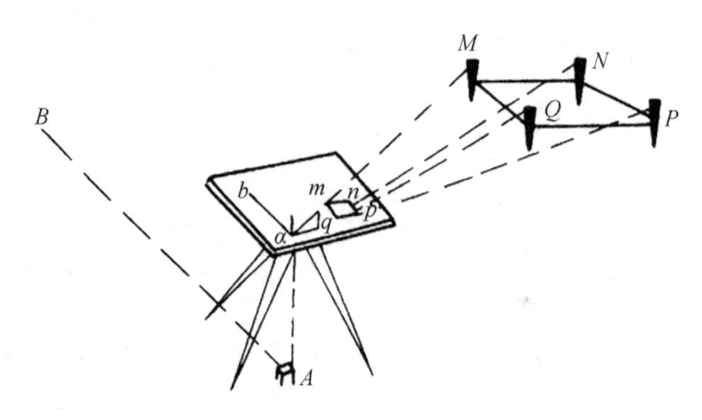

图 12-10 平板仪反射法

态差分 GPS 定位系统，其平面精度为±(1～10)cm，高程定位精度为±(10～30)cm。实现 GPS RTK 测量的关键技术之一是初始整周模糊度的快速解算。目前常用的方法如下：

(1) 静态相对定位法：即按静态或快速静态相对定位法定位。静态相对定位法需要连续观测 0.5 h 以上，快速静态定位法需要连续观测 5 min 左右，按三差法求得差分坐标，再根据双差法求得整周模糊度之差。

(2) 已知基线法：在精确已知 WGS-84 坐标系中坐标的两个已知点观测 10 个历元，依差分坐标按双差方程求得整周模糊度之差。

(3) 交换天线法：对处理方法进行改进，如加测天线之间距离，使初始解算增加一个约束条件，从而更加精确、快速、可靠地解算整周模糊度。

(4) OTF(On The Fly)法：运动中解算整周模糊度，即在移动站运动状态通过观测至少 5 个历元，按一定算法求出整周模糊度之差。

以上 4 种方法中，前 3 种方法在运动过程中出现问题时，均需要返回原初始化地点，重新初始化以解求整周模糊度；第四种方法已有多种算法，是一种好的方法，但对单频机而言，实现起来尚有许多困难。实际应用中，还可以利用以上方法组合，如交换天线与加测天线之距离组合以快速解算整周模糊度，出现问题后利用出现问题前后一个未出现问题前观测点解算整周模糊度之差，从而实现在出现问题地附近重新初始化。

12.3 施工控制测量

为工程建设和工程放样而布设的测量控制网，称为施工控制网。建立施工控制网进行测量的工作，称为施工控制测量。施工控制网不仅是施工放样的依据，也是工程竣工测量的依据，同时还是建筑物沉降观测以及将来建筑物改建、扩建的依据。

12.3.1 施工控制测量坐标系统

在进行工程总平面图设计时，为了便于计算和使用，建筑物的平面位置一般采用施工坐标

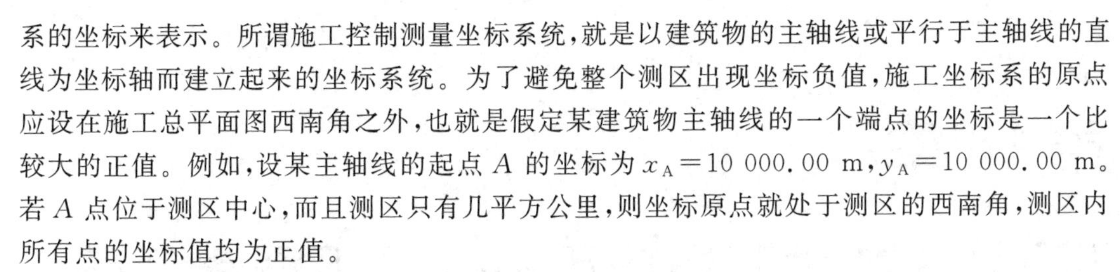
系的坐标来表示。所谓施工控制测量坐标系统，就是以建筑物的主轴线或平行于主轴线的直线为坐标轴而建立起来的坐标系统。为了避免整个测区出现坐标负值，施工坐标系的原点应设在施工总平面图西南角之外，也就是假定某建筑物主轴线的一个端点的坐标是一个比较大的正值。例如，设某主轴线的起点 A 的坐标为 $x_A=10\,000.00$ m，$y_A=10\,000.00$ m。若 A 点位于测区中心，而且测区只有几平方公里，则坐标原点就处于测区的西南角，测区内所有点的坐标值均为正值。

为了方便计算放样数据，施工控制网的坐标系统一般应与总平面图的施工坐标系统一致。因此，布设施工控制网时，应尽可能把工程建筑物的主要轴线当作施工控制网的一条边。

12.3.2　施工控制网的布设及测设方法

1. 施工控制网的布置和主轴线的选择

施工控制网的布置，应根据建筑设计总平面图上各建筑物、构筑物、道路及各种管线的布设情况，结合现场地形情况拟定。布置时应先选定施工控制网的主轴线，然后再布置方格网。方格网可布置成正方形或矩形。当场区面积较大时，方格网常分为两级。首级可采用“十”字形、“口”字形或“田”字形，然后方格网再加密。当场区面积不大时，尽量布置成全面方格网。

布网时，方格网的主轴线应布设在场区的中部，并与主要建筑物的基本轴线平行。方格网的折角应严格成90°。方格网的边长一般为100～200 m；矩形方格网的边长视建筑物的大小和分布而定，为了便于使用，边长尽可能为50 m或它的整倍数。方格网的边应保证通视且便于测距和测角，网点标志应能长期保存。

2. 确定主点的施工坐标

施工控制网的主轴线是施工控制网扩展的基础。当场区很大时，主轴线很长，一般只测设其中一段。主轴线的定位点称为主点。主点的施工坐标一般由设计单位给出；也可在总平面图上用图解法求得一点的施工坐标后，再按主轴线的长度推算其他主点的施工坐标。

3. 求算主点的测量坐标

当施工坐标系与国家测量坐标系不一致时，在施工方格网测设之前，应把主点的施工坐标换算为测量坐标，以便求算测设数据。即

$$\begin{cases} x_P = x'_0 + A_P \cdot \cos\alpha - B_P \cdot \sin\alpha \\ y_P = y'_0 + A_P \cdot \sin\alpha - B_P \cdot \cos\alpha \end{cases}$$

思考练习题

1. 点的平面位置是如何放样的？
2. 水平角是如何放样的？
3. 高程是如何放样的？
4. 施工控制网的布设及测设步骤是什么？

第13章

基于3S技术测量应用——地下管线测量

13.1 地下管线数据标准

13.1.1 地下管线数据标准的内容

所有与数据采集、加工、交换、服务等环节有关的标准组成地下管线信息化数据标准支撑体系。按照地下管线信息化的功能，地下管线数据标准分为地下管线数据采集标准、地下管线数据共享交换标准和地下管线数据服务标准。按照地下管线信息化的过程，地下管线数据标准分为地下管线普查(数据采集)标准、地下管线探测(数据更新)标准。总的来说，在地下管线信息化建设的过程中，地下管线数据标准主要由两部分组成，即数据的采集与建库标准和数据的共享与服务标准。

13.1.2 地下管线数据的分类与编码

地下管线数据信息化建设的首要步骤就是管线数据的分类编码，地下管线数据只有按照一定方法进行分类与编码，才能有序存入计算机。可对地下管线数据按照类别和代码进行检索，以满足不同要求的查询、统计、空间分析等应用。因此，地下管线数据的分类与编码工作十分重要。

地下管线数据的分类应遵循科学性、稳定性、逻辑性、兼容性和完整性的原则。地下管线数据的编码应遵循唯一性、匹配性、可拓展性和简洁性的原则。

1. 管线分类与代码

以济南市2015年编制的《济南市地下管线基础信息数据标准》为例，管线分类采用线分类法，共分三级，即大类、小类和子类。其中子类作为预留分类用于各专业管线的细化分类。对每类管线编制代号，管线代号编制应符合如下规则：

(1) 管线代号优先使用管线种类中文名称的汉语拼音首字母进行组合。如电力代号为DL。

(2) 当小类代号编制出现重复时，可取大类和小类中文名称的任何两个字汉语拼音首

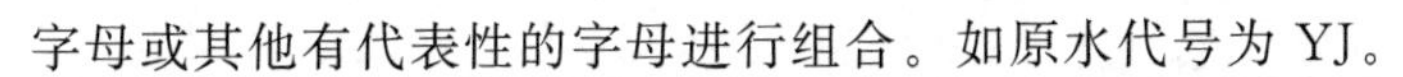

字母或其他有代表性的字母进行组合。如原水代号为 YJ。

(3) 对于新增小类,按以上原则编制其代号。

对管线大类、小类和子类分别编制代码。管线分类代码采用2位自然顺序码表示,如表13-1所列。

表 13-1 管线种类、代号及代码表

大类			小类			颜色(RGB)
名称	代号	代码	名称	代号	代码	
电力	DL	01	供电	GD	01	大红(255,0,0)
			路灯	LD	02	
			电车	DC	03	
			交通信号	XH	04	
电信	DX	02	广播	ZB	01	绿(0,255,0)
			电视	DS	02	
			通信	TX	03	
			军用	JY	04	
给水	JS	03	原水	YJ	01	天蓝(0,255,255)
			输配水	PS	02	
			直饮水	ZY	03	
排水	PS	04	雨水	YS	01	褐色(76,57,38)
			污水	WS	02	
			雨污合流	HS	03	
			中水	ZS	04	
燃气	RQ	05	煤气	MQ	01	粉红(255,0,255)
			液化气	YH	02	
			天然气	TR	03	
热力	RL	06	蒸汽	ZQ	01	桔黄(255,128,0)
			热水	RS	02	

续表

大类			小类			颜色(RGB)
名称	代号	代码	名称	代号	代码	
工业	GY	07	氢	QQ	01	黑(0,0,0)
			氧	YY	02	
			乙炔	YQ	03	
			石油	SY	04	
			灰水	GH	05	
			航空煤油	MY	06	
			其他	QT	99	
综合管沟	ZH	08	—			黑(0,0,0)
不明管线	BM	09	—			紫(102,0,204)

2. 管线要素分类与代码

以济南市 2015 年编制的《济南市地下管线基础信息数据标准》为例，管线要素分类码应由管线的基础地理信息要素代码、管线分类代码和管线要素代码组成。管线的基础地理信息要素代码应符合现行国家标准 GB/T 13923 的规定，为“5”。

管线要素分类码采用 11 位十进制数字码编码，从高到低应依次分别是管线的基础地理信息要素代码 1 位、管线大类码 2 位、管线小类码 2 位、管线子类码 2 位、管线标识码 4 位，其中管线标识码由 1 位管线要素类型码、1 位管线点类型码和 2 位自然顺序码组成。如电力管线中的电车管段，其分类码为 50103001001。

管线要素分类码结构如图 13－1 所示，部分管线要素分类编码如表 13－2 所列。

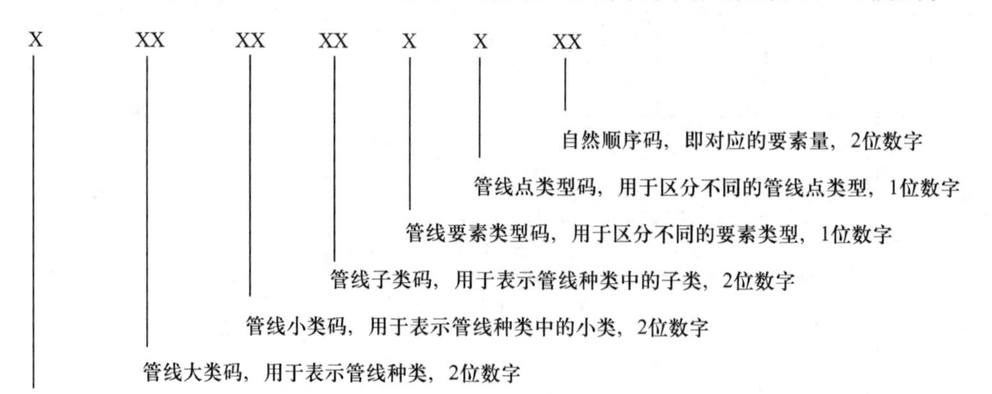

图 13－1 管线要素分类码结构图

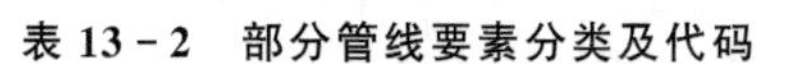

表 13-2　部分管线要素分类及代码

管线种类（大类）	管线种类（小类）	要素名称	代　码
电力	供电	供电管段	50101001001
		供电通道	50101001002
		弯头	50101002101
		分支	50101002102
		直线点	50101002103
		预留口	50101002104
		井室中心点	50101002105
		非普查	50101002106
		变压器	50101002201
		接线箱	50101002202
		通风井	50101002203
		控制柜	50101002204
		环网柜	50101002205
		开关器	50101002206
		人孔	50101002207
		手孔	50101002208
		变电所	50101002209
		配电房	50101002210
		变电站	50101002211
		箱式开关站	50101002212
		电线杆	50101002213
		铁塔	50101002214
		钢管杆	50101002215
		电缆终端塔	50101002216
		上杆	50101002217
	路灯	路灯管段	50102001001
		路灯通道	50102001002
		弯头	50102002101
		分支	50102002102
		直线点	50102002103

续表

管线种类		要素名称	代码
大类	小类		
电力	路灯	预留口	50102002104
		井室中心点	50102002105
		非普查	50102002106
		变压器	50102002201
		接线箱	50102002202
		通风井	50102002203
		控制柜	50102002204
		环网柜	50102002205
		开关器	50102002206
		人孔	50102002207
		手孔	50102002208
		变电所	50102002209
		配电房	50102002210
		变电站	50102002211
		箱式开关站	50102002212
		电线杆	50102002213
		铁塔	50102002214
		钢管杆	50102002215
		电缆终端塔	50102002216
		上杆	50102002217
		路灯控制箱	50102002218
		地灯	50102002219
		路灯	50102002220

管线要素类型码应采用1位数字表示不同的要素类型，要素为管线段时用“1”表示，要素为管线点时用“2”表示。

管线点类型码应采用1位数字表示不同的管线点类型，管线点为特征点时用“1”表示，管线点为附属物时用“2”表示。管线要素类型为管线段时，管线点类型码位用“0”表示。

13.2 地下管线数据采集

数据采集是地下管线信息化的基础内容。目前,地下管线数据采集采用一些先进的测绘及物探技术,采集方式多种多样。在不同数据采集环境中采用不同的技术手段,提高了地下管线数据采集的深度和准确度。总的来说,地下管线数据采集方法主要有3S、电磁法(地下管线探测仪)、电磁波法(地质雷达探测法)。

13.2.1 3S技术

3S技术指的是全球定位系统(Global Positioning Systems,GPS)、遥感(Remote Sensing,RS)和地理信息系统(Geographic Information Systems,GIS)。

1. GPS技术的应用

GPS RTK技术能够直接获得管线点的 X、Y、Z 坐标,快速、直接地为地下管线探测提供从高等级控制到图根控制等各级别的三维控制成果数据,极大提高了地下管线数据采集效率。

2. RS技术的应用

由于地下管线中的排污管、输油管、热力管等的热特性一般与周围的地下物质环境不同,因此在热红外遥感影像中,这些管线可以被区分出来。RS通常用于地质条件相对单一的郊区进行地下管线探测。

3. GIS技术的应用

通过建立地下管线数据标准和数据库标准,使外业中采集的管线信息按照数据标准在野外一次性录入,并通过少量的编辑工作甚至不进行编辑工作,导入数据库进行管理,可以实现图库一体化数据生产。

个人数字助理(Personal Digital Assistant,PDA)是基于GIS技术衍生的一个重要产品。它结合计算机硬件和地下管线GIS管理软件,为野外获取地下管线信息数据提供方便快捷的数据采集和编辑平台。

13.2.2 电磁法技术(地下管线探测仪)

地下管线中各种金属管道或电缆的导电率、磁导率、介电常数与周围介质会有比较明显的差异,可以基于此特性寻找地下金属管线。电磁法技术所用的探测工具主要是地下管线探测仪,目前市面上主流品牌主要有英国雷迪、日本拓普康等。

13.2.3 电磁波法技术(地质雷达探测法)

地质雷达通过发射天线对地发射高频率、短脉冲、宽频带的电磁波。当电磁波穿过地下不同介质时,由于不同的介质具有不同的物理性质,因而界面两侧的波阻抗发生变化,电磁波在界面处发生反射,被天线接收后通过连接电缆传输到计算机进行处理,并绘制出雷达反射的剖面图像。根据雷达反射的回波走时、幅度和图像，分析判断被测物体的内部结构和分布形态，从而达到探测地下隐蔽管线的目的。

电磁波法是目前探测地下非金属管线的主要方法，主要针对两类非金属管线的探测：第一类是大口径的非金属管线，第二类是被覆盖的地下暗河。

地质雷达的空间分辨率随着工作频率的提高而提高，但是工作频率提高会导致探测深度下降。

13.3 城市地下管线信息化主要技术及实践

13.3.1 地下管线信息化的主要技术

1. 面向现场的内外业一体化信息采集技术

传统地下管线测量作业模式分为两步：第一步是外业，主要工作是绘制纸质草图，并进行管线特征点坐标采集；第二步是内业，就是对外业采集数据进行编辑、属性检查和输入等工作，完成数据库建设。

目前的发展方向是面向现场，在管线测量现场完成信息的采集与属性输入以及数据预入库等工作，实现地下管线测量、成图及数据入库流程全数字一体化操作。

地下管线内外业一体化技术包括地下管线探测、地下管线成图、地下管线数据质量检查及地下管线数据入库与更新 4 个步骤。

2. 地下管线信息多尺度表达和三维可视化技术

地下管线信息多尺度表达是在不同显示比例、不同应用功能、不同权限用户和不同使用环境和条件约束下，通过与之相匹配的规范的信息表达手段与方法，表示出地下管线信息的过程，它包括管线数据的符号化、地下管线地图输出、地下管线数据分布、地下管线数据三维可视化，以及时空演变环境下地下管线工作状态的虚拟现实等。

13.3.2 可视化生产调度管理系统

济南市勘测院提出了一种覆盖项目实施各阶段的全流程信息化解决方案，开发了项目调度指挥平台，设计了一种新的项目实施流程，实现了项目实施过程中任务分配、班组调度、进度监控、成果汇交、工作量统计等全流程的一体化管理方案，有效推动了管线探测实施过程中调度指挥的科学化、管线数据采集的信息化。

1. 系统架构

可视化生产调度管理系统基于 B/S 模式构建，以网站形式向用户呈现。总体架构设计分为基础设施层、数据资源层、服务层、业务应用层 4 个层次，各层次包括的对象如图 13－2 所示。

2. 技术路线

可视化生产调度管理系统划分为一个服务端、两个客户端（Web 端的综合管线外业采

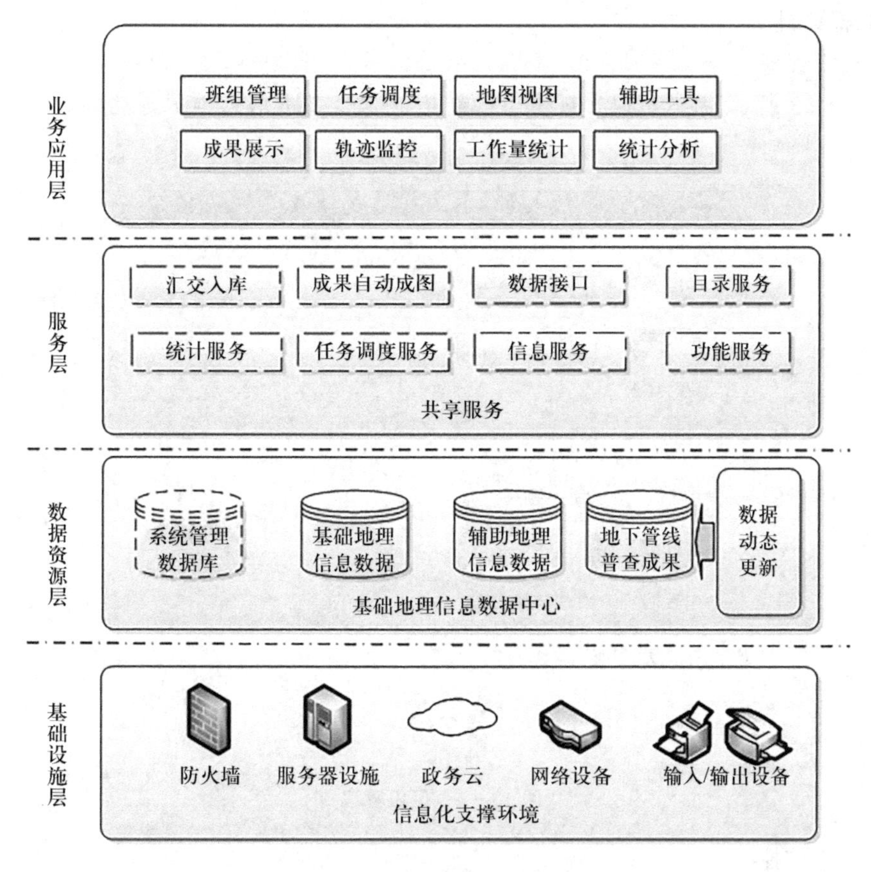

图 13-2 可视化生产调度管理系统架构图

集生产后台管理系统和移动端的综合管线数据采集移动端 APP),采用前、后端分离的开发模式。服务端基于 Microsoft.NET 平台,利用 C# 语言进行开发,以网络服务(Web Service)的形式向客户端提供服务接口。Web 端综合管线外业采集生产后台管理系统,采用 HTML5+JavaScript+CSS 组合进行开发;地图组件采用 ArcGIS API for JavaScript 开发工具包,兼容主流的浏览器环境。移动端的综合管线数据采集移动端 APP,基于 Android 系统手机、平板设备硬件平台;地图组件采用 ArcGIS Runtime SDK for Android 地图框架。开发语言主要为 Java。

在数据存储方面,系统数据库采用 Microsoft SQL Server 2008 R2,该数据库能够很好地与 ArcSDE 结合进行空间数据的存储。移动端采用 Android 系统原生支持的 Sqlite 数据库,该数据库是一款轻量级、跨平台的关系型数据库。

在空间数据服务方面,底图数据、辅助数据、管点管线数据等通过 ArcGIS Server 发布为地图服务,为要素服务,为系统提供数据支持。

地图底图采用天地图山东、天地图济南提供的矢量、影像地图服务。天地图包含国家、省、市三级节点,具有数据现势性和准确性的优势。

3. 功能设计

(1) 班组管理

如图 13－3 所示，系统可以实现班组的新增、删除、基本信息维护等功能。标有星号的为必填项。

图 13－3　班组管理

(2) 轨迹监控

如图 13－4 所示，轨迹记录功能能够记录班组的外业作业位置，查看外业作业历史轨迹等。

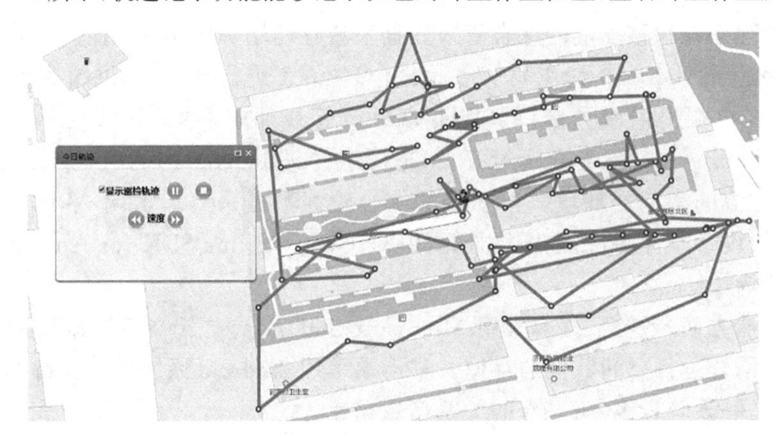

图 13－4　轨迹记录

(3) 移动端授权

如图 13－5 所示，移动端授权功能实现了对移动端采集平台各个班组使用权限的控制和管理。

图 13－5　移动端授权

4. 流程设计

在项目实施准备阶段，将所有班组信息录入生产调度管理系统，进行信息化管理和后续任务分配。项目开始实施时，在生产调度管理系统内为每个班组指定工作片区、编号规则，并进行任务划分。

各班组依照平台的调度，到指定的工作区进行综合管线的普查。通过安装了移动端采集系统的手机、平板等手持设备，班组在现场进行管点和管线属性、点线连接关系、现场照片、坐标（为草图坐标，真实坐标采集后在内业进行匹配）等信息的采集。采集过程中，系统会实时上报班组（手持设备）的位置到指挥平台，形成活动轨迹。采集完成后，班组利用导出、汇交功能，可以汇交初步成果，交由内业质检进一步处理。此外，交汇初步成果后，一方面，基于汇交数据可以进行工作量、工作时间的统计；另一方面，后台服务会将成果数据自动转化成图、生成专题地图，在地图视图中进行可视化展示，便于指挥人员直观了解已完成普查的小区空间分布情况。班组完成当前片区任务并提交成果后，基于工作量统计和成果展示情况，指挥人员再次进行任务调度。

13.3.3　综合管线数据采集 APP

针对综合管线普查和探测项目中传统纸质草图加内业数据成图作业模式的弊端，济南市勘测院开发了综合管线移动端采集系统，有效提高了普查效率和成果质量。

1. 系统架构

移动端采集系统运行于 Android 系统的手机、平板设备上，采用移动端/服务端的模式建设，总体架构分为支撑层、数据层、服务层、应用层 4 个部分，如图 13－6 所示。

2. 关键技术

（1）普查成果自动成图技术

考虑到方便移动端进行数据采集，对初始普查成果采用关系型数据库进行存储。为了将关系型结构的数据转化为 GIS 格式，利用 ArcGIS Model Builder 制作了专门的地理处理

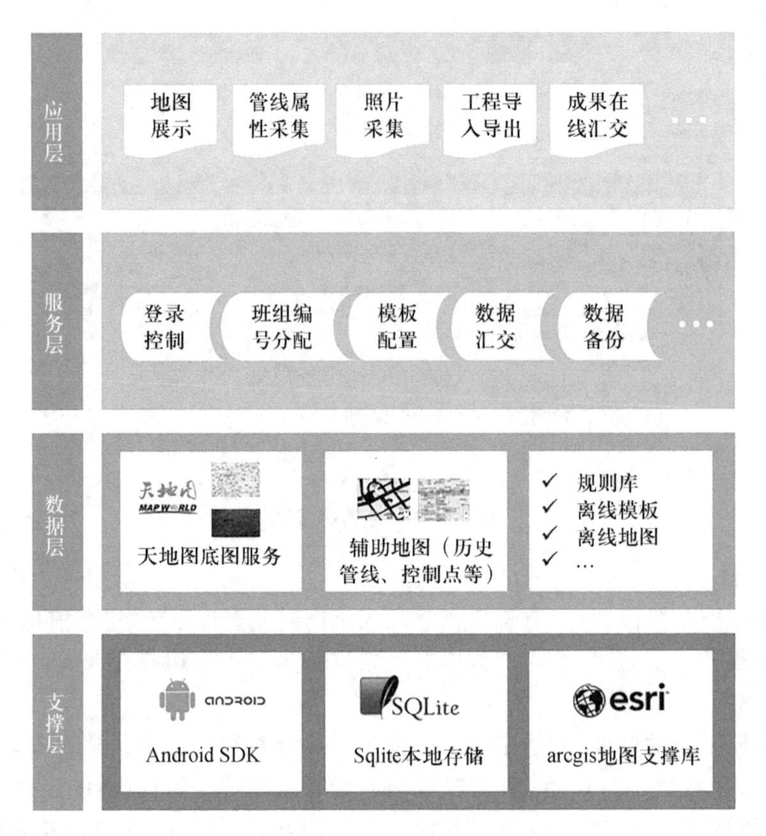

图 13-6 移动端采集系统架构

工具，如图 13-7、图 13-8 所示，在普查成果汇交到指挥平台后，自动将管点、管线转化成 GIS 数据存储到地理空间数据库，并发布为地图服务、要素服务。

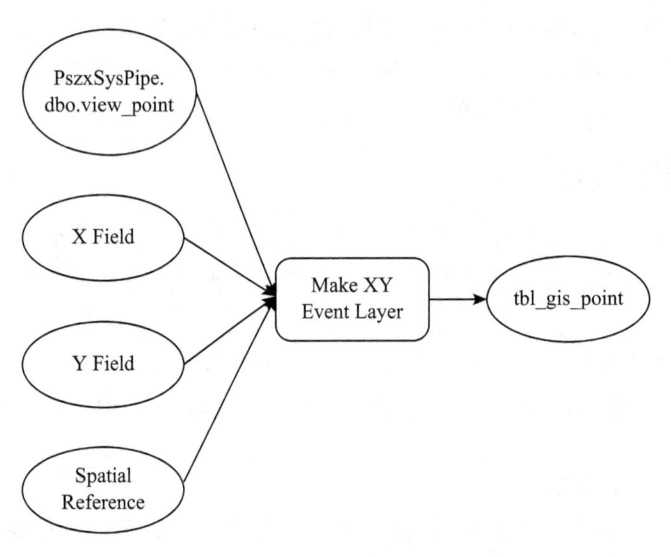

图 13-7 管点成图技术

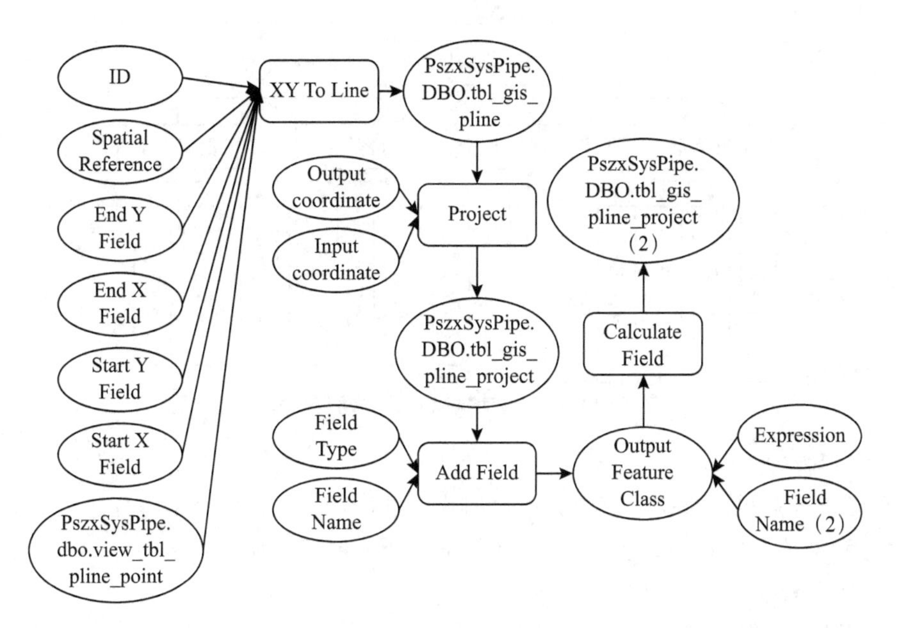

图 13-8 管线成图技术

(2) 移动 GIS 技术

移动端采集系统采用移动 GIS 技术，通过 ArcGIS Runtime SDK for Android 组件，在移动端为用户提供可视化地图，并能够实时定位，进行辅助地图展示。基于该组件还可定制丰富实用的草图绘制工具，方便外业数据采集。

(3) 数据加密技术

将专用数据加密、解密算法应用于采集成果的导出、汇交，保障了数据在网络传输环节中的安全。

(4) 移动端地图缓存技术

系统具有按区片缓存瓦片地图数据的功能，在连接网络的情况下，矢量底图、影像底图、辅助地图等以切片形式发布的地图服务数据可以按区片缓存到移动端设备，供采集系统调用显示。该功能赋予移动端采集系统离线运行能力，扩展了系统适用场景，使其在无网络或网络信号不佳的工作区同样可以使用。

3. 功能设计

移动端采集系统总体上分为工程管理、数据采集、地图视图、数据管理 4 大功能模块，各模块划分如图 13-9 所示。

系统将采集任务细分为多个工程(一般一个管线探测项目为一个工程)，以工程为单位进行数据采集、管理，提供相应的工程创建、导入、编辑、删除等操作；数据采集模块提供丰富、实用、便捷的一体化采集工具；地图视图包含基础的地图缩放、移动等导航工具，还设计了矢量与影像底图切换、辅助地图显示、当前位置定位等功能；数据管理模块包含成果导出、在线汇交功能。

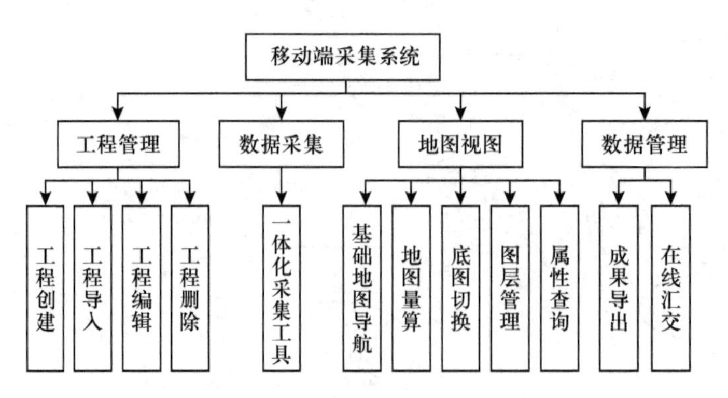

图 13-9　移动端采集系统功能结构

(1) 工程管理

目前常规外业采集都是以班组为单位划片区进行，因此，将整个采集任务拆分为多个工程，一个工程对应一个班组，负责一个片区的采集任务。流程如下：

① 新建工程

进入 APP 后，输入账号密码登录，首页便是工程管理页，单击右上角“+”按钮，弹出菜单，如图 13-10 所示，选择“新建工程”。在弹出对话框中，输入项目名称，选择所在行政区划，如图 13-11 所示单击“保存”即可完成工程创建。

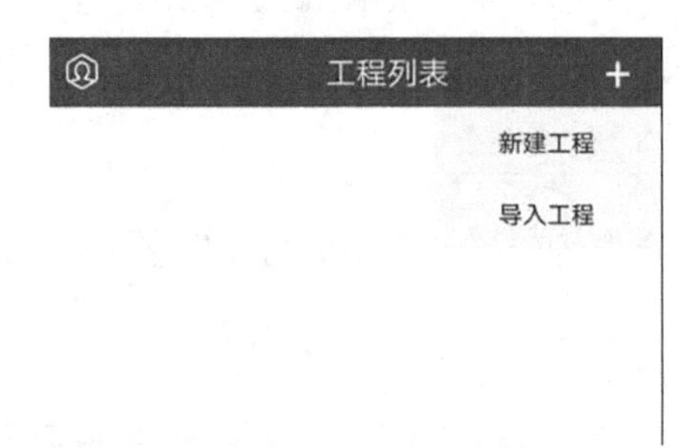

图 13-10　新建工程菜单

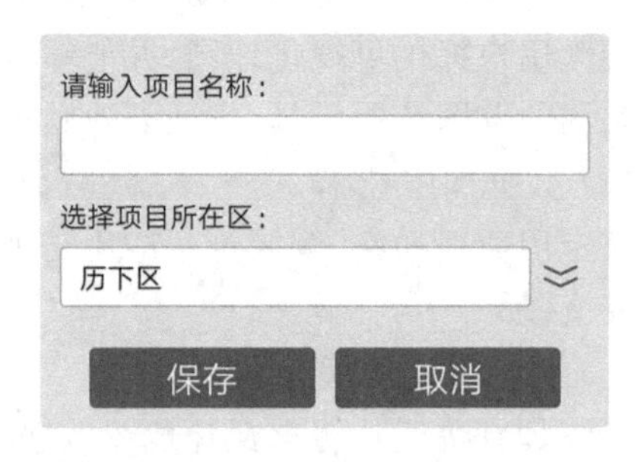

图 13-11　新建工程页面

创建完成后，在工程管理页的工程列表中可以看到该项目，如图 13-12 所示，单击“进入”按钮进入工程作业主页面进行操作，如图 13-13 所示。

图 13-12　工程列表页面

② 工程导入

在工程管理页单击右上角“+”按钮，弹出菜单，如图 13-14 所示，选择“导入工程”，将弹出项目导入页面。如图 13-15 所示，输入项目名称、Excel 数据源(成果输出导出的 Excel 文件)，单击右上角的“导入”即可。工程导入结果如图 13-16 所示。导入后的项目，与原项目数据一致。

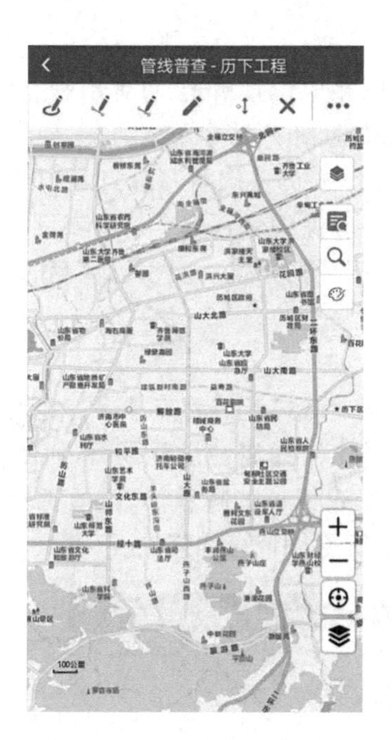

图 13－13　工程作业主页面

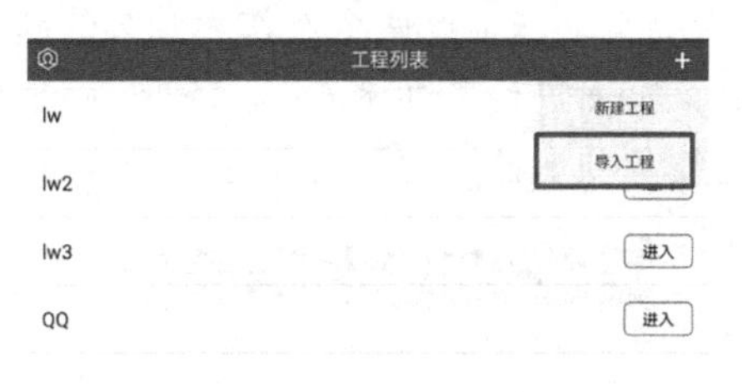

图 13－14　工程导入菜单

工程导入　导入
请输入项目名称：导入
选取Excel数据源：lw3_20211216152828 966.xls

图 13－15　工程导入操作

图 13－16　工程导入结果

③ 工程删除

在工程列表页面中，长按某个想要删除的工程，弹出删除工程的对话框，即可进行工程的删除。

(2) 数据采集

数据采集以工程为单位，设计了丰富、易用的综合管点、管线采集工具。进入工程作业主页面后，便可以进行管点、管线信息的采集。

① 管点采集与编辑

在工程作业主页面，单击激活管点采集工具，在地图相应位置单击，可弹出管点属性、照片采集页面，如图 13－17 所示。在该页面内进行管点属性、照片采集录入。

大多数属性设置了默认值或下拉选择项，以方便工作人员依次填写管点各项属性。根据录入管点的属性，系统按照统一规则进行管点编号，并确保编号在整个采集项目中的唯一性。单击“照片采集”下方的添加按钮，便可以进行现场照片的采集。对于已保存的管点，可以单击进行属性信息、照片的修改。

② 管线采集与编辑

在工程作业主页面，单击激活管线采集工具，在地图上触摸起点管点并保持拖动到终点管点，系统会自动捕捉此两个点作为管线的起止点，并弹出管线属性设置页面，如图 13－18 所示。在该页面进行属性录入。大多属性设置了默认值或下拉选择项，以方便工作人员依次填写管线各项属性。对于已保存的管线，可以单击进行属性信息的修改。

图 13－17　管点属性、照片采集页面

图 13－18　管线属性设置页面

③ 线上加点

当采集过程中发现有遗漏管点而需要补充时，可以激活线上加点功能，在已有管线的起点、终点之间插入一个管点，如图 13－19 所示。加点的管点属性及照片的采集录入功能与管点采集的一致。

④ 移动点线

激活移动点线功能，可以实现对管点、管线空间位置的编辑，如图 13－20 所示。移动时管点、管线的位置会实时变更、预览。

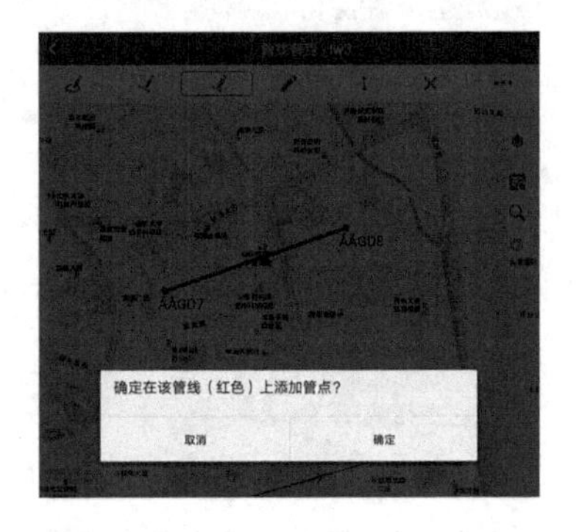

图 13－19　线上加点

⑤ 删除点线

删除点线功能实现了对管点、管线的删除。在删除管点时，若有连接的管线，也会同时将其删除。

⑥ 数据查询

数据查询分为管点查询、属性查询两个功能。如图 13-21 所示，管点查询实现了通过管点点号关键字对管点的查询、属性展示、空间定位，有助于在外业采集环境下对特定管点的快速查找、定位。属性查询实现了在地图上单击相应管点、管线，弹窗显示其属性信息的功能。

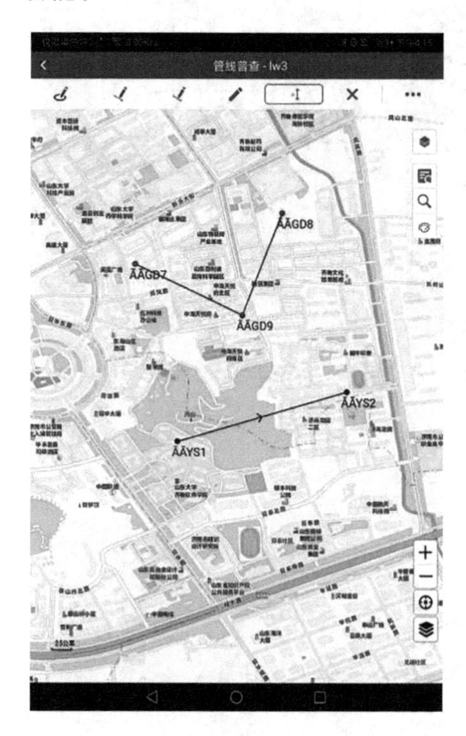

图 13-20　移动管点、管线

图 13-21　管点查询

(3) 地图视图

系统支持山东省济南市天地图矢量地图、影像地图服务的在线调用如图 13-22 和图 13-23 所示；同时也提供了地图数据离线缓存机制，在没有网络或网络不佳的情况下也可以使用地图。客户端可以放大、缩小、平移所加载的地图，并支持多点触摸或按钮操作。

为方便外业采集，系统开发了辅助地图模块，如图 13-24 所示，可加载如街区范围、小区单位院落、控制点、现状管线、地形图管线点等数据。

(4) 数据管理

数据管理模块实现了以工程为单位将采集数据以 Excel 文件的形式进行导出，如图 13-25 所示，可将 Excel 文件进行线下汇交或导入另一台设备。导出的 Excel 文件格式如图 13-26 所示。

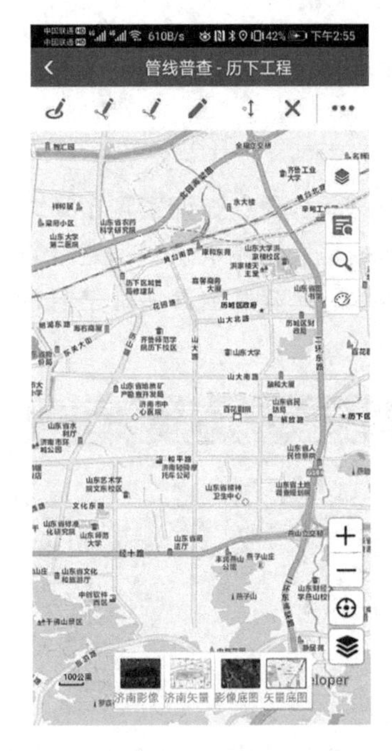

图 13-22　矢量地图

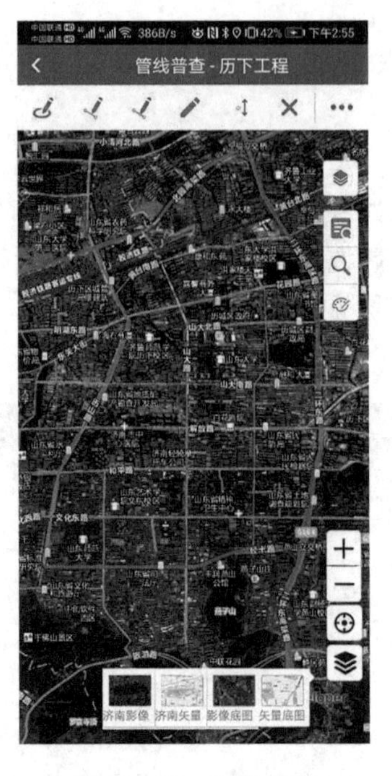

图 13-23　影像地图

图 13-24　辅助地图

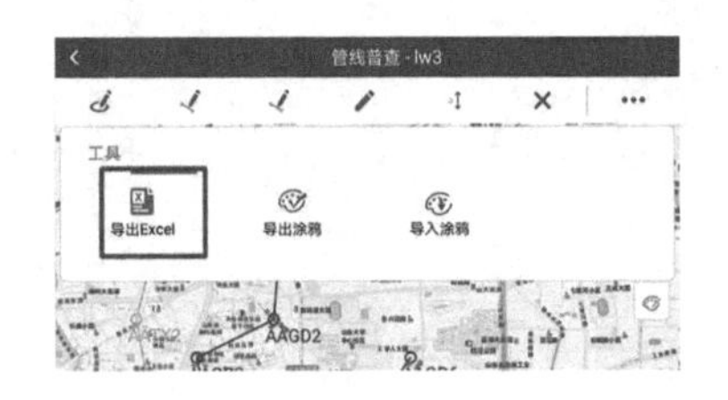

图 13-25　工程导出

	A	B	C	D	E	F	G	H	I	J	K	L
1	序号	管线类型	分类代码	管点编号	特征附属物	横坐标	纵坐标	所在图幅	高程	偏心井点号	井类型	井直径
2	1	供电		ÅÅGD1	弯头	117.0482	36.684716609011225				圆柱井	
3	2	供电		ÅÅGD2	弯头	117.0476	36.67697891529755				圆柱井	
4	3	供电		ÅÅGD3	弯头	117.0411	36.67385727062337				圆柱井	
5	4	供电		ÅÅGD4	弯头	117.04337	36.663595693981634				圆柱井	
6	5	供电		ÅÅGD5	弯头	117.05344	36.66565465110716				圆柱井	
7	6	供电		ÅÅGD6	弯头	117.0595	36.67385727062337				圆柱井	
8												

图 13-26　Excel 文件格式

13.3.4　排水管线时空大数据中心

排水管线时空大数据中心包括基础地理信息数据和排水管线综合数据。基础地理信息数据库是系统的底图数据，给系统起到定位、参照的基础性作用。排水管线综合数据具有多源性，主要分为管网空间数据、管网属性数据、业务数据和实时动态数据：管网空间和管网属性数据主要包括管线、泵站和污水厂的空间及属性数据，是系统的主要操作对象；业务数据包括电子档案数据、多媒体数据、业务管理数据；实时动态数据主要存储管网、污水厂、泵站等物联网采集的动态数据等。以上数据除了包含空间及专题属性信息外，还包含时间信息，呈现出 4V(Volume：体量大；Velocity：增速快；Variety：样式多；Value：价值高)特点。通过对排水管线时空数据的变化特征进行分析，参照当前地理时空大数据管理和存储技术，构建了排水管网时空大数据中心的数据组织模型和时空演变模型，实现了时空数据的全生命周期管理。

1. 时空数据的组织

(1) 矢量时空数据库设计

时空数据库用于存储与管理位置或形状随时间变化的各类空间对象。时空对象的变化主要包括以下6种情况:属性变化,图形无变化;新增;消失;合并;拆分;形变。基于此,济南市勘测院设计的矢量时空数据库结构如下:

① 采用对象关系数据库中的表来管理时空数据。

② 通过在数据库的表中增加时间戳的方式来记录地理实体随时间的变化情况。时间戳通过生成时间(字段名称为SCSJ,字段类型为DateTime型)与消亡时间(字段名称为XWSJ,字段类型为DateTime型)两个字段表示。

③ 通过在数据库的表中增加字段FroObj与ToObj来标识时空实体变化前后的衍生关系。FroObj标识当前实体由哪个实体(旧实体)演变而来,它记录旧实体在表中对应的ID;ToObj标识当前实体演变成哪个实体(新实体),它记录新实体在表中对应的ID。

④ 通过在数据库表中增加字段Case来标识空间实体发生变化的情形,取值包含上述6种变化情况之一或两种以上情况的组合。

⑤ 通过在数据库表中增加字段Event来标识空间实体发生变化的事件。

图13-27展示了某条管线的变化。相邻的两个管段101与102先合并为管段201,然后管段201又拆分为管段301与302。时空数据库结构对上述时空演变过程的记录如表13-3所列。

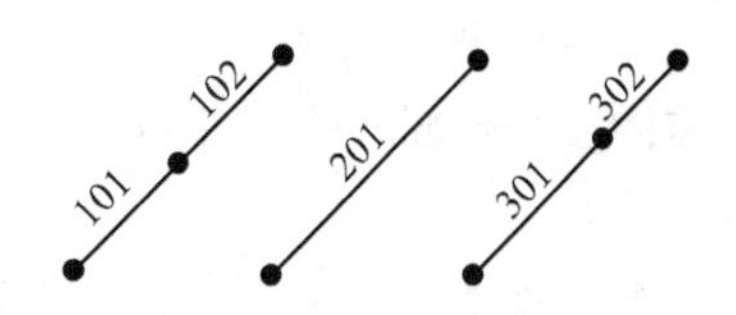

图13-27　时空演变实例

表13-3　时空数据库结构示例

ID	Geom	Property	…	SCSJ	XWSJ	FroObj	ToObj	Case	Event
101	Geom1	…	…	T_0	T_1		201	合并	管网维护
102	Geom2	…	…	T_0	T_1		201	合并	管网维护
201	Geom3	…	…	T_1	T_2			拆分	管网维护
301	Geom4	…	…	T_2	NULL	201			
302	Geom5	…	…	T_2	NULL	201			

(2) 栅格时空数据库设计

对栅格数据的时空组织采用栅格快照模型,将变化的栅格数据保存为一系列的时间快照。利用该方法可反演出给定时刻地理实体的状态。

2. 时空数据集成和共享技术

(1) 多源异构时空大数据的集成组织架构

对多源异构时空大数据采用分类分级的层次结构组织。依据数据尺度,将数据按照基础地理信息数据、排水管线数据两大类进行组织。每个大类下根据业务内容又对应一个或多个要素层,每个要素层包括若干地理空间实体。每个地理空间实体由一个几何对象和描述几何对象的属性或语义两个部分构成，它是数据集成组织的最小单元。每个要素层在数据组织和结构上相对独立，数据更新、查询、分析和显示等操作以要素层为基本单位。

(2) 面向服务(SOA)的多源异构数据集成和共享

OGC(Open Geospatial Consortium，开放地理空间信息联盟)制定的开放地理数据互操作规范为在网络环境下访问异构地理数据和地理处理资源提供了一致性的接口定义。为了方便时空大数据在网络环境下的共享利用，可采用面向服务(Service Oriented Architectur，SOA)的方式，将所有的地理空间数据处理成遵循 OGC 规范的标准地理数据服务(Rest、WMS、WFS 和 WCS)来实现多源异构数据的集成共享。

结合多年份高精度影像、矢量电子地图、地形图、小区院落、市政道路、行政区划、地名地址等多源时空大数据，对历年普查排水管网基础数据，利用标准化处理方法、大数据管理存储技术，形成统一的排水时空大数据中心，并发布为遵循 OGC 规范的标准地理数据服务。

13.3.5 智慧排水一体化平台

采用微服务架构，搭建智慧排水一体化管控平台，提供空间数据二维、三维可视化、管网状态实时监测预警、数据共享交换、管网辅助分析等能力。面向管网数据管理、巡检养护、动态监测、预警预报、应急指挥、决策分析等研发专题应用，构建了精细化、多层次的智慧排水应用体系。

智慧排水一体化平台实现了排水管线从传统管理模式到信息化、移动化管理方式的重大跨越，为济南市排水行业规划建设管理、应急组织调度提供了高效精准的信息化支撑，同时在数据管理、多方参与、动态更新等方面进行了全方位优化，全面提升了排水设施的日常管理与应急处理工作能力，是“智慧城市”的重要组成部分。

1. 平台组成

(1) 排水管线综合运营平台

排水管线综合运营平台以管理服务与数据运维为中心，能快速提供真实准确的排水管线信息，实现管网的浏览定位、查询统计、制图打印、辅助分析决策等功能，并建立完善的数据动态更新任务委托流程，实现数据处理任务的在线委托、跟踪、任务接收及成果发布于一体的闭环式管理。排水管线综合运营平台的功能组成如图 13 - 28 所示。

(2) 移动巡检 APP

基于 Android 系统的智能手机或平板电脑济南市勘测院开发了排水管线移动巡检 APP，可实现排水管线的直观展示、根据关键字或自定义范围的管线检索、详情查看、现场拍照、量算、图上标绘等功能。移动巡检 APP 的功能组成如图 13 - 29 所示。

2. 总体架构

智慧排水一体化平台的设计遵循相关标准规范，整合各类信息资源，搭建基于 GIS 的数据可视化管理与应用系统。该系统架构的各层面秉承平台化建设思想，为各业务应用的接入提供稳定、安全和高效的支撑。系统的总体架构分为基础设施层、数据资源层、服务层、业务应用层 4 个层次，各层次包括的对象如图 13 - 30 所示。

基础设施层：支撑平台系统运行的网络和软、硬件环境，包括服务器、政务云、输入/输出

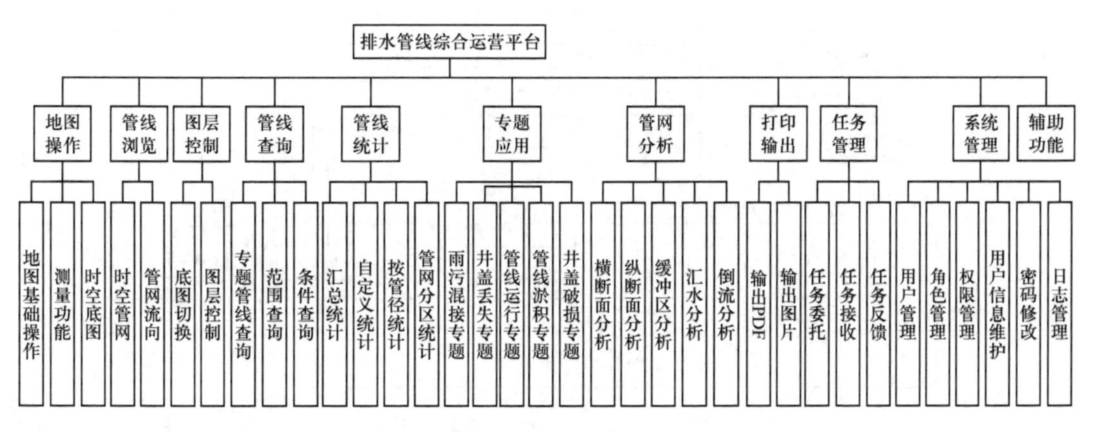

图 13-28　排水管线综合运营平台的功能组成

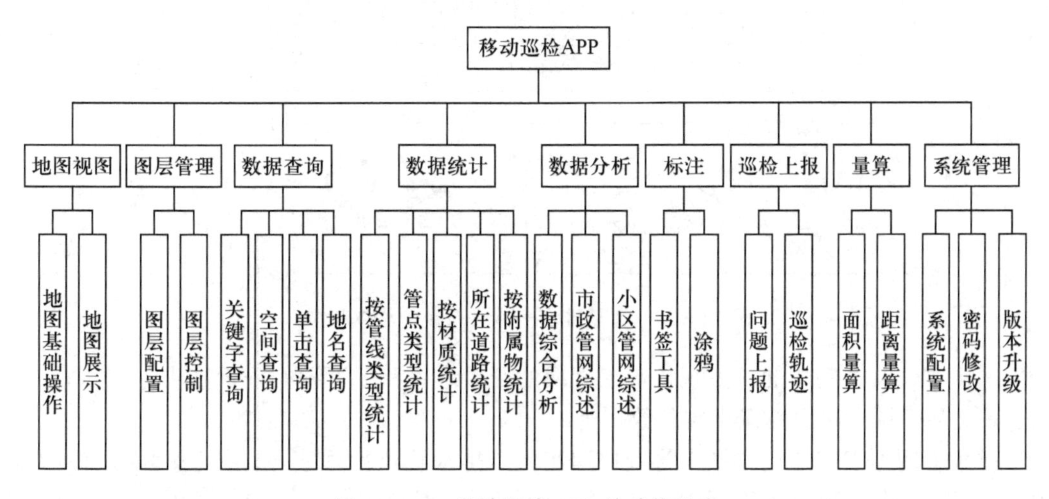

图 13-29　移动巡检 APP 的功能组成

设备、操作系统、服务器软件（包括 Web 服务器软件、应用服务器软件和业务中间件模块等），以及数据库管理系统软件 DBMS。

数据资源层：数据库管理平台的信息基础，集中了带状地形数据、基础地理信息数据、排水管线数据、系统运行数据等信息资源，同时预留数据动态更新信息接口，使其能够从管线竣工测量、管线维护等成果库中提取数据。

服务层：各类服务提供的载体，对下管理共享各类信息数据，对上集成支撑各类业务应用；提供包括信息服务、数据接口、目录服务、系统管理等功能，同时具备服务运维能力。在服务层通过信息服务可与其他已建成或后续建设的信息化系统进行对接，实现信息资源交换和共享。

业务应用层：业务应用的实现层，基于模块化方法设计并构建，满足排水中心管理人员和外业巡检人员的系统使用需求。

3. 排水管网上下游分析算法

排水管网管理业务的特点决定了平台中的污染源溯源分析、管道连通分析、汇水分析等

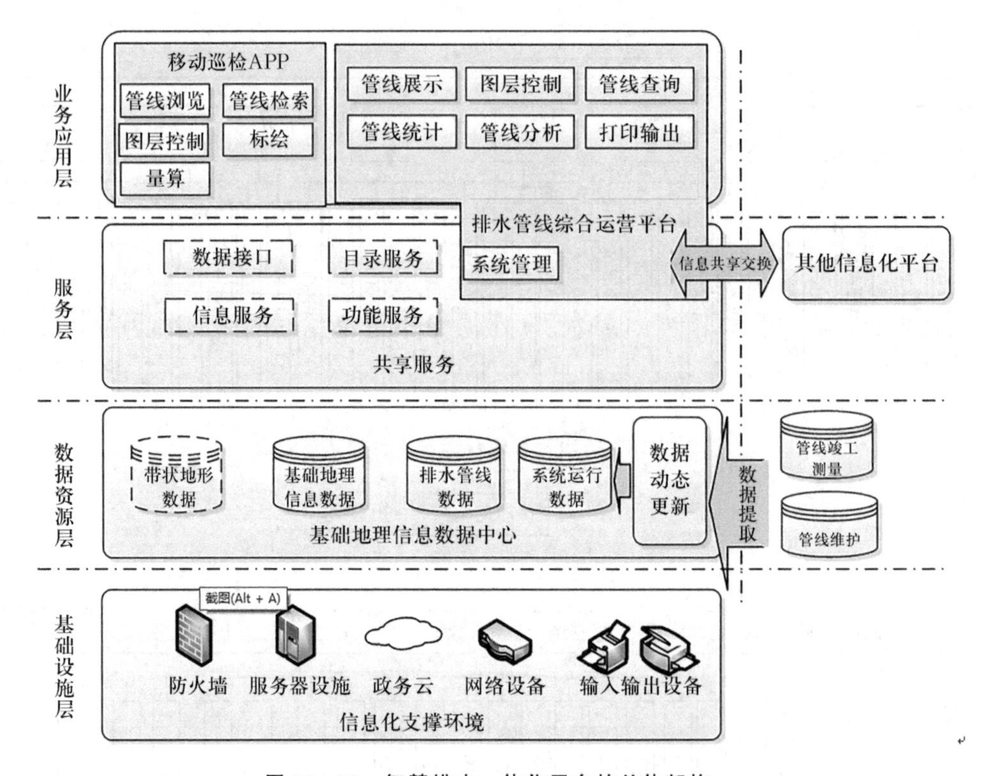

图 13－30　智慧排水一体化平台的总体架构

功能的重要性。这些功能的实现依赖于管网的逻辑组织和上下游的分析算法。

(1) 基于排水管网地理实体的数据组织

排水管网地理实体包含排水管线地理实体与排水管点地理实体,通过其编码间的关联关系,按需调度,完成排水管网中的展示与分析功能。地理实体不仅包含基础的空间与属性数据,还包含排水管点、排水管线的关联关系以及管线间的连接关系,不仅能够满足上下游分析的需要,而且对以后数据的挖掘留出了拓展空间。如图 13－31 所示,管线 2 与管线 3 的终点是管线 1 的起点,同时也是管线 5 的起点,管线 1 的终点是管线 4 的起点。每段管线都有唯一的实体编码,管线间通过起点点号与终点点号进行关联。通过管线的数据结构并结合流向信息可以进行管网的上下游分析。

(2) 上下游分析算法

以上游溯源分析算法为例(图 13－32),首先获取用户选择管点的点号,在数据库中查找以该点为终点的管线集合。判断管线个数是否为零,否则说明没有管线流向该管点,该管点是起始点,分析结束;如果管线个数不为零,则需要遍历管线。遍历管线需要经过两个判断。首先判断管线是否包含在结果管线集合中,如果不在就将其新增到结果管线集合中,随着算法的递归循环,此数据集的数量不断增多,这个结果管线集合就是我们最终需要的分析结果集合。然后判断管线实体中的流向属性,如果流向为正则选取起点点号作为结果,如果流向为反则选取终点点号作为结果。在判断完所有管线后,根据广度优先策略,再遍历新增管线。为防止重复或者无限循环查找管线,在这个步骤中设置了管点集合,作为是否已经进

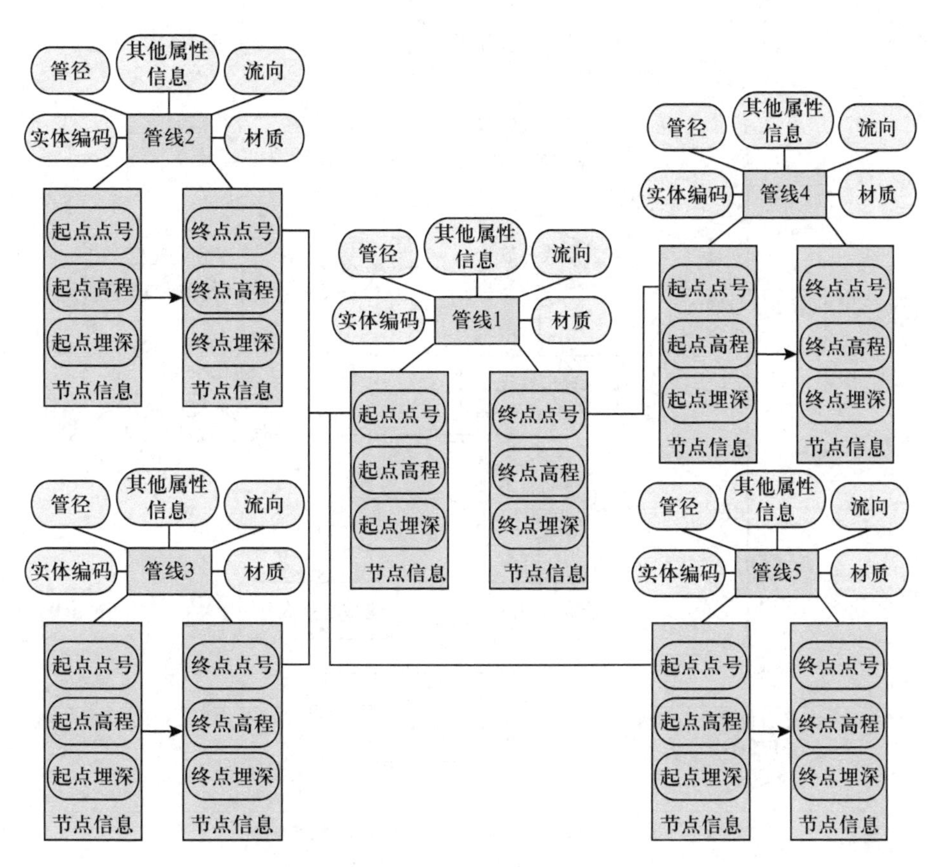

图 13-31　排水管线地理实体关系图

行遍历的标志。判断新筛选出的管点是否在管点集合中，如果不在就加入管点集合中，然后再检索终点为该点的管线集合。如此递归循环，不断将新查询的管线增加至结果管线集合中，直到新查询管线个数为零，退出循环，输出结果数据集。下游分析算法跟上游溯源分析算法类似，不同之处在于是寻找起点还是终点，内部逻辑是一致的。

该算法无须借助GIS开发平台和专门的几何网络模型，直接在标准的管线实体数据库中检索，按照上下游分析的逻辑将管线查询出来，并返回至前端。前端通过解析结果数据，把管线绘制在地图视图中，实现了管线编辑后能够同步反映至分析结果中，并能利用该算法检测管线数据中的错误，查找倒流错误的管线。

该算法已经应用于济南市排水管线综合运营平台中，对超过1 280 000条管线数据进行溯源分析，能够流畅地输出结果并绘制在地图中。如图13-33所示，在济南市小清河流域附近选择了一个管点，分析出流向此管点的309条管线，右侧的表格显示管线的属性信息，在地图中绘制管线的位置与流向情况。运用此功能能够方便地掌握该管点的管线流向信息，并可以直观地检查是否存在数据错误。

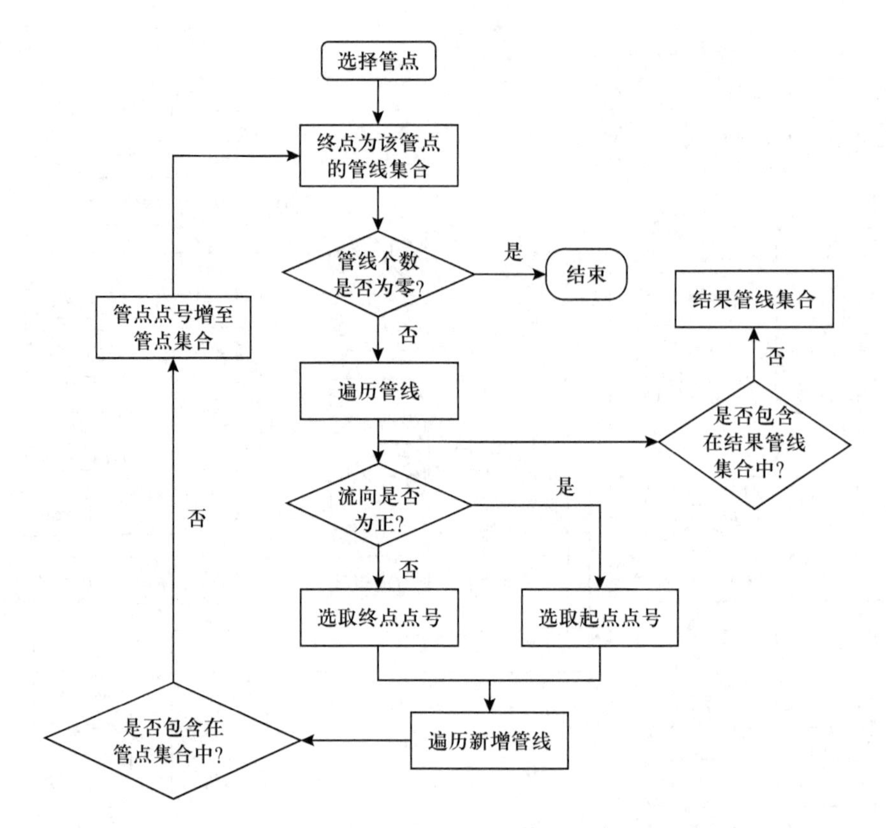

图 13－32　上游溯源分析算法流程图

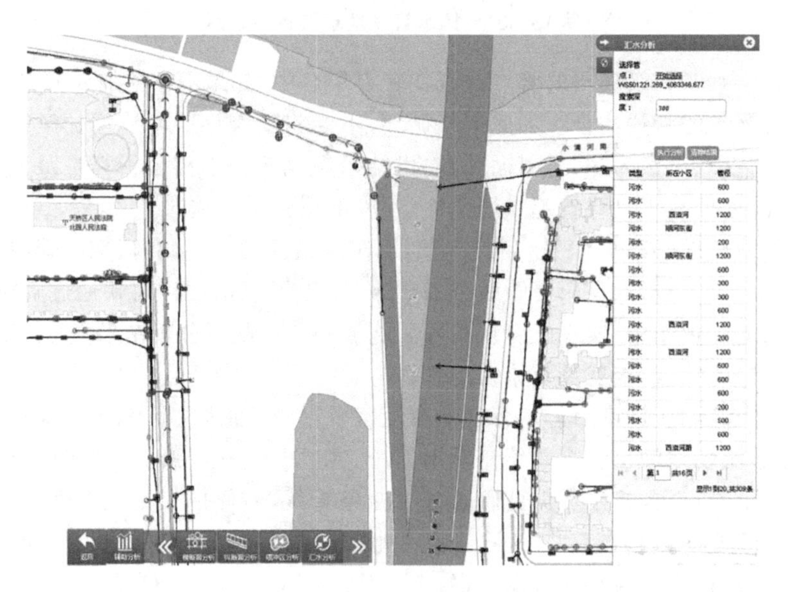

图 13－33　系统溯源分析结果图

13.4　深埋地下管线探测技术

埋深大于5 m的地下管线称为超深管线，包含穿越管、顶管、拉管、占压管等，可以通过直接调查确定的管线（如排水）和可以通行的地下暗渠、地下管廊除外。

对于大埋深地下管线的探测，主要有以下几种方法：

1. 水平剖面法

水平剖面法是将接收机垂直于管线走向放置，在地面上每隔一定距离采集地下管线发出的电磁信号，然后利用软件对信号进行反演分析的。该方法适用于陆地范围、深部金属管线的探测。

通过增强目标管线信号，在垂直于管线走向的剖面上观测磁场强度的变化，分析并判断管线的平面位置及埋深。

2. 竖直剖面法

竖直剖面法适用于对深度精度要求较高的金属管线，将水平剖面装置"下沉"至靠近目标管线，并绕目标管线顺时针旋转90°即可。

进行竖直剖面法探测前，需运用水平剖面法对目标管线进行预定位，并初测目标管线的初步埋深；而后通过在目标管线旁侧钻孔，在管线垂直方向利用分离式电磁法探头观测磁场强度的变化情况，分析判断目标管线与孔位的平面距离和探头的峰值位置，最终判断目标管线的平面位置和埋深。

采用竖直剖面法确定管线深度时，也可采用井中磁法进行磁梯度测量。

3. 陀螺仪惯性定位法

陀螺仪惯性定位法是指通过测量进入管道内部的陀螺仪的加速度和角速度，自动进行运算，获得瞬时速度、瞬时姿态和瞬时位置数据的技术。该方法适用于可穿越的燃气、电力及通信等管线的探测。

通过三维轨迹惯性定位的路径测量，赋予出、入口端点坐标，计算沿途各点的三维坐标，确定超深管线的平面位置及埋深。

4. 示踪探测法

示踪探测法是指将能产生电磁信号的金属导线或示踪探头送入非金属管道内，用接收机接收导线或探头发出的电磁信号，从而确定地下管道的位置和埋深。对于有出入口的非金属管道，可采用示踪法进行探测。

在济南市某管线探查项目中，对范围内的燃气、配水管线采用定向钻、拉管等非开挖技术埋设，管线埋深达10 m以上。这就要求地下管线探测的纵向范围明显深于一般工程，而且探测范围为狭长带状区域，横向长度较短，很容易漏测无出露点或无明显附属设施的管线。另外周边管线密集，地形、地质环境复杂，部分管线穿越河道、桥梁，对探测影响较大。

通过资料调绘，查明天然气、配水管线均采用定向钻技术穿越河道，天然气管线敷设最深处距地面18.9 m，配水管线埋设最深处距河底11 m，超出管线探测仪的探测范围（理想状态为 0～5 m)。地质雷达一般用于 3 m 以内浅埋深大管径的管线探测，也不适用于该区段的管线探测。因此，基于以上背景制定了如下探测方案：

如图 13－34 所示，首先，采用 vLocDM 防腐探测系统，对邻近天然气防腐检测桩施加大功率电流，判断管线大致位置并逐步逼近，设计钻探打孔方案；然后，采用 PVC 钻头钻孔，使用磁梯度大埋深管线探测方法探测，测量、记录测区磁场分布，根据磁场分布特征判断地下管线的形状、位置。

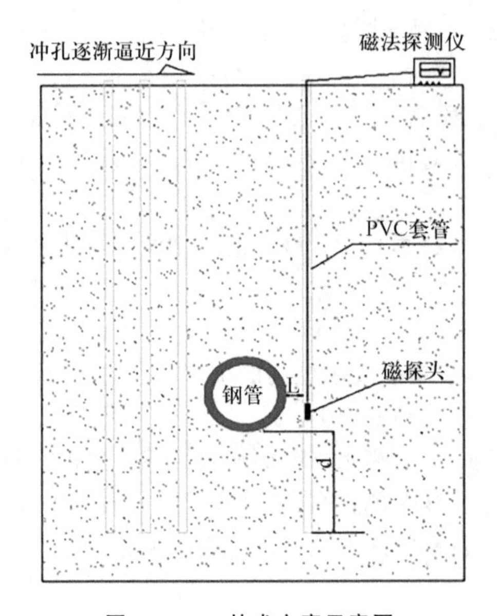

图 13－34　技术方案示意图

在 5 个探测断面共打了 17 个钻孔，最深 21 m，平均深度 18 m。通过磁梯度仪探测确定了 5 个断面处天然气管线的位置及埋深，如表 13－4 所列。平面误差±0.5 m，埋深误差±1.0 m，满足国家规范精度要求。图 13－35 以断面 4 为例展示了其磁梯度变化情况。

表 13－4　各断面探测管线的埋深情况

断面号	管线类型	管中心埋深/m
断面 1	燃气	6.87
断面 2	燃气	10.54
断面 3	燃气	12.55
断面 4	燃气	16.32
断面 5	燃气	16.74

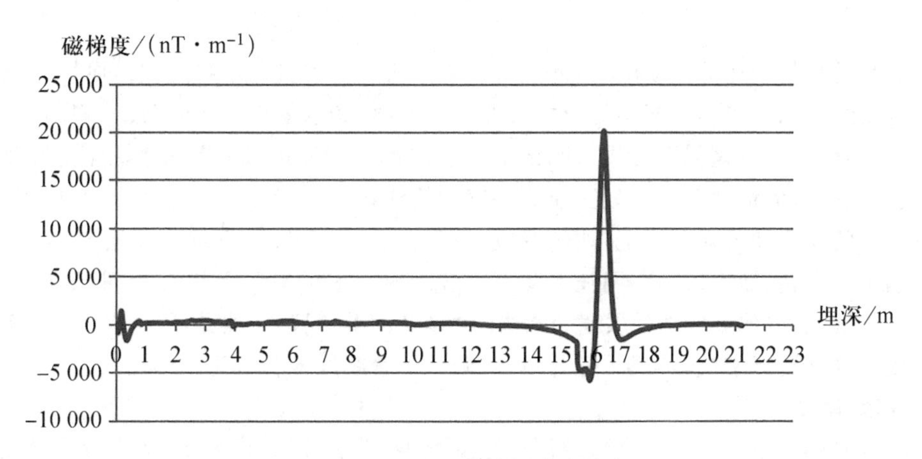

图 13-35　断面 4 的磁梯度图像

13.5　3S技术未来展望

13.5.1　地下管线信息技术的发展方向

地下管线智能化是以地下管线信息化为基础,集成了传感器、模型、物联网、云计算等前沿技术的应用,是地下管线信息化未来的发展方向。

数字管线是城市地下管线信息化的成果,是包括空间坐标位置和属性信息的地下管线数据,是完成了数字化和地理信息化后的管线。智慧管线即智能化地下管线,是数字管线发展中对具有介入式、交互功能的智能化数字管线的管理应用。智慧管线是一种具有感知和传输能力,能够将其运行状态通过网络和图像的方式进行动态传输发布,使管线管理者和应用人员能对其进行远程管理和操控的地下管线智能化运行系统。

智慧管线有 4 个基本特征:第一,智能感知与识别;第二,人物网互联;第三,信息共享与集成;第四,智能评价与决策。智慧管线的运行基础包括“一个核心”“一个背景”“四个基础”。“一个核心”是支撑地下管线运行的资源数据;“一个背景”是地下管线运行的时空背景;“四个基础”是传感器、数学模型、物联网和云计算。

1. 智能传感器

智能传感器是对外界信息具有一定检测、自诊断、数据处理以及自适应能力的传感器。

地下管线的运行包括 3 种状态:第一是空间状态,即地下管线的空间位置,比如沉降、位移、形变等;第二是健康状态,比如破损、堵塞、泄漏等;第三是地下管线中输送物的状态,比如压力、水位、流速、流量等。将智能传感器放到地下管线系统中就可以对上述状态进行全面、深入的监控,做到即时监控城市地下管线的运行状态,即时发布地下管线的运行数据,并利用存储知识即时分析处理城市地下管线运行中出现的问题,以保证城市地下管线稳定良好地运行。

2. 物联网

物联网是物物相连的互联网。首先,城市地下管线自身具有很强的网络属性,一般呈树状分支网络结构,布局复杂,不同专业的管线相互交错、相互依靠,一种管线出现问题很有可能影响其他管线,所以这就需要物联网技术对城市地下管线进行有效分类、组织和管理;其次,管线上依附着大量井盖、阀门、三通等关键的管线物件群,其运行状态的好坏也直接影响着地下管线的安全和公众的安全,如何有效并以自动化的手段来管理这些附属物件群是一件极为困难的事情,而引入物联网技术便可以实现对它们的科学组织与管理;最后,部分地下管线的终端构件(比如管线的关键检查井、关键断面等位置)主要是单个部门独自完成的,需要利用物联网进行集成,实现服务共享,打破地下管线服务各自为政的情况。

3. 模型建设

一套成熟的城市地下管线模型应包括数据模型、业务模型和分析决策模型。数据模型描述需要管理的地下管线数据及资产,包括地下管线数据结构模型、地下管线符号模型、背景地图数据模型、地下管线信息表达模型、数据采集与监视控制系统模型、管线腐蚀数据模型等;业务模型描述地下管线的业务工作流程,包括 OA 模型、维护与修理的流程模型、售后呼叫中心运行模型等;分析决策模型对地下管线的运行状态进行全方位的描述和模拟,以提供决策,包括管网安全运行模型、城市管线排水模型、城市洪灾演进模型、城市暴雨模型、预警分析模型、管线健康度评价模型等。

4. 云计算

随着网络信息化技术的发展,城市地下管线逐渐具备了云特征,通过管线管理部门、管线权属单位各部门共同协商,以协议的方式在一定的范围内相互开放网络,将相互封闭的网络组织成为统一开放的网络云,在网络云中通过服务的方式选择性共享使用各自的硬件软件设备,从而实现数据共享和消息共享的计算模式。

13.5.2 运维管理发展方向

1. 全生命周期管理

我国地下管线在快速发展的同时,也存在不少问题:地下管线底数不清;城市燃气、供水、排水、供热等管道老化问题日益凸显,特别是燃气管道事故时有发生,严重威胁人民群众的生命财产安全;大雨内涝、管线破裂、供水渗漏、路面塌陷、燃气爆炸等事故威胁着城市安全,亟须消除其安全隐患。自身结构性隐患、外力破坏、环境因素和管理缺失是导致地下管线破坏事故的主要原因。开展城市地下管线的全生命周期管理对于实现地下管线安全防护与保障维护、满足城市规划建设及防灾救灾等管理的需要、提高城市规划设计施工管理及防灾救灾的工作效率具有重大意义。

城市地下管线的全生命周期管理指的是地下管线从出生到灭亡全过程的实时动态数据的集成化管理,包括管线的规划、设计、建设、运营和维护等。通过物联网技术,辅以先进的管网数据模型,实时获取、分析管线的运行状态,对管线规划设计、施工、竣工验收、日常巡检养护等过程进行全程监管,对监管过程中出现的重大隐患、危险报警及时指导相关部门进行改正,以避免重大安全事故的发生。地下管线的全生命周期管理主要有以下 6 个方面:建设

工程审批、工程跟踪监管、危险源监管、地下管线安全监管、通知告知、信息档案管理。

2. 统筹地下与地上

我们曾经更多关注的是地上建设；而随着城市规模的不断扩大，城市对空间用地的需求逐渐增加，对生态环境和宜居性的要求越来越高，这就助推了城市建设向地下空间延伸。城市地下空间作为城市地上空间的重要补充，只有建立起有机联系才能发挥其提高城市空间资源利用效率、实现综合效益的作用。

科学合理地开发利用城市地下空间，是优化城市空间结构和完善城市格局、促进地下空间与地上空间整体同步发展、缓解城市土地资源紧张的必要措施，对于提高城市综合承载能力、推动城市地上空间扩张由外延扩张式向内涵提升式转变、改善城市环境、建设宜居城市具有重要意义。

目前，我国大多数城市的地下空间开发利用存在着地下空间基本情况掌握不足、规划制定落后于城市建设发展实践、管理体制和机制有待进一步完善等问题。未来应当坚持开发与保护相结合、平时与战时相结合，统筹利用地上、地下空间资源，着力提高城市综合承载能力，用科学合理的规划实现地下空间的可持续开发利用。

第14章

基于3S技术测量应用——农业决策支持系统研发

14.1 3S技术的农业应用简介

1. 全球定位系统技术

全球定位系统技术调查研究区域现状，收集相应的地形图，实地调查并进行对图，确定地块边界。对于缺失的边界或地理位置，利用GPS技术获取其坐标，根据坐标绘制相应的地形图。

2. 遥感技术

遥感技术收集研究区域影像，利用遥感图像处理技术，对图像进行预处理、空间校正，使影像图和地形图边界对应起来，同时对图像进行分类，划分出各个农作物地块。

3. 地理信息系统技术

地理信息系统技术运用GIS技术对地形图进行矢量化，生成电子地图，并与遥感分类图像进行叠加处理，生成农业用地分类图。运用地理信息系统控件MO，根据模型编制程序开发农业应用决策支持系统。该系统功能主要包括空间查询与浏览、空间可视化、空间分析、模型计算等功能。

14.2 3S技术农业系统开发与应用

14.2.1 种植业结构调整空间辅助系统

种植业结构调整空间辅助系统是地理信息系统(Geographic Information System，GIS)与决策支持系统(Decision Support System，DSS)集成而构成的。这两者的特点为：

(1) 地理信息系统是一个由图形库与数据库组成的、具有空间分析和空间存储操作功能的系统；但是它没有模型，无法对具体问题进行决策。

(2) 决策支持系统是一个由模型和数据组成的系统，并加上决策者来解决半结构化、非结构化的问题;但是它没有空间分析能力。

正是由于两者各有优势,因此我们将地理信息系统(GIS)与决策支持系统(DSS)相结合,形成一个既具有决策支持能力又具有空间分析能力的空间辅助决策系统。

14.2.2　地理信息系统与辅助决策模型的集成

鉴于模型与GIS集成的重要性,国内外已有不少学者在GIS的各个领域对此问题进行了探讨。Baller等人(1991)和Stutheit(1991)把生态与大气模型和一个时间地理信息系统集成起来。张梨(1996)从数据、模型及GIS三个方面分析了集成中所需面对的问题,并提出了一种基于对象连接与嵌入(Object Linking and Embedding,OLE)技术的动态集成方法。

综合上述有关模型与GIS集成的研究情况,本节将数据集成中API和ODBC的方法与功能集成中动态模式应用于种植业结构调整空间辅助系统中。

1. Active X技术

对象链接与嵌入(OLE)技术创建的目的是使来自多种应用程序(软件)的数据能够方便地集成,协调客户程序与服务器程序同时运行。OLE 2.0的编程自动化允许应用程序完全由脚本或宏驱动,超脱了标准的宏语言。OLE的本质就是部件式软件,部件(即他人开发的项目、控件或应用程序)不必重新开发,即可用于应用程序之中。微软公司把OLE和OLE控制(OLE Control Extension,OCX)技术结合在一起,统称为Active X技术。

部件化技术已经成为GIS软件发展的潮流。美国ESRI(Environmental Systems Research Institute,环境系统研究所)推出的Map Objects提供35个OLE对象;美国INTERGRAPH(鹰图)公司的GeoMedia提供11类30个控件作为可编程对象;武汉吉奥信息工程公司的GeoMap提供一个OLE控件和近20个OLE自动化对象,可应用于Windows开发环境,为基于OLE/Active X控件的软件集成方法的实现开创了良好条件。

2. 集成的实现途径

GIS软件的突出特点在于图形与图像处理功能、空间数据与相应属性数据的关联及其空间分析功能。因此,GIS软件集成需要可视化开发环境的支持。可供选用的部件式GIS应用集成开发工具有:Visual Basic、Visual C^{++}、Visual FoxPro以及Delphi、Power Builder等。将可视化开发环境提供的控件与商用GIS软件提供的控件和OLE自动化对象依集成目标进行组合,即所谓"部件组合集成"模式,这是实现集成的重要途径。

系统集成就是通过Active X的控件MO控件来实现的,主要是利用MO控件,运用VB的编程语言,实现在VB集成环境中对GIS中地图的操作,以方便决策者对地图查询,对地图叠加分析等一系列操作。GIS与数据库的集成可以使GIS的空间分析功能在种植业结构调整决策中得到更好的发挥,同时也能够使种植业结构调整决策的结果数据传送到GIS,使之能够动态地显示在地图上。GIS虽然具有空间分析功能,但是GIS内置的时空分析模型数量是很有限的,因此种植业结构调整的决策分析需要建立独立于GIS的模型库。如何将GIS与模型库进行集成,从而能够为种植业结构调整作出决策,是一个很重要的问题。

3. 模型的建立

规划模型的具体表现形式为:

(1) 单目标线性规划模型

单目标线性规划模型是在约束为

$$\begin{cases} a_{11}x_1+a_{12}x_2+\cdots+a_{1m}x_m\leqslant b_1 \\ a_{21}x_1+a_{22}x_2+\cdots+a_{2m}x_m\leqslant b_2 \\ \vdots \\ a_{n1}x_1+a_{n2}x_2+\cdots+a_{nm}x_m\leqslant b_n \end{cases} \quad x_j\geqslant 0 \quad (j=1,2,\cdots,m)$$

的条件下,求目标函数

$$s=c_1x_1+c_2x_2+\cdots+c_mx_m$$

的极小(或极小)。

式中 $x_1,x_2,\cdots,x_m$ 为决策变量;

$$\begin{cases} a_{11},a_{12},\cdots,a_{1m} \\ a_{21},a_{22},\cdots,a_{2m} \\ \vdots \\ a_{n1},a_{n2},\cdots,a_{nm} \end{cases}$$

为各个决策变量的参数。

(2) 分层多目标线性规划模型

分层多目标线性规划模型追求多个目标函数的最优化,但各个目标不是被同等地优化,而是按不同的优先层次先后进行最优化。

一般地,对于 $M(M\geqslant 2)$ 个目标函数

$$f_1^1(x),\cdots,f_{l_1}^1(x);f_1^2(x),\cdots,f_{l_2}^2(x);\cdots;f_1^l(x),\cdots,f_{l_l}^l(x)(l_1+l_2+\cdots+l_l=m)$$

按其重要性分成 L ($\geqslant 2$)个优先层次:

第 1 优先层次 $\quad f_1^1(x),\cdots,f_{l_1}^1(x)$

第 2 优先层次 $\quad f_1^2(x),\cdots,f_{l_2}^2(x)$

$\vdots$

第 L 优先层次 $\quad f_1^l(x),\cdots,f_{l_l}^l(x)$

则它们在约束条件 $x\in X$ 之下的分层多目标极小化问题可记作

$$L-\min_{x\in X}[\mathrm{P}_1(f_1^l(x),\cdots,f_{l_1}^1(x)),\mathrm{P}_2(f_1^2(x),\cdots,f_{l_2}^2(x)),\cdots,\mathrm{P}_L(f_1^l(x),\cdots,f_{l_l}^l(x))]$$

式中:$P_s(s=1,2,\cdots,L)$是优先层次的记号,表示后面括号中的目标函数 $f_1^s(x),\cdots,f_{l_s}^s(x)$ $(s=1,2,\cdots,L)$属于第 s 优先层次,并且各 P_s 之间依次按记号 $P_1,P_2,\cdots,P_L$ 的次序逐层地进行极小化。

若在每一优先层次均只有一个目标,所有各层目标又都是决策变量 X_i 的线性函数,且约束条件也是线性的,则规划为分层多目标线性规划。

模型问题可记作

$$L-\min_{x\in X}[P_sf_s(x)]_{s=1}^m$$

令 $f_s(x)=C_s^TX$, s=1,2,$\cdots$,K,模型表示为

$$\mathrm{L}-\min[P_sC_s^TX]_{s=1}^m]$$

$$\text{s.t.}\quad AX \leqslant b, X \geqslant 0$$

(3) 目标规划模型

目标规划模型是在一定约束条件下,要求多个目标达到或尽可能接近于给定的各自对应目标值的多目标最优化模型。这种模型并不是考虑对各个目标进行最小化或最大化,而是希望在约束条件的限制下,每一个目标都尽可能地接近于事先给定的各自对应的目标值。

模型定义:设给定的 $m(m \geqslant 2)$ 个目标函数和要达到的各自对应的目标值为

目标函数 $f_1(x), f_2(x), \cdots, f_m(x)$

目标值 $\overset{0}{f}_1, \overset{0}{f}_2, \cdots, \overset{0}{f}_m$

$f_i(x)$ 关于 $\overset{0}{f}_i$ 的绝对偏差为

$$\Delta_i = |f_i(x) - \overset{0}{f}_i|, \mathrm{i}=1,2,\cdots,m$$

$f_i(x)$ 关于 $\overset{0}{f}_i$ 的正偏差为

$$\delta_i^+ = \begin{cases} f_i(x) - \overset{0}{f}_i, f_i(x) \geqslant \overset{0}{f}_i \\ 0, f_i(x) \leqslant \overset{0}{f}_i \end{cases}, i=1,2,\cdots,m$$

$f_i(x)$ 关于 $\overset{0}{f}_i$ 的负偏差为

$$\delta_i^- = \begin{cases} 0, f_i(x) \geqslant \overset{0}{f}_i \\ -(f_i(x) - \overset{0}{f}_i), f_i(x) \leqslant \overset{0}{f}_i \end{cases}, i=1,2,\cdots,m$$

$$\delta_i^+ - \delta_i^- = f_i(x) - \overset{0}{f}_i, i=1,2,\cdots,m$$

$$\delta_i^+ \cdot \delta_i^- = 0, i=1,2,\cdots,m$$

$$\delta_i^+ \geqslant 0, \delta_i^- \geqslant 0, i=1,2,\cdots,m$$

令 $$D[f(x), \overset{0}{f}_i] = \sum_{i=1}^{m} | f_i(x) - \overset{0}{f}_i | = \sum_{i=1}^{m} (\delta_i^+ + \delta_i^-)$$

若在一定约束条件下要求给定的多个(M 个)函数达到或尽可能接近于给定的对应目标值,即 $\sum_{i=1}^{m}(\delta_i^+ + \delta_i^-)$ 最小,则模型可描述为

$$\min \sum_{i=1}^{m} (\delta_i^+ + \delta_i^-)$$

$$\text{s.t.}\quad f_i(x) - \delta_i^+ + \delta_i^- = \overset{0}{f}_i, i=1,2,\cdots,m$$

$$x \in X$$

$$\delta_i^+ \geqslant 0, \delta_i^- \geqslant 0, i=1,2,\cdots,m$$

X 为问题的可行域。

若正、负偏差 δ_i^+ 和 δ_i^- 在极小化过程中的重要程度不一,则可赋予不同权系数。用 $\sum_{i=1}^{m}(w_i^+\delta_i^+ + w_i^-\delta_i^-)$ 替换目标 $\sum_{i=1}^{m}(\delta_i^+ + \delta_i^-)$ 。

又若将 $M(M\geqslant 2)$ 个目标函数达到或趋近于各自目标的过程按重要程度不同分为 S 个优先层次，用 $P_s(s=1,\cdots,L)$ 做优先层次的记号，依次按记号 $P_1,P_2,\cdots,P_L$ 的次序进行极小化。

若模型中各目标是 X 的线性函数，即 $f_i^s(x)=C_i^{ST}X,(s=1,2,\cdots,L;i=1,2,\cdots,ls)$，若 $X=\{x\in R^n\mid Ax\leqslant b,x\geqslant 0\}$ 是线性的可行域，则模型即为分层线性目标规划模型，就是一般所指的目标规划模型，可描述为

$$L-\min\left[P_s\sum_{i=1}^{m}(w_{si}^{+}\delta_{si}^{+}+w_{si}^{-}\delta_{si}^{-})\right]_{s=1}^{L}$$

$$\text{s.t.}\quad C_i^{ST}X-\delta_{si}^{+}+\delta_{si}^{-}=f_i^s,s=1,2,\cdots,L;i=1,2,\cdots,ls$$

$$Ax\leqslant b$$

$$x\geqslant 0,\delta_{si}^{+}\geqslant 0,\delta_{si}^{-}\geqslant 0,s=1,2,\cdots,L;i=1,2,\cdots,ls$$

实际上种植业结构调整不只是凭借空间决策支持系统，还要凭借专家知识。本系统没有专门设计专家知识库，因此应用对弈策略，将专家知识和空间决策系统相结合，从而实现对结构调整的决策。

在种植业产业结构调整中运用对弈方法是指，先进行种植现状分析，并将指标量化，使之进入模型方程，计算得到作物播种面积方案作为参考。若不满意，可以修改参数，继续进行运算，直到得到满意结果为止。

4. 空间匹配

采用基于GIS的人机交互分配方法来解决种植业结构调整中存在的半结构化问题。人机交互的分配方法是指将计算机的数据处理功能与专家的知识和经验有机地结合，从而实现目标决策结果的空间分配。

首先就各个乡镇的种植现状和种植趋向进行比较，针对河北正定县我们分析了宜农地状况、水资源条件、交通方便程度、往年种植趋势4个方面。

分析了各乡镇的主要种植适宜性条件以后，我们对各乡镇的作物种植适宜性进行比较。首先比较各乡镇的主要作物种植自然条件适宜性。我们选择了7种作物为小麦、玉米、花生、大豆、甘薯、蔬菜、瓜果。

根据各种作物计算的自然适宜参数来计算作物调整的综合参数，具体计算表达式为：各乡镇的作物调整综合参数＝农业比重×0.25＋种植业比重×0.35＋某种作物自然适宜性参数×0.4。

最后根据综合参数计算当年各种作物的种植面积，并依据此面积进行种植业结构的调整，以指导农业生产。

14.3 3S技术农业应用系统功能

14.3.1 地理信息查询功能

如图14－1所示，地理信息查询功能包括添加、删除、放大、缩小、任意放大、移动、全图、

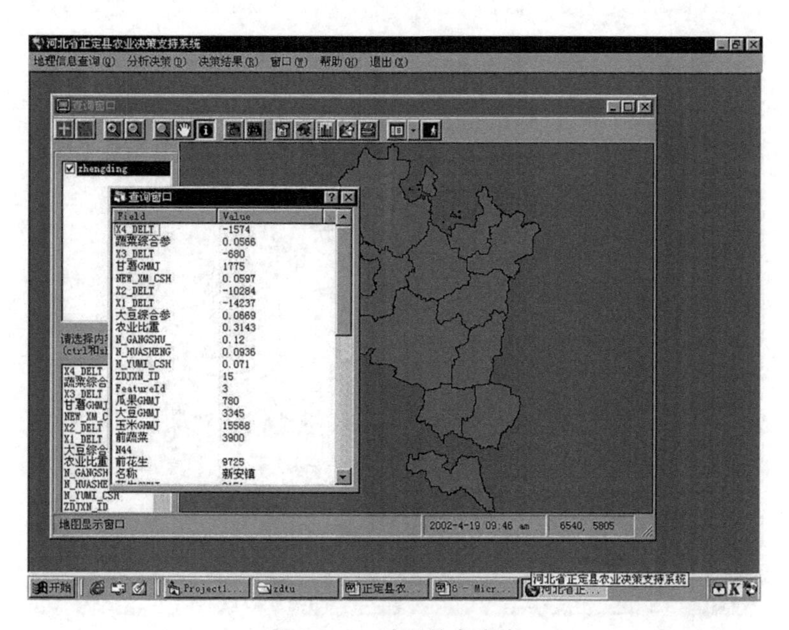

图 14-1 地理信息查询

查找、查询、属性、饼状图、柱状图、输出、打印、图例、退出。

14.3.2 分析决策功能

此系统建立了3个辅助优化模型，决策者可以根据具体情况来选择相应的模型进行分析决策。如果用户对产生的结果不满意，可以修改参数文件，然后将修改后的参数文件重新输入模型进行计算，直到得到满意的结果为止，如图14-2、图14-3所示。

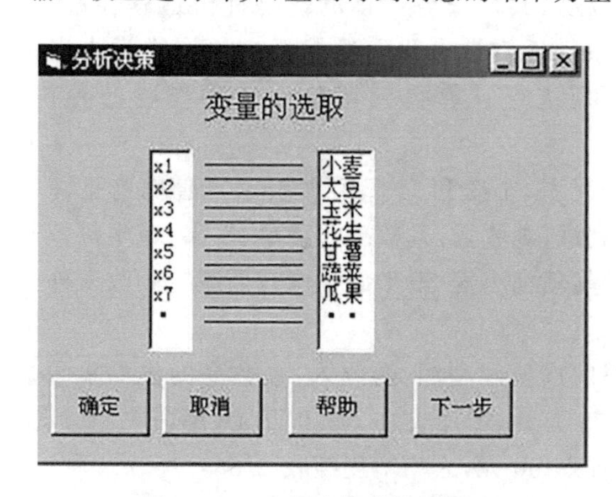

图 14-2 分析决策功能界面 1

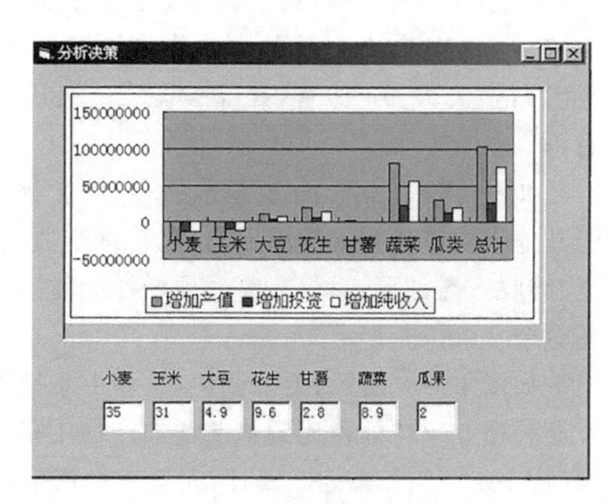

图 14-3 分析决策功能界面 2

14.3.3 决策结果的显示功能

该功能显示和查询模型决策的结果文件，并将决策结果显示在地图上，如图14-4所示。决策者可以通过选中各个乡镇的区域，便可以查询到经过调整后各种作物种植面积的

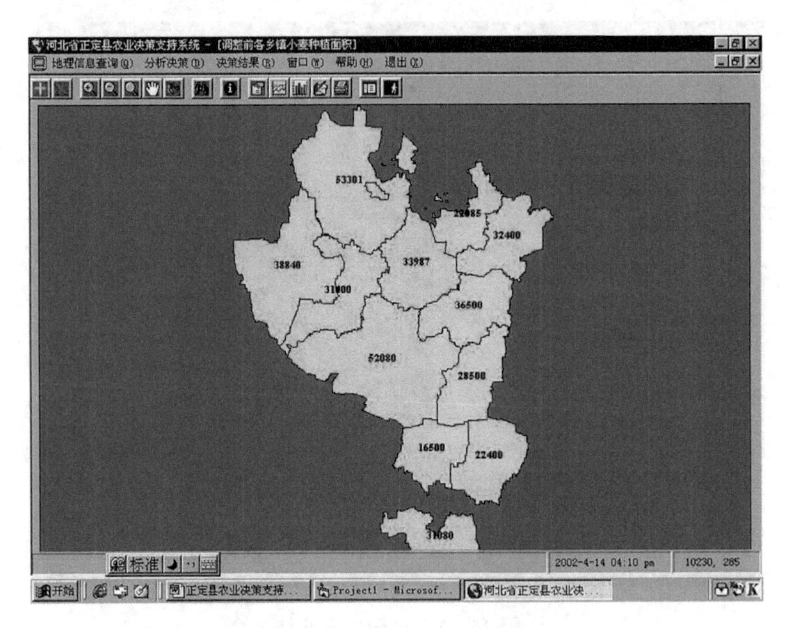

图 14-4 决策结果功能显示

变化，以达到空间决策的目的。

14.4 3S 技术结构调整后进行农业效益分析

在分析了各乡镇的主要种植适宜性条件以后，我们对各乡镇的作物种植适宜性进行比较。首先比较各乡镇的主要作物种植自然条件适宜性。我们选择了 7 种作物为小麦，玉米，花生，大豆，甘薯，蔬菜，瓜果。利用模型进行计算得到调整后各种作物的种植面积。

如图 14-5 所示，结构调整后，从各作物情况看，小麦和玉米面积调减，产值略有下降；但其他作物产值都大幅度增加，尤其是产值和利润(纯收入)系数高的蔬菜、瓜果、花生等，产值、纯收入增加更快，仅蔬菜一项增加的收入除能填补小麦、玉米面积调减而减少的收入外，还盈余 2 300 多万元。

如图 14-6 所示，结构调整以后，由于面积向产值和利润(纯收入)系数高的作物集中，全县种植业整体效益比调整前增加产值 1 亿 279 万元，增加收入 7 590 万元，每个农业劳动力(按 1999 年的 85 838 人计)人均增加产值 1 197.56 元，人均增创纯收入 884.26 元。种植业总体效益得到极大提高。

运用 VB 和 GIS 控件 MapObjects 将决策支持系统与 GIS 紧密集成，形成空间辅助决策系统。利用 GIS 技术使决策支持空间化，使 GIS 空间定位与传统的决策支持系统的定性和定量相结合，充分发挥了两者的优势，为决策提供了更加强大的工具。

空间辅助决策系统中的空间匹配问题是一个难点，我们首先将决策结果进行配置分析，

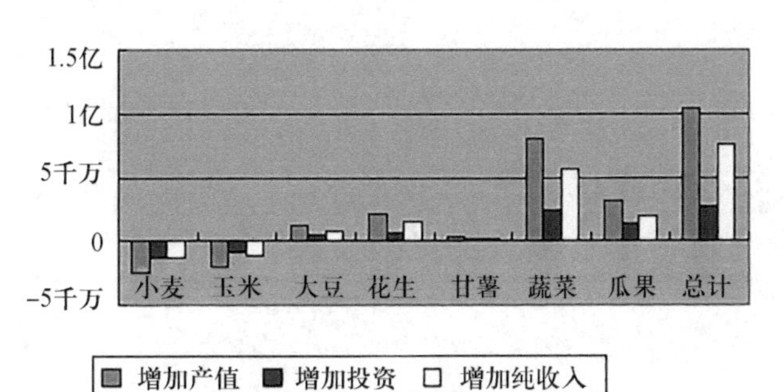

图14-5 结构调整后各作物效益分析

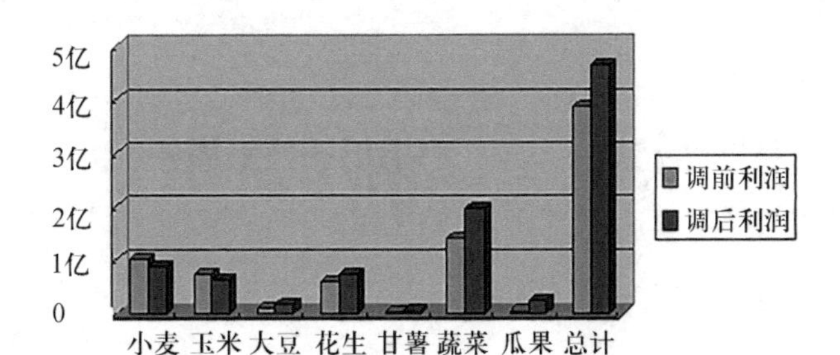

图14-6 结构调整前后各作物利润比较

然后运用控件并编制程序，将决策结果在具体位置进行空间的匹配。

以河北正定县为例对所开发的决策系统进行实例验证，结果表明，该系统设计合理可行，能够为县域的种植业结构调整提供决策支持。

测量学实验教程

实验一　钢尺量距

一、目的和要求

目的:练习在平坦的地面用钢尺量距的一般方法。

要求:(1) 掌握目估定线的方法以及量距的基本操作。

(2) 量距的相对误差应小于1/2 000。

二、仪器和工具

钢卷尺1盘,标杆3根,测钎1组(6或11根),记录本1个,小钉及木桩若干,斧头1把。

三、实习的步骤和方法

(1) 在地面上相距80～150 m处钉以木桩两根,编以名号,桩顶钉一小钉或以"＋"标示点位。

(2) 在两端各竖标杆一根以示测线方向。

(3) 后司尺员持钢尺首端及测钎1根,前司尺员持钢尺匣(架)测钎5(或10)根,垂球和标杆各一。

(4) 前司尺员前进至近于钢尺末端处停止,由后司尺员指挥其将标杆插在略短于一钢卷尺长的测线方向上。

(5) 后司尺员将尺零点对准首端标记,两个人拉紧钢卷尺,前司尺员将测钎对准钢卷尺末端分画并垂直插在地上为一钢卷尺长,检查无误后共同携尺前进。

(6) 后司尺员行至测钎处停止前进,依同法测第二尺段,如此量至终点。后司尺员每量实一尺段,前进时收取地上测钎。最后不足一尺段的零数,不计测钎,完成往测。设N为整尺段数,L为卷尺长,q为余长,水平距离为D。

(7) 返测时，将钢卷尺掉头，依上述方法再由终点测至始点。

(8) 计算往、返测量结果及相对误差：

$$\text{相对误差}=\frac{\text{两次丈量较差}}{\text{平均长度}}=\frac{1}{\dfrac{\text{平均长度}}{\text{两次丈量较差}}}$$

钢尺量距记录表

日期＿＿＿＿＿＿＿＿＿＿＿＿　　测量者＿＿＿＿＿＿＿＿＿＿＿＿

天气＿＿＿＿＿＿＿＿＿＿＿＿　　记录者＿＿＿＿＿＿＿＿＿＿＿＿

测　段	测段长 L	整尺段数 N	余长 q	水平距离 $D=NL+q$	往返较差 $D-D'$	相对误差

实验二　使用罗盘仪测磁方位角

一、目的和要求

目的：认识及使用罗盘仪，使用罗盘仪测定直线方向。

要求：(1) 认识罗盘仪的构造，各部分名称及使用方法。

(2) 用罗盘仪测定直线方向。

二、仪器和工具

罗盘仪 1 台，标杆 2 根，木桩 3 根，手斧 1 把。

三、步骤和方法

(1) 熟悉构造：罗盘仪主要由磁针、刻度盘及望远镜组成，举针螺旋可将磁针压紧在度盘盒的玻璃盖上，刻度盘以逆时针方向刻有 0°～360°刻度，球形关节可以调节水准器以使度盘处于水平位置，制动螺旋控制度盘的平转，望远镜有物镜与目镜对光螺旋。

(2) 选择相距约 30～50 3 个点，钉以木桩，注以标记"＋"。

(3) 将罗盘仪安置在每一测站(对中、整平)，分别测定每一测线的正反磁方位角 $\alpha_{正}$ 和 $\alpha_{反}$，正反方位角相差 180°，误差允许值应在±0.5°内。若误差在允许范围内，则方位角 α 可以取平均值，即：

$$a=\frac{1}{2}[a_{正}+(a_{反}\pm 180^\circ)]$$

依多边形内角和应为$(n-2)\times 180^\circ$计算内角并校核。

四、注意事项

(1) 望远镜物镜在刻度盘 0°一端时读磁针北端读数，且读数时，视线方向与磁针在同一竖直面内。

(2) 望远镜十字丝纵丝对标杆基部。

(3) 应防止铁质物质及高压线对磁针的影响。

(4) 仪器用完后，应将举针螺旋拧好，以保护磁针顶针。

直线磁方位角测量记录表

日期________________　　测量者________________

天气________________　　记录者________________

测　段	正方位角 $\alpha_{正}$	反方位角 $\alpha_{反}$	平均方位角 α	备　注

实验三 水准测量

一、目的和要求

（1）了解 DS3 级水准仪的基本构造，掌握其主要部件的构造及其作用。

（2）练习水准仪的安置、瞄准、精平与读数。

（3）测定地面两个点间的高差。

二、仪器和工具

DS3 水准仪 1 台，水准尺 1 把，记录本 1 个，测伞 1 把。

三、步骤和方法

（1）安置仪器：将脚架张开，使其高度适当，架头大致水平，并将脚尖踩入土中。开箱取出仪器，将其固连在三脚架上。

（2）认识仪器：指出仪器各部件的名称，了解其作用并熟悉其使用方法，同时弄清水准尺的分画与注记。

（3）粗略整平：先用双手同时向内（或向外）转动一对脚螺旋，使圆水准器气泡移动到中间，再转动另一只脚螺旋使气泡居中，通常须反复进行。注意气泡移动的方向与左手拇指或右手食指运动的方向一致。

（4）瞄准水准尺、精平与读数：

① 瞄准水准尺：甲立水准尺于某地面点上；乙松开水准仪制动螺旋，转动仪器，用准星粗略瞄准水准尺，固定制动螺旋，用微动螺旋使水准尺大致位于视场中央。转动目镜对光螺旋进行对光，使十字丝分画清晰，再转动物镜对光螺旋看清水准尺影像。转动水平微动螺旋，使十字丝纵丝靠近水准尺一侧。若存在视差，则应仔细进行物镜对光予以消除。

② 精平：转动微倾螺旋使符合水准器气泡两端的影像吻合（即成一圆弧状），也称精平。

③ 读数：用中丝读数在水准尺上读取 4 位数据，即米、分米、厘米及毫米位。读数时应先估出毫米数，然后按米、分米、厘米及毫米，一次读出 4 位数。

（5）测定地面两点间的高差：

① 在地面上选定 A、B 两个较坚固的点。

② 在 A、B 两点之间安置水准仪，使仪器至 A、B 两点的距离大致相等。

③ 竖立水准尺于点 A。瞄准点 A 上的水准尺，精平后读数，此为后视读数，记入表中测点 A 一行的后视读数栏下。

④ 再将水准尺立于点 B，瞄准点 B 上的水准尺，精平后读前视数据，并记入表中测点 B 一行的前视读数栏下。

⑤ 计算 A、B 两点间的高差，即

$$h_{AB}=\text{后视读数}-\text{前视读数}$$

水准测量记录表

日期＿＿＿＿＿＿＿＿＿＿　　测量者＿＿＿＿＿＿＿＿＿＿

天气＿＿＿＿＿＿＿＿＿＿　　记录者＿＿＿＿＿＿＿＿＿＿

测　站	点　号	后视读数	前视读数	高　差	备　注
计算校核		$\sum a=$	$\sum b=$	$\sum h=$	

实验四　闭合水准路线测量

一、目的和要求

目的：掌握等外水准测量的观测、记录与校核方法。

要求：由一个已知高程点 BMA 开始，经待定高程点 B、C、D，进行闭合水准路线测量，求出待定高程点 B、C、D 的高程。高差闭合差的容许值为 $fh_{容}=\pm 10$ nmm 或 $fh_{容}=\pm 35$ Lmm。

二、仪器和工具

DS3 水准仪 1 台，水准尺 1 把，记录本 1 个，测伞 1 把。

三、步骤和方法

(1) 假定有一个已知高程点 BMA，在地面选定 B、C、D 三个坚固点作为待定高程点。高程点的高程可以假定为当地大略高程。安置仪器于 A 点和转点 TP1(放置尺垫)之间，步量前、后视距离大致相等，进行粗略整平和目镜对光。测站编号为 1。

(2) 后视 A 点上的水准尺，精平后读取后视数据，记入手簿。

(3) 前视 TP1 上的水准尺，精平后读取后视数据，记入手簿。

(4) 升高(或降低)仪器 10 cm 以上，重复步骤(2)与(3)。

(5) 计算高差。高差等于后视读数减前视读数。当两次测得仪器的高差之差不大于 6 mm 时，取其平均值作为平均高差。

(6) 迁至第 2 站继续观测。沿选定的路线，将仪器迁至 TP1 和点 B 的中间，仍用第一站施测的方法，后视 TP1，前视点 B。依次连续设站，经过点 C 和点 D 连续观测，最后回到点 A。

(7) 计算检核。后视读数之和减前视读数之和等于高差之和，也等于平均高差之和的二倍。

(8) 计算与调整高差闭合差。

(9) 计算待定点高程。根据已知高程点 A 的高程和各点间改正后的高差，计算 B、C、D、A 四个点的高程，最后算得的 A 点高程应与已知值相等，以资校核。

四、注意事项

(1) 在每次读数之前，应使水准管气泡严格居中，并消除视差。

(2) 应使前、后视距离大致相等。

(3) 在已知高程点和待定高程点上不能放置尺垫。转点用尺垫时，应将水准尺置于尺垫半圆球的顶点上。

(4) 尺垫应踏入土中或置于坚固地面上,在观测过程中不得碰动仪器或尺垫,迁站时应保护前视尺垫不得移动。

(5) 水准尺必须扶直,不得前、后倾斜。

水准测量记录表

日期____________________ 测量者____________________

天气____________________ 记录者____________________

<table>
<tr><th>测站</th><th>点号</th><th colspan="4">水准尺读数</th><th>后视距</th><th>前视距</th><th>高差</th><th>高差
改正数</th><th>改正
后高差</th><th>高程</th></tr>
<tr><td rowspan="3"></td><td rowspan="3"></td><td rowspan="3">后视</td><td>中丝</td><td rowspan="3">前视</td><td>中丝</td><td rowspan="3"></td><td rowspan="3"></td><td rowspan="3"></td><td rowspan="3"></td><td rowspan="3"></td><td rowspan="3"></td></tr>
<tr><td>上丝</td><td>上丝</td></tr>
<tr><td>下丝</td><td>下丝</td></tr>
<tr><td rowspan="3"></td><td rowspan="3"></td><td colspan="2"></td><td colspan="2"></td><td rowspan="3"></td><td rowspan="3"></td><td rowspan="3"></td><td rowspan="3"></td><td rowspan="3"></td><td rowspan="3"></td></tr>
<tr><td colspan="2"></td><td colspan="2"></td></tr>
<tr><td colspan="2"></td><td colspan="2"></td></tr>
<tr><td rowspan="3"></td><td rowspan="3"></td><td colspan="2"></td><td colspan="2"></td><td rowspan="3"></td><td rowspan="3"></td><td rowspan="3"></td><td rowspan="3"></td><td rowspan="3"></td><td rowspan="3"></td></tr>
<tr><td colspan="2"></td><td colspan="2"></td></tr>
<tr><td colspan="2"></td><td colspan="2"></td></tr>
<tr><td rowspan="3"></td><td rowspan="3"></td><td colspan="2"></td><td colspan="2"></td><td rowspan="3"></td><td rowspan="3"></td><td rowspan="3"></td><td rowspan="3"></td><td rowspan="3"></td><td rowspan="3"></td></tr>
<tr><td colspan="2"></td><td colspan="2"></td></tr>
<tr><td colspan="2"></td><td colspan="2"></td></tr>
<tr><td rowspan="3"></td><td rowspan="3"></td><td colspan="2"></td><td colspan="2"></td><td rowspan="3"></td><td rowspan="3"></td><td rowspan="3"></td><td rowspan="3"></td><td rowspan="3"></td><td rowspan="3"></td></tr>
<tr><td colspan="2"></td><td colspan="2"></td></tr>
<tr><td colspan="2"></td><td colspan="2"></td></tr>
<tr><td rowspan="3"></td><td rowspan="3"></td><td colspan="2"></td><td colspan="2"></td><td rowspan="3"></td><td rowspan="3"></td><td rowspan="3"></td><td rowspan="3"></td><td rowspan="3"></td><td rowspan="3"></td></tr>
<tr><td colspan="2"></td><td colspan="2"></td></tr>
<tr><td colspan="2"></td><td colspan="2"></td></tr>
<tr><td colspan="2">总和</td><td colspan="2"></td><td colspan="2"></td><td></td><td></td><td></td><td></td><td></td><td></td></tr>
</table>

实验五　经纬仪的认识和使用

一、目的和要求

（1）了解DJ6级经纬仪的基本构造及其主要部件的名称及功能。

（2）练习经纬仪对中、整平、瞄准与读数的方法，并掌握基本操作要领。

（3）要求对中误差小于3 mm，整平误差小于一格。

二、仪器和工具

DJ6级经纬仪1台，标杆2根，木桩1根，手斧1把。

三、步骤和方法

1. 经纬仪的安置

（1）在地面打一根木桩，桩顶钉一个小钉或画十字作为测站点。

（2）松开三脚架，安置于测站上，使其高度适当，架头大致水平。打开仪器箱，双手握住仪器支架，将仪器取出，置于架头上。一手紧握支架，一手拧紧连接螺旋。

（3）对中。挂上垂球，平移三脚架，使垂球尖大致对准测站点，并注意架头水平，踩紧三脚架。稍松连接螺旋，两手扶住基座，在架头上平移仪器，使垂球尖端准确对准测站点，再拧紧连接螺旋。

（4）整平。松开水平制动螺旋，转动照准部，使水准管平行于任意一对脚螺旋的连线。两手同时向内（或向外）转动这两个脚螺旋，使气泡居中。如此反复调试，直到仪器转到任何方向，气泡中心不偏离水准管零点一格为止。

2. 瞄准目标

（1）将望远镜对向天空（或白色墙面），转动目镜使十字丝清晰。

（2）用望远镜上的概略瞄准器瞄准目标，再从望远镜中观看，若目标位于视场内，则可固定望远镜制动螺旋和水平制动螺旋。

（3）转动物镜对光螺旋使目标影像清晰，再调节望远镜和照准部微动螺旋，用十字丝的纵丝平分目标（或将目标夹在双丝中间）。

（4）眼睛微微左右移动，检查有无视差。若有，转动物镜对光螺旋予以消除。

3. 读数

（1）调节反光镜使读数窗亮度适当。

（2）旋转读数显微镜的目镜，使度盘及分微尺的刻画清晰，并区别水平度盘与竖盘读数窗。

（3）读取位于分微尺上的度盘刻划线所注记的度数，从分微尺上读取该刻划线所在位置的分数,估读至 0.1′(即 6″的整倍数)。

盘左瞄准目标,读水平度盘;纵转望远镜,盘右再瞄准该目标读水平度盘。两次读数之差约为 180°,以此检核瞄准和读数是否正确。

经纬仪读数练习记录表

日期________________　　测量者________________

天气________________　　记录者________________

测　站	目　标	盘左读数	盘右读数	备　注

实验六　测绘法测量水平角

一、目的和要求

(1) 掌握用测回法测量水平角的方法、记录及计算。

(2) 每人对同一角度观测一测回,上、下半测回角值之差不得超过±40″,各测回角值互差不得大于±24″。

二、仪器和工具

经纬仪1台,记录本1个,测伞1把,标杆2根,木桩1根,手斧1把。

三、步骤和方法

(1) 每组选一个测站点 O 安置仪器,对中、整平后,再选定 A、B 两个目标。

(2) 如果度盘变换器为复测式,盘左,转动照准部使水平度盘读数略大于零。将复测扳手向下,再去瞄准 A 目标,将扳手向上,读水平度盘读数 $a1$,记入手簿。若为拨盘式变换器,则应先瞄准目标 A,后拨度盘变换器,使读数略大于零。

(3) 顺时针方向转动照准部,瞄准 B 目标,读数 b_1 并记录。盘左测得$\angle AOB$ 为

$$\beta_{左}=b_1-a_1$$

(4) 纵转望远镜为盘右,先瞄准 B 目标,读数并记录。逆时针转动照准部,瞄准 A 目标,读数 a_2 并记录。盘右测得$\angle AOB$ 为

$$\beta_{右}=b_2-a_2$$

(5) 若上、下半测回角值之差不大于40″,计算一测回角值 β 为

$$\beta=\frac{1}{2}(\beta_{左}+\beta_{右})$$

(6) 观测第二测回时,应将起始方向的度盘读数置于90°附近。各测回角值互差不大于±24″,则计算平均角值。

测回法观测手簿

日期________________ 测量者________________

天气________________ 记录者________________

测站	盘位	目标	水平度盘读数	半测回角值	一测回角值	各测回平均角值	备　注

实验七　全圆方向法观测水平角

一、目的和要求

(1) 练习用全圆方向法观测水平角的操作方法、记录和计算。

(2) 半测回归零差不得超过±18″。

(3) 各测回方向值互差不得超过±24″。

二、仪器和工具

经纬仪1台,记录本1个,测伞1把,木桩1根,手斧1把。

三、步骤和方法

(1) 在测站点 O 安置仪器,对中、整平后,选定 A、B、C、D 四个目标。

(2) 盘左瞄准起始目标 A,并使水平度盘读数略大于零,读数并记录。

(3) 顺时针方向转动照准部,依次瞄准 B、C、D、A 各目标,分别读水平度盘并记录,检查归零差是否超限。

(4) 纵转望远镜,盘右,逆时针方向依次瞄准 A、D、C、B、A 各目标,读数并记录,检查归零差是否超限。

(5) 计算。同一方向两倍视准误差 $2C$=盘左读数-(盘右读数±180°);各方向的平均读数=1/2[盘左读数+(盘右读数±180°)];将各方向的平均读数减去起始方向的平均读数,即得各方向的归零方向值。

(6) 第二人观测时,起始方向的度盘读数安置于90°附近,同法观测第二测回。各测回同一方向归零方向值的互差不超过±24″,取其平均值,作为该方向的结果。

四、注意事项

(1) 应选择远近适中、易于瞄准的清晰目标作为起始方向。

(2) 如果方向数只有3个,可以不归零。

方向观测法观测手簿

日期________________ 测量者________________

天气________________ 记录者________________

测站	测回数	目标	水平度盘读数		$2C$	平均读数	归零方向值	各测回平均方向值	备注
			左(° ′ ″)	右(° ′ ″)					

实验八　竖直角测量与竖盘指标差的检验

一、目的和要求

(1) 练习竖直角观测、记录及计算的方法。

(2) 了解竖盘指标差的计算方法。

(3) 同一组所测得的竖盘指标差的互差不得超过$\pm 25''$。

二、仪器和工具

经纬仪 1 台,记录本 1 个,测伞 1 把,木桩 1 根,手斧 1 把。

三、步骤和方法

(1) 在测站点 O 安置仪器,对中、整平后,选定 A、B 两个目标。

(2) 先观察一下竖盘注记形式并写出竖直角的计算公式。盘左,将望远镜大致放平,观察竖盘读数;然后将望远镜慢慢上仰,观察读数变化情况,若读数减小,则竖直角等于视线水平时的读数减去瞄准目标时的读数,反之,则相反。

(3) 盘左,用十字丝中横丝切于 A 目标顶端,转动竖盘指标水准管微动螺旋,使竖盘指标水准管气泡居中,读取竖盘读数 L,记入手簿并算出竖直角 a_L。

(4) 盘右,同法观测 A 目标,读取盘右数据 R,记录并算出竖直角 a_R。

(5) 计算竖盘指标差 x:

$$x=\frac{1}{2}(a_R-a_L) \quad 或 \quad x=\frac{1}{2}(L+R-360°)$$

(6) 计算竖直角平均值 α:

$$a=\frac{1}{2}(a_L+a_R)$$

(7) 同法测定 B 目标的竖直角并计算竖盘指标差。检查指标差的互差是否超限。

四、注意事项

(1) 观测过程中,对同一目标应使十字丝横丝切准目标顶端(或同一部位)。

(2) 每次读数前应使竖盘指标水准管气泡居中或补偿装置置于 ON 位置。

(3) 计算竖直角和指标差时,应注意正、负号。

竖直角观测手簿

日期______________　　　　测量者______________

天气______________　　　　记录者______________

测站	目标	竖盘位置	竖盘读数(° ′ ″)	近似竖直角	指标差	一测回竖直角

实验九　视距测量

一、目的和要求

(1) 练习以视距法测定地面两点间的水平距离和高差。

(2) 水平距离和高差要往、返测量，往、返测得水平距离的相对误差不大于 1/300，高差之差不大于 5 cm。

二、仪器和工具

经纬仪 1 台，视距尺 1 把，记录本 1 个，测伞 1 把，木桩 2 根，手斧 1 把，计算器 1 个，皮尺 1 卷。

三、步骤和方法

(1) 在地面上任意选择 A、B 两点，相距约 100 m，各打一根木桩。

(2) 安置仪器于 A 点，用皮尺量出仪器高 i（自桩顶量至仪器横轴，精确到厘米），在 B 点竖立视距尺。

(3) 盘左，用中丝对准视距尺上仪器高 i 处，读取上丝数据 n，同时读取下丝数据 m（精确到毫米）并记录，得视距间隔 $L_{左}=m-n$。

若地面为平坦地段，则 A、B 两点的水平距离 $D=KL_{左}(K=100)$。

若地面为倾斜地段，则进行以下步骤的测量工作，求解水平距离和高差。

(4) 转动望远镜竖盘指标水准管微动螺旋，使竖盘指标水准管气泡居中，读竖盘并记录，算出竖直角 a_L。

(5) 盘右，重复步骤(3)与(4)，测得视距间隔 L 右与竖直角 a_R。

(6) 用盘左、盘右观测的视距间隔的平均值 L 和竖直角的平均值 α：

$$L=\frac{1}{2}(L_{左}+L_{右}),\quad a=\frac{1}{2}(a_L+a_R)$$

计算 A、B 两点的水平距离 D 和高差 h_{AB}。

$$D=kL\cos^2 a（取至 0.1\ m）$$

$$h_{AB}=\frac{1}{2}kL\sin 2a（取至 0.01\ m）$$

(7) 将仪器安置于 B 点，重新量取仪器高，在 A 点竖立视距尺，重复步骤(2)～(5)，计算出 A、B 两点的水平距离和高差，检查往、返测得的水平距离和高差是否超限。

四、注意事项

(1) 视距尺要竖直。

（2）盘左、盘右中丝读数应相同。

视距测量记录及计算表(测定的竖盘指标差 $X=18''$)

日期＿＿＿＿＿＿＿＿＿＿＿＿ 测量者＿＿＿＿＿＿＿＿＿＿＿＿

天气＿＿＿＿＿＿＿＿＿＿＿＿ 记录者＿＿＿＿＿＿＿＿＿＿＿＿

测站仪器高 (i)/m	点号	视距间隔(L) 中丝读数/m	竖盘读数/ (° ′ ″)	竖直角/ (° ′ ″)	水平 距离/m	高差 h/m

实验十　经纬仪(全站仪)导线测量

一、目的和要求

(1) 掌握小区域内经纬仪(全站仪)导线布设方法；

(2) 掌握经纬仪(全站仪)导线的外业测量方法；

(3) 学会经纬仪(全站仪)导线的内业计算；

(4) 在小区域内布设一条经纬仪(全站仪)闭合导线,并计算出各导线点的坐标。

二、仪器和工具

经纬仪 1 台,钢卷尺 1 个,罗盘 1 个,标杆 3 根,木桩若干,手斧 1 把,油漆 1 瓶。

三、步骤和方法

1. 选点埋石

了解测区地形,对测区内所要测的地物、地貌要大致了解,然后大致设定导线点的位置。选定导线点要注意以下几点：

(1) 导线点应选在土质坚实,便于保存标志和安置仪器的地方,在测区内应均匀分布,其周围视野要开阔。

(2) 应按规范要求布设图根点的个数和图根导线的边长,1∶500 比例尺,平均边长 75 m,边长范围为 40～150 m,图根点 15 个/km^2,1∶1 000 比例尺,平均边长 110 m,边长范围为 80～250 m,图根点 50 个/km^2。

(3) 相邻点间应通视良好

点位选定后要在每个点位上打一木桩,且木桩顶上钉一小钉作为标志。对于硬质地面则钉一铁钉,在上面漆油漆作为标志。然后把导线统一编号。

2. 测角

用测回法测量导线前进方向的左角。对于闭合导线其左角即为其内角。导线反时针方向编号。对于 J6 级光学经纬仪(全站仪),其上下半测回角值差不超过 40″。

3. 量距

导线边长用 50 m 钢尺直接丈量,应往、返丈量一次或单程丈量两次,相对误差不大于 1/3 000。

4. 起始方位角的测定

对于没有起始方位角的独立导线,可以用罗盘测定。第一条边的磁方位角作为起算方位角。测定方位角时,其正、反方位角之差不得超过 0.5°。

5. 将各测量成果抄于坐标计算表内,计算各导线点坐标。

四、注意事项

(1) 测角时，安置经纬仪(全站仪)要精确对中地面导线点；

(2) 测角时，要注意目标瞄准顺序，注意区别内角和外角。

经纬仪(全站仪)导线测量外业观测手簿

日期____________________ 测量者____________________

天气____________________ 记录者____________________

测站	目标	整盘位置	读数(° ′ ″)	半测回角值(° ′ ″)	一测回角值(° ′ ″)	往返水平距离/m	水平距离中数/m	磁方位角(° ′ ″)	备注

实验十一　全站仪数字测图外业数据采集

一、目的和要求

（1）掌握全站仪数据采集的全过程。

（2）掌握利用后方交会设置测站的方法。

（3）模拟测图过程采集一测区碎步点数据。

二、仪器及用具

全站仪 NTS－660 或 SET500(包括棱镜、棱镜杆、脚架)1 套,记录本 1 个,测伞 1 把。

三、步骤和方法

1．坐标测量

在标准测量程序主菜单中,通过“←”或“→”键选择“记录”菜单,进入“记录”界面：

（1）设置测站点。在“记录”界面中选择“设置测站点”,并按 ENT 键进入后视点设置。

（2）设置后视点。输入完测站信息后,可以继续输入后视点信息。通过“设置后视点”界面可以设定后视点和后视方向。在“记录”界面中选择“设置后视点”,并按 ENT 键。当测站点设置好后,必须先按“设置”键才能设置后视方位角,再按“校核”键显示实测坐标与原坐标差值。

（3）侧视测量(坐标测量)。当设置好测站点和后视点后,便可以进行测量工作。在“记录”菜单中选择“侧视测量”,并按 ENT 键进入“侧视测量”界面。

2．后方交会

F4 为后方交会功能键,用于计算测站点的坐标。

在测站点坐标未知的情况下,可通过执行“后交”程序将该测站点坐标计算出来。“后交”程序是通过在测站上测量至少两个已知点的坐标来计算该测站点坐标的。后方交会的测量方法有两种:测量距离和角度、只测量角度。计算方法取决于可用的数据,至少需要观测 2 个点的角度和距离,或观测 3 个点的角度。

在界面下方将显示测站点的互差(e1)或 N、E、Z 方向上的标准差(sN,sE,sZ)。如果测量两点间的距离,则显示互差。互差计算公式如下：

$$e1 = HD12(实测值) - HD12(理论值)$$

式中:HD12 表示第一点和第二点之间的平距。

如果测量了 3 个点或更多点的距离或 4 个点或更多点的角度,便显示标准差而不显示互差。

按“添加”键添加一个新的后方交会测量;按“测量”键进行测量,但该测量数据既不存储也不用于后方交会计算。只有在添加新的后方交会测量后按 ENT 键,才会将该测量用于后方交会计算。如果该点坐标未知,则会要求用户输入该点坐标,之后又回到“后方交会主”界面,并且显示已测量点的点号。

如果观测了 3 个角度,或观测了 2 个角度与距离,则按“坐标”键便显示测站点的坐标,并在其右边显示各点的残差。

显示的残差数据取决于参数的选择。一般来说,不好的观测其残差大。可以通过“删除”键删除该记录,该记录便从表中清除,测站点的坐标、标准差或互差以及其他观测值的残差将会自动重新计算。

按“参数”键选择后方交会计算中的参数。如果在参数设置中“计算后视方位”为打开状态,则按 ENT 键计算并设置后视方位角,并退出“后方交会”主界面。计算中会用到框中显示的全部测量数据。

四、上交资料

每人上交实验报告 1 份。

实验十二　草图法数字测图

一、目的和要求

掌握草图法作业的全过程。

二、仪器和工具

全站仪 NTS-660 或 SET500(包括棱镜、棱镜杆、脚架)1 套,记录本 1 个,测伞 1 把。

三、人员组织与分工

观测员:操作全站仪,观测并记录观测数据;

领图员:指挥跑尺员,现场勾绘草图;

跑尺员:现场徒步立反射器;

制图员:担负内业制图任务。

四、步骤和方法

草图法数字测图主要有:野外数据采集、内业数据下载、设定比例尺、展绘碎部点、连线成图、等高线处理、整饰图形、图形分幅和输出管理 9 个步骤。

1. 野外数据采集

安置全站仪,量取仪器高,将测站点、后视点的点名、三维坐标、仪器高、跑尺员所持反射镜高度输入全站仪。

操作全站仪观测站点至反射镜的水平方向值、天顶距值和斜距值,利用全站仪内的程序自动计算出所测碎部点的 x、y、H 三维坐标,并自动记录在全站仪的记录载体上。领图员同时勾绘现场地物属性关系草图。

全站仪若带内存或磁卡,可直接记录观测数据;若不带内存或磁卡,则需加配电子手簿。

2. 内业数据下载

全站仪内部记录的数据通过电缆传输到计算机,形成观测坐标文件。

3. 数据转换

转换为 CASS 格式的坐标文件,CASS 可以展点和生成等高线。

测量教学实习教程

一、实习名称

大比例尺地形图测绘

二、实习目的

教学实习是测量教学的组成部分，除验证课堂理论外，也是巩固和深化课堂所学知识的重要环节，更是培养学生动手能力和训练学生严格的实践科学态度和工作作风的手段。通过地形图测绘，提高测量和应用地形图的能力，为今后解决实际工作中有关测量工作的问题打下基础。

三、任务和要求

(1) 测绘图幅为 40 m×40 m，布设一简单建筑物或比例尺为 1∶1 000(或 1∶500)的地形图一张。

(2) 在本组所测的地形图上布设一简单建筑物或一块绿地，要求将它们测设于实地，并作必要的检核。

(3) 应用地形图；在地形图上绘纵断面图；进行场地平整，求填、挖土方量。

四、实习组织

实习期间的组织工作应由主讲教师全面负责。每班除主讲教师外，还应配备一位辅导教师，两位老师共同担任实习期间的辅导工作。

实习工作按小组进行，每组 4 或 5 人。选组长一人，负责组内实习分工和仪器管理。

五、每组配备的仪器和工具

全站仪 1 套，记录本 1 个，背包 1 个，比例尺 1 支，量角器 1 个，三角板 1 副，手斧 1 把，木桩若干，测伞 1 把，红漆 1 瓶，绘图纸 1 张，有关记录手簿、计算纸、胶带纸、计算器、橡皮及铅笔等。

六、实习内容及时间(可参考)

实习内容	时　间	备　注
(1) 实习动员、借领仪器工具、仪器检校、踏勘测区	1.0 天	做好出测前的准备工作
(2) 控制测量外业工作	3.0 天	经纬仪导线或小三角锁。用四等水准连测高程。图根水准测量
(3) 控制测量内业计算与展点	1.0 天	
(4) 地形图测绘	3.0 天	碎部测量,地形图检查与整饰
(5) 地形图应用	0.5 天	设计一简单建筑物或一块绿地并算出测设数据
(6) 测设	1.0 天	
(7) 测绘仪器简介与见习	0.5 天	电磁波测距仪、电子经纬仪、DS1 水准仪及自动安平水准仪
(8) 整理实习报告及考查	1.0 天	
(9) 机动	1.0 天	每周半天
合计	12.0 天	

注:各校根据实际情况选做。

七、实习注意事项

(1) 组长要切实负责,合理安排,使每人都有练习的机会,不要单纯追求进度;组员之间应团结协作,密切配合,以确保实习任务顺利完成。

(2) 实习过程中应严格遵守《测量实验与实习须知》中有关规定。

(3) 实习前要做好准备,随着实习进度阅读本教材的有关章节。

(4) 每一项测量工作完成后,要及时计算、整理成果并编写实习报告。原始数据、资料、成果应妥善保存,不得丢失。

八、实习报告的编写

要求实习报告在实习期间编写,实习结束时上交。报告应反映学生在实习中所获得的一切知识,要认真编写报告,力求完善,参考格式如下:

(1) 封面:实习名称、地点、起讫日期、班级、组别、姓名。

(2) 目录。

(3) 前言:说明实习目的、任务及要求。

(4) 内容:实习的项目、程序、方法、精度、计算成果及示意图,按实习顺序逐项编写。

(5) 结束语:实习的心得体会,意见和建议。

九、应交作业

实习结束时应交下列作业,否则不准参加考查。

(1) 小组应交作业:

① 高程控制测量记录及计算表。

② 碎部测量记录手簿。

③ 1∶1 000(或1∶500)比例尺地形图一张。

④ 实习日志一份。

(2) 个人应交作业:实习报告。

十、实习内容

1. 大比例尺地形图的测绘——模拟法测图

本项实习内容包括:布设平面和高程控制网,测定图根控制点;进行碎部测量,测绘地形特征点,并依比例尺和图式符号进行描绘,最后拼接整饰成地形图。

(1) 平面控制测量

在测区实地踏勘,进行布网选点。在平坦地区,一般布设闭合导线;在丘陵地区,通常布设单三角锁、大地四边形、中点多边形等三角网;对于带状地形,可布设附合导线或线形锁。

1) 平面控制测量

每组在指定测区进行踏勘,了解测区地形条件,根据测区范围及测图要求确定布网方案并选点。点的密度应能均匀地覆盖整个测区,以便于碎部测量。控制点应选在土质坚实、便于保存标志和安置仪器的地方。相邻导线点间应通视良好,以便于测角量距,导线边长为60～100 m。布设三角网(锁)时,三角形内角应大于30°。如果测区内有已知点,所选图根控制点应包括已知点。点位选定之后,立即打桩,桩顶钉一小钉或画十字作为标志,并编写桩号与组别。

2) 水平角观测

用测回法观测导线内角一测回,要求上、下半测回角值之差不得大于40″,闭合导线角度闭合差不得大于$\pm 40'' \sqrt{n}$,n为导线观测角数。三角网用全圆方向观测法,三角形角度闭合差的限差为±60″。

3) 边长测量

用检定过的钢尺往、返丈量导线各边边长,其相对误差不得大于1∶3 000,特殊困难地区限差可放宽为1∶1 000。三角网至少量测一条基线边,采取精密量距的方法(即进行尺长、温度和倾斜改正),基线全长相对误差不得大于1∶10 000。在有条件的情况下,尽量应用光电测距仪测定边长。

4) 联测

为了使控制点的坐标纳入本校或本地区的统一坐标系统,尽量与测区内外已知高级控制点进行联测。对于独立测区可用罗盘仪测定控制网一边的磁方位角,并假定一点的坐标作为起算数据。

5）平面坐标计算

首先校核外业观测数据，在观测成果合格的情况下进行闭合差配赋，然后由起算数据推算各控制点的平面坐标。计算方法可根据布网形式查阅本教材有关章节。计算中角度取至秒，边长和坐标值取至厘米。

（2）高程控制测量

在踏勘的同时布设高程控制网，高程控制点可设在平面控制点上，网内应包括原有水准点，采用四等水准测量的方法和精度进行观测。布网形式可为附合路线、闭合路线或结点网。图根点的高程，在平坦地区采用等外水准测量；在丘陵地区采用三角高程测量。

1）水准测量

对于等外水准测量，用 DS3 水准仪沿路线设站单程施测，可采用双面尺法或变动仪器高法进行观测。视线长度小于 100 m，同测站两次高差的差值不大于 6 mm，路线容许高差闭合差为 $\pm 40\sqrt{L}$ mm（或 $\pm 12\sqrt{n}$ mm），式中 L 为路线长度的公里数，n 为测站数。

四等水准测量的技术指标详见本教材。

2）三角高程测量

用 DJ6 级经纬仪中丝法观测竖直角一测回，每边对向观测，仪器高和标高量至 0.5 cm。同一边往、返测高差之差不得超过 $4D$ cm，D 为以百米为单位的边长；路线高差闭合差的限差为 $\pm 4\sum D/\sqrt{n}$ 厘米，n 为边数。

3）高程计算

对路线闭合差进行配赋后，由已知点高程推算各图根点高程。观测和计算取至毫米，最后成果取至厘米。

（3）碎部测量

首先进行测图前的准备工作，在各图根点设站测定碎部点，同时描绘地物与地貌。

1）准备工作

选择较好的图纸，用对角线法（或坐标格网尺法）绘制坐标格网，格网边长为 10（或 5）cm，并进行检查。最后比例尺量出各控制点之间的距离，与实地水平距离（或按坐标反算长度）之差不得大于图上 0.3 cm，否则应检查展点是否有误。

2）地形测图

测图比例尺为 1∶1 000（或 1∶500），等高距采用 1 m（或 0.5 m）。在平坦地区也可采用高程注记法。测图方法可选用大平板仪测绘法、经纬仪（或水准仪）与小平板仪联合测绘法、经纬仪测记法等。

设站时平板仪对中偏差应小于 $0.05\times M$ mm，M 是测图比例尺分母。以较远点作为定向点并在测图过程中随时检查。在依其他图根点作定向检查时，该点在图上偏差应小于 0.3。

用经纬仪测图时，对中偏差应小于 5 mm，归零差应小于 $4'$。对另一图根点高程检测的较差应小于 0.2 基本等高距。

跑尺选点方法可由远及近，顺时针方向行进。所有地物和地貌特征点都应立尺。地形点间距为 30 m 左右，视距长度一般不超过 80 m。高程注记至分米，记在测点右侧或下方，字头朝北。所有地物地貌应在现场绘制完成。

3）地形图的拼接、检查和整饰

拼接：每幅地形图应测出图框外0.5～1.0 cm。与相邻图幅接边时的容许误差为：主要地物不应大于1.2 mm，次要地物不应大于1.6 mm；对丘陵地区或山区的等高线不应超过1～1.5根。如果该项实习属无图拼接，则可不进行此项工作。

检查：自检是保证测图质量的重要环节，当一幅地形图测量完毕，每个实习小组必须对地形图进行严格自检。首先进行图面检查，查看图面上接边是否正确、连线是否矛盾、符号是否正确、名称注记有无遗漏、等高线与高程点有无矛盾。若发现问题应记下，以便于野外检查时核对。野外检查时应对照地形图核对，查看图上地物形状和位置是否与实地一致，地物是否遗漏，注记是否正确齐全，等高线的形状、走向是否正确。若发现问题，应设站检查或补测。

整饰：整饰是对图上所测绘的地物、地貌、控制点、坐标格网、图廓及其内外的注记，按地形图图式所规定的符号和规格进行描绘，提供一张完美的铅笔原图，要求图面整洁，线条清晰，质量合格。

整饰顺序：首先绘内图廓及坐标格网交叉点（格网顶点绘长1的交叉线，图廓线上则绘5的短线）；再绘控制点、地形点符号及高程注记，独立地物和居民地，各种道路、线路，水系，植被，等高线及各种地貌符号；最后绘外图廓并填写图廓外注记。

2. 大比例尺地形图的测绘——数字化成图法

使用全站仪依据实验十一和十二内容，对外业进行数据采集。

使用南方CASS7.0内业基本成图方法及编辑整饰方法。

（1）描绘地物

1）点号定位法作业流程

① 定显示区

定显示区的作用是根据输入坐标数据文件的大小定义屏幕显示区域的大小，以保证所有点可见。

单击“绘图处理”项，出现下拉菜单，在其中选择“定显示区”项，出现一个对话窗。在该对话框中输入碎部点坐标数据文件名。可直接通过键盘输入，也可参考WINDOWS选择打开文件的操作方法操作。这时，命令区将显示最小坐标和最大坐标（米）。

② 选择测点点号定位成图

在屏幕右侧菜单区单击“测点点号”，出现“选择点号对应的坐标数据文件名”对话框，打开点号坐标数据文件名，数秒钟后命令区提示：“读点完成！ 共读入n点。”

③ 描绘地物

为了在图形编辑区内更加直观地看到各测点之间的关系，可以先将野外测点点号在屏幕中展出来。其操作方法是：在屏幕顶部选择“绘图处理”→“展点”→“野外测点点号”项，出现一个对话框。在该对话框中输入对应的坐标数据文件名后，便可在屏幕展出野外测点的点号。根据外业草图选择相应的地图图式符号，在屏幕上将平面图绘出来。

2）坐标定位法作业流程

① 定显示区

此步操作与点号定位法作业流程中定显示区的操作相同。

② 选择坐标定位成图

在屏幕右侧菜单区单击“坐标定位”项，进入“坐标定位”项的菜单。如果刚才在“测点点号”状态下，可通过选择“CASS成图软件”按钮返回主菜单之后再进入“坐标定位”菜单。

③ 绘平面图

与点号定位成图流程类似，需要先在屏幕上展点，根据外业草图选择相应的地图图式符号在屏幕上将平面图绘出来。与点号定位成图的区别在于坐标定位成图不能通过测点点号来进行定位。

可以使用捕捉功能输入点，选择不同的捕捉方式会出现不同形式的黄颜色光标。如果命令区要求“输入点”，也可以在屏幕上直接单击，为了精确定位也可输入实地坐标。随着鼠标在屏幕上移动，左下角提示的坐标实时发生变化。

（2）描绘地貌

1）建立数字地面模型(构建三角网)

在使用CASS自动生成等高线时，要先建立数字地面模型。在这之前，可以先“定显示区”及“展点”。定显示区操作与前面“描绘地物”中所述相同，展点时可选择“高程点”选项，输入文件名后所有高程点的高程均自动展绘到图上。

操作过程中命令区将提问在建立三角网时是否考虑坎高因素。如果考虑坎高因素，则在建立DTM前系统自动沿着坎高的方向插入坎底点(坎底点的高程等于坎顶线上已知点的高程减去坎高)。这样新建坎底的点便参与建立三角网的计算。因此，在建立DTM之前必须先将野外的点位展出来，再用捕捉最近点方式将陡坎绘出来，然后还要赋予陡坡各点的坎高。

显示三角网是将建立的三角网在屏幕编辑区显示出来。若选1，则建完DTM后所有三角形同时显示出来。如果不想修改三角网，可以选2。如果考虑坎高或地形线，系统在建三角网时速度会减慢。另外，命令区还将提示生成三角形的个数。

2）绘制等高线

等高线可以在绘平面图的基础上叠加绘制，也可以在“新建图形”状态下绘制，操作过程如下：

选择“等高线”下拉菜单的“绘制等高线”项，命令区提示：

“绘图比例尺1:”，输入比例尺分母；回车后命令区又提示：“请输入等高距(单位：米)：”，按图式规范的要求输入等高距，例如输入1；回车后命令区又提示选择拟合方式：“请选择：1. 不光滑；2. 张力样条拟合；3. 三次B样条拟合；4. SPLINE⟨1⟩：一般选择3。回车后计算机开始绘制等高线，当命令区显示“绘制完成！”，则得到初步的地形图。

在绘制等高线时，CASS能充分考虑到等高线通过地形线和断裂线的处理，能自动切除通过地物、注记、陡坎的等高线。

（3）修饰等高线

1）删除三角网：在“等高线”菜单中，选择“删三角网”。

2）注记等高钱：用“窗口缩放”项得到局部放大图；选择“等高线”→“等高线注记”→“高程”项，命令区提示：“选择需注记的等高（深）线：”，单击要注记高程的等高线位置，命令区提示：“依法线方向指定相邻一条等高（深）线：”，单击相邻等高线位置，就完成对该等高线的高程注记，且字头朝向高处。

（4）地形图编辑

用“编辑”和“地物编辑”两种下拉菜单对地形图进行编辑。其中，“编辑”是由 AutoCAD 提供的编辑功能，如：图元编辑、删除、断开、延伸、修剪、移动、旋转、比例缩放、复制、偏移拷贝等；“地物编辑”是由 CASS 系统提供的对地物的编辑功能，如：线型换向、植被填充、土质填充、批量删减、窗口内的图形存盘、多边形内图形存盘等。

（5）地形图整饰

整饰是对图上所测绘的地物、地貌、控制点、坐标格网、图廓及其内外的注记，按地形图图式所规定的符号和规格进行描绘。

（6）地形图检查

外业仪器设站检查可以是同精度检查，也可以是高精度检查；可以采用做点法，也可以采用断面法。所求之地物点点位的误差和等高线高程的误差应达到《工程测量规范》的精度要求。

3. 地形图应用（可根据实际情况选择）

（1）在图上布设一简单建筑或绿地，将其测设于地形图上。

（2）按实际情况绘制地形图上部区域纵断面图一张，要求水平距离比例尺与地形图比例尺相同，高程比例尺可放大 5～10 倍。

（3）选定地形图上某区域进行场地平整，要求按土方平衡的原则分别算出某一格网（$10\times10\ cm^2$）内填、挖土方工程量。

十一、成绩考核

（1）依据实际中的表现进行成绩考核，如：出勤情况、对测量知识的掌握程度、实际作业技术的熟练程度、分析问题和解决问题的能力、完成任务的质量、所交成果资料以及对仪器工具爱护的情况、实习报告的编写水平等。

（2）考核成绩评定分为优、良、中、及格和不及格五级，凡违反实习纪律、缺勤天数超过实习天数的五分之一、未交成果资料和实习报告甚至伪造成果者，均作不及格处理。

参考文献

[1] 卞正富.测量学[M].北京:中国农业出版社,2002.
[2] 王侬,过静珺.现代测量学[M].北京:清华大学出版社,2001.
[3] 韩熙春.测量学[M].北京:林业出版社,1978.
[4] 谷达华,赵群,等.园林工程测量学[M].重庆:重庆大学出版社,2019.
[5] 高玉艳,等.园林测量[M].重庆:重庆大学出版社.2006.
[6] 李秀江.测量学[M].北京:中国林业出版社,2003.
[7] 李修悟.测量学[M].北京:中国林业出版社,1996.
[8] 王耀强.测量学[M].北京:中国农业出版社,2006.
[9] 同济大学,清华大学.测量学[M].北京:测绘出版社,1991.
[10] 李天文.现代测量学[M].北京:科学出版社,2010.
[11] 古达华.测量学[M].北京:中国林业出版社,2004.
[12] 杨德麟.大比例尺数字化测图原理方法及应用[M].北京:清华大学出版社,1999.
[13] 卞正富.纪明喜,谷达华.测量学[M].北京:中国农业出版社,2002.
[14] 梅新安,等.遥感导论[M].北京:高等教育出版社,2001.
[15] 陆守一,等,地理信息系统实用教程[M].北京:高等教育出版社,1990.
[16] 李德仁,等.地理信息系统导论[M]. 北京:测绘出版社,1991.
[17] 赵时英,等.遥感应用分析原理与方法[M].北京:科学出版社,2003.